长江上游梯级水库群多目标联合调度技术丛书

适应多维度用水需求的水库群供水调度技术

李清清　马超　吴江　丁伟　何小聪　著

中国水利水电出版社
www.waterpub.com.cn
·北京·

内 容 提 要

本书采用系统优化、情景模拟和风险分析等理论和方法，建立适应多维度用水需求的水库群供水调度理论方法，以长江流域为例进行示范应用，建立适应长江中下游地区多维度用水需求的上游水库群联合供水调度模型；基于控制断面流量约束，提出适应多种典型用水情景的水库群联合调度模式；研究特枯水年长江中下游应急调度方案，为长江流域开展供水调度提供理论和技术支撑，也可以为其他流域开展类似工作提供借鉴。

本书适合于水利、电力、交通、地理、气象、环保、国土资源等领域内的广大科技工作者、工程技术人员参考使用。

图书在版编目（CIP）数据

适应多维度用水需求的水库群供水调度技术 / 李清清等著. -- 北京 : 中国水利水电出版社, 2020.12
（长江上游梯级水库群多目标联合调度技术丛书）
ISBN 978-7-5170-9323-7

Ⅰ. ①适… Ⅱ. ①李… Ⅲ. ①长江流域－上游－梯级水库－水库调度－研究 Ⅳ. ①TV697.1

中国版本图书馆CIP数据核字(2020)第270173号

书　　名	长江上游梯级水库群多目标联合调度技术丛书 **适应多维度用水需求的水库群供水调度技术** SHIYING DUOWEIDU YONGSHUI XUQIU DE SHUIKUQUN GONGSHUI DIAODU JISHU
作　　者	李清清　马超　吴江　丁伟　何小聪　著
出版发行	中国水利水电出版社 （北京市海淀区玉渊潭南路1号D座　100038） 网址：www.waterpub.com.cn E-mail：sales@waterpub.com.cn 电话：(010) 68367658（营销中心）
经　　售	北京科水图书销售中心（零售） 电话：(010) 88383994、63202643、68545874 全国各地新华书店和相关出版物销售网点
排　　版	中国水利水电出版社微机排版中心
印　　刷	北京印匠彩色印刷有限公司
规　　格	184mm×260mm　16开本　13.25印张　322千字
版　　次	2020年12月第1版　2020年12月第1次印刷
印　　数	0001—1000册
定　　价	**122.00**元

前言

水资源是基础性的自然资源和战略性的经济资源，是生态与环境的控制性要素，对流域（区域）社会经济发展起着至关重要的作用。随着生态环境保护要求的提高和流域（区域）社会经济的快速发展，生态保护和社会发展对水资源保障的要求持续提高，给流域水资源的优化配置和调度提出了更大的挑战。

在需求侧，流域水资源需求呈现显著的多维度特性。在空间维度上，水资源需求分为河道内用水和河道外用水，其中河道内用水在不同的河段或断面的需求存在差异，河道外用水在不同受水区的需求又有不同；在时间维度上，各种用水需求随着生态环境保护要求和区域社会经济发展变化，在不同年份、不同月份的分布不同，是一个变化的时间序列；在用途维度上，用水需求主要包括生产、生活、生态用水，即“三生”用水，也可以根据行业的不同进行划分工业用水、农业用水、生活用水、发电用水、航运用水等。

水资源需求的多维度特性给供给侧提出了较高的挑战，具体表现在各类用水需求对水资源供给保障程度的要求不同。在供给侧，天然水资源经过各类取水工程（设施）调蓄、配置后满足各类水资源需求。取水工程（设施）主要包括坝、闸、水泵、水电站等，不同类型的取水工程（设施）对水资源的调度能力不同，通过合理的工程布局和组合，满足对应的水资源开发利用需求。各类取水工程（设施）通过自然水系或人工渠道（管道）连接产生水力联系，构成复杂的水资源供给系统。水资源供给系统对水资源进行优化配置和调度后，在不同保障程度上满足水资源开发利用需求。

流域水库群主要涉及坝、水电站、闸等取水工程（设施），是水资源供给侧的重要组成部分，具有同时满足河道内用水和河道外用水需求的能力，同时由于调蓄能力强，在水资源供给系统中处于核心地位。作为水资源优化配置的重要载体，水库群不仅需要考虑自身安全约束和开发利用任务的实现，还必须根据各种流域（区域）用水需求的特性，提供不同程度的保障，以满足生态环境和经济社会发展需求。流域水库群面向多维度的水资源需求，在复杂约束集合下，如何建立调度理论和方法，适应多维度、不同特性的用水需求，是较为复杂但急需解决的科研和技术难题。

长江流域是中国的战略水源地和重大水电能源基地，在全国水资源体系中占有非常重要的地位。长江上游干支流水库群是流域水资源体系中的核心，由于调蓄能力突出，在保障自身开发利用任务完成的基础上，还具有改善中下游地区取用水条件、满足沿江区域取水需求的潜力。本书选择长江流域作为研究对象，以中下游地区需求侧用水需求特性分析为切入点，基于系统优化理论和优化调度理论，研究提出适应多维度用水需求的长江上游水库群供水调度理论、模型和技术方法。研究成果可为研究区域开展水库群供水调度工作提供理论和技术支撑，也有一定的借鉴和参考价值。

本书共8章：第1章为绪论，第2章介绍长江中下游取用水户及其取用水需求特性，第3章介绍适应多维度用水需求的水库群供水调度理论方法，第4章介绍适应长江中下游重点区域供水安全的水库群供水调度模型，第5章介绍长江中上游水库群供水调度模式和方案，第6章介绍面向两湖和长江口地区供水需求的水库群供水调度，第7章介绍特枯水年长江中下游应急调度方案，第8章为全书总结和工作展望。

全书由李清清统稿，陈述校稿。第1、2、8章由李清清、吴江编写；第3章由丁伟、吴江编写；第4、5章由马超编写；第6章由丁伟编写；第7章由何小聪编写。

本书出版得到了国家重点研发计划课题“适应多维度用水需求的水库群供水调度技术”（2016YFC0402203）、中央级公益性科研院所基本科研业务费项目“耦合水库群联合调控的中小流域水量动态分配”（CKSF2019209/SZ）的资助，在此表示感谢。

由于时间和水平有限，书中难免存在不足和欠缺之处，希望读者批评指正。

作者

2020年11月

目录

第1章

绪 论

水是生命之源、生产之要、生态之基，水资源是社会经济发展和生态环境保护的基础性自然资源和战略性经济资源。储存于地球上的总水量中，96.5%是现阶段难以利用的海水，可供人类利用的淡水资源仅占2.53%，且大部分储存于冰川、积雪、冻土和深层地下水中，分布于湖泊、河流、地表、土壤等易于利用的水资源仅占全球淡水资源的0.3%。我国水资源总量丰富，多年平均水资源量达28000亿m^3，位列世界第六，但人均占有量少，仅为世界平均水平的1/4。根据《全国水资源综合规划》，我国天然淡水资源的时间和空间分布极不均匀，且人均水资源量极低，无法自然的满足人民日常生产、生活需求：空间分布上，呈现“南多北少、东多西少”的特点，占36.5%国土面积的长江流域以南地区拥有全国81%的水资源，而拥有63.5%国土面积的长江流域以北地区水资源量仅占全国总量的19%；时间分布上，呈现“年内高度集中、年际变化剧烈”的特点，大部分地区年内连续4个月降水量超过全年总量的70%甚至80%，而枯水期缺水问题十分严重。

由于水资源的空间分布与社会经济发展水平及战略布局不相匹配，随着社会经济的发展，水资源供需矛盾愈发突出。全国水资源利用存在着部分地区洪涝和干旱灾害频发、流域和地区水资源供需矛盾紧张以及水资源污染严重等问题，需要对水资源进行科学统一的管理，建立可持续发展的水资源战略体系，为保障社会经济可持续发展提供重要支撑作用。水利工程设施是实现水资源在时间和空间上重新配置的最主要措施手段，其中具有调蓄功能的大型控制性水库更是水资源优化配置的核心枢纽工程，能有效增加流域区域可控水资源量，其径流调节、蓄洪补枯等功能是缓解河川径流过程与水资源需求时空不匹配的有效途径。随着我国的主要江河流域已经或正在形成水库群联合开发利用的总体布局，科学合理的水库群联合调度已经成为适应流域区域多维度用水需求、水资源优化配置与实时调控的关键。

1.1 区域用水需求特性

水资源开发利用中的一个重要问题是水的供需关系，即水资源实际供应能力与需求之间的矛盾。在水资源拥有量有保证的前提下，实现供需平衡是水资源规划管理的重要目标之一。在供给侧，可供给区域的水资源量受某特定范围内水资源的数量、时空分布以及供水工程能力的制约；在需求侧，区域实际需水量则与生产发展、人民生活水平、产业结构和水的利用效率有关。为此，不同时期的可供水量与实际需求量是可变的。在理论上，供需关系有三种情况：供大于需、供需平衡和供小于需。而经常遇到的问题是供小于需，即供水紧张问题。为了缓解供需矛盾，在水资源调查、评价阶段应开展用水现状调查，对供水系统结构和需水系统结构的不适应情况进行分析，查明原因。出现供水缺口的原因一般有三种：一是水源水资源量短缺，即水量性缺水；二是水源水质不能满足要求，即水质性缺水；三是工程设备能力不足，即工程性缺水。水量性缺水应采用开源节流的办法；水质性缺水则应该从水源保护和水质提升着手解决；工程性缺水可通过兴修水利工程加以解决。此外，为保证未来的需水要求，还需参照经济社会发展规划和生态建设规划的目标，对水资源供需关系作出推断预测，以保证经济的可持续发展和人民生活质量的日益提高。

水资源利用涉及国民经济各部门，按其利用方式可分为河道外用水和河道内用水两类。河道外用水有农业、工业、城乡生活和植被生态等用水；河道内用水有水力发电、航运、渔业、水上娱乐和水生生态用水。根据取水用途的不同，在计算区域需水量时可分为以下几类：

（1）农业需水量。农业需水量包括灌溉需水和农村人畜需水。其中，灌溉需水是指为满足农田灌溉的需水量，在计算时一般根据农田、林地、草场的条件，按设计的作物组成、灌水方式、灌水次数和渠系利用系数等，计算出不同水平年的毛需水量及其过程。在计算灌溉需水时，对未来灌溉面积的预测，是供需分析中一个十分重要的环节，应注意紧密结合区域农业发展规划，以合理的农业生产结构作为预测基础。对于缺水地区，灌溉需水要求通常不能完全满足，为此，在分析中除应首先研究发展灌溉农业的必要性外，还要重视采取合理的灌溉方式和经济的用水定额。对农村人畜饮用水量的预测，同样也应以相关规划为基础，在确定需水量时充分考虑农村集镇的发展、畜牧业的发展以及人口的增长等因素。

（2）工业需水量。工业需水量指满足工业生产要求的需水量，在计算中应分别针对不同行业，进行产量、产值与用水量关系的调查，统计分析单位产量和产值的用水定额，确定净耗水量、污水排放量、毛需水量和水的重复利用系数。规划年工业需水量涉及工业布局与可能的发展规模，在预测时应考虑有关行业的规划安排，结合区域水资源条件和可能的设备更新、工艺流程改进等因素，拟定其合理的用水定额和水的重复利用系数，并据以推求不同水平年的需耗水量。

（3）城市生活需水量。城市生活需水量包括城市人民生活用水和社会集团公共用水（如消防、卫生、城市绿化）。城市生活用水标准可通过对城市实际用水的调查，结合未来城市变化、发展规模、人民生活习惯和环境质量要求等进行制定。对未来城市人口的预测应注意以政府的人口政策、规划为依据。

（4）水力发电需水量。水力发电需水量按各水平年能投入运行的水电站在设计保证率下的放水过程计算。一个河流上有几个水电站运行时，可只计及最下一个梯级的放泄水量。一个河段上兼有河道内外用水，例如既有发电用水又有灌溉用水时，应分别算出灌溉季节和非灌溉季节的需水量。

（5）航运需水量。航运需水量在计算时针对不同情况的河流有所差异。对于水资源丰富的河流，通常可以根据通航保证率推求一定水平年通航期内的航行流量及径流过程；对水资源贫乏的河流，河道内外用水有矛盾时，可通过经济分析论证，按渠化后所需水量计算。

（6）渔业及维持生态环境的需水量。渔业及维持生态环境的需水量通常以河流出口处应保持的平均基流值表示。采用的数值应根据各河的具体情况调查确定。按照一些国家的分析，引用河道水量后保持的平均基流为原来基流的30%～60%，可为水生生物提供良好的栖息条件；保持的平均基流为原来基流的10%，能为大多数水生生物维持短期的生存栖息地。

（7）水质净化需水量。水质净化需水量是指为稀释污废水，使水源水质符合国家规定所需的水量。水资源丰富的河流，各部门用水的净化需水量可采用不同的净化系数计算；水资源缺乏的区域，这部分需水通常难以满足，应强调在污废水回归入水源前用其他措施进行净化处理。

（8）排沙需水量。排沙需水量是指为防止河道和水库淤积所需的排沙、冲沙用水。在河流含沙浓度较大时，这部分水量通常占河道内用水的比重较大。具体需水量可根据河道观测实验资料或通过河道冲淤和水库淤积计算确定。排沙需水量与天然来沙情况关系密切，为此，预估未来排沙用水应考虑有关地区的水土保持安排。

（9）旅游需水量。旅游需水量分直接和间接两类：直接的有垂钓、游艇、游泳、滑水等；间接的有野营、野餐等。以水面积、活动人次和保护水的自由流动等指标表示。有的旅游需水消耗社会集团公共用水，应列入城市生活需水量。

需求侧的各类用水需求由区域本地水资源和过境水资源供给。按照“先节水后调水”的原则，区域水资源需求首先由本地水资源供给，缺额部分由过境水资源承担。为此，需要通过水资源优化配置和调度，合理调控过境河流控制断面的水资源时空分配，适应区域水资源需求。

1.2 流域梯级水库群供水特性

水库是开发治理河流的重要工具，通过建造在河流上的水利工程建筑物，形成人工湖泊以拦蓄洪水、调节径流，从而改变径流的时空分布，实现流域防洪、发电、航运、供水和生态等综合运用。水库建成投运后，其调度管理至关重要，不仅关系到水利枢纽自身和下游地区的安全，而且决定着水库综合运用功能是否能够充分发挥。水库优化调度就是在确保大坝枢纽自身安全的前提下，合理利用水库防洪库容拦蓄洪水，有效利用兴利库容调节流域径流过程，充分发挥水库的兴利除害作用，实现防洪、发电、航运、供水等综合效益的最大化。水库群联合供水调度是根据流域生活、生产、生态等用水需求，通过控制水库群运行过程，调整流域水资源的时空分布，增加枯水期和缺水区的供水流量，有效缓解流域水资源供需矛盾，充分发挥水库群供水、灌溉、生态等综合运用功能。供水水库群作为流域水资源系统的重要组成部分和关键节点，其调度运行不仅关系着自身兴利效益的发挥，而且直接影响着流域供水安全。

长江中下游沿江地区人口众多，城市化水平较高，经济社会发达，用水需求大，水资源开发利用程度很高。该地区虽然水资源总量丰富，但时空分布不均，水量调控能力低，局部地区和部分时段存在缺水问题。长江中下游沿江地区的本地水资源量远远不能满足当地用水需求，需要利用过境客水，从长江干流取水利用。近年来，由于气候原因，上游来水偏枯，加上江湖关系变化、人类活动、经济社会快速发展等多种原因，长江中下游地区水资源短缺，用水各方矛盾突出，特别是洞庭湖、鄱阳湖的湖区旱情相当严重，旱灾频发，对人民群众的生活、工农业生产造成了非常大的损失。三峡水库蓄水运用后，长江中下游河道的水沙条件发生了显著变化。一方面，三峡清水下泄，下游河道冲刷，同流量水位降低，导致洞庭湖、鄱阳湖出口水位降低；另一方面，三峡水库调度改变了坝下游河道的流量过程，中下游河道的水位时程分布发生了变化。在最枯的1月、2月，三峡按保证出力发电放水，下泄流量较天然来流大，有利于维持枯水水位，缓解中游水量短缺的问题。三峡水库汛末蓄水、下泄流量减少，引起下游水位降低，又有可能使已存在的季节性缺水问题更加严峻。

随着长江中上游大规模供水水库群的逐渐形成，水库群联合调度主体已由简单的串联水库或并联水库，发展为具有复杂供水任务的混联水库群。目前，已有的供水分配规则往往只考虑了水库群共同供水任务，而忽略了某些水库自身的供水任务，无法通过合理的调度方式保证流域区域供水，尤其当水库的自身供水任务很大时，其变化过程会很大程度影响并制约共同供水任务的完成。另外，随着供水目标的复杂化，在统筹协调各子系统间平衡来制定供水规则方面缺少相关研究。因此，如何利用库群间的补偿规律，充分考虑各成员水库的共同供水任务和自身供水任务，制定更合理的供水任务分配策略，满足多维度用水需求，对指导水库群的联合调度至关重要。

长江中上游骨干水库群分布区域广，规模庞大，且流域梯级水库群间存在复杂的水力、电力联系，同时受水情、工情、电网负荷需求等因素制约，其联合优化是一个复杂的高维非线性约束优化问题，约束条件众多，求解规模庞大，解空间十分复杂，模型的构建与快速准确求解极其困难。同时，流域水库群联合优化调度需综合考虑发电、供水、航运、生态需水等多个相互竞争、不可公度的调度目标，较传统调度模式复杂得多。传统优化理论与方法在求解大规模梯级水库群优化调度问题时存在维数灾、解的对偶间隙、局部最优和收敛性差等问题，从而制约了现有调度方法在实际工程中的应用。现有的调度理论和方法忽略了大规模水库群不同调度期运行需求的组织协调关系，难以适应水库调度技术快速发展背景下流域梯级水库群联合优化运行的新要求，严重影响了水资源的高效利用和水利枢纽综合效益的充分发挥。因此，以实现水资源的高效利用和大型水利枢纽综合效益的充分发挥为目标，研究适应多维度用水需求的水库群供水调度理论方法和关键技术，研究工作对推进国家水安全战略、实现水资源可持续利用以及生态文明建设具有重要的理论现实意义。

1.3 流域梯级水库群供水调度技术研究综述

我国水资源虽然总量丰富，但人均占有量低，且时空分布十分不均匀。同时，由于人类高度集中的城镇化生活，工业废水的排放，农业生产中农药化肥的过度使用，造成了严重的水体污染问题，导致可用的水资源量进一步减少。随着人口的持续增长和经济的飞速发展，人类生活和工农业生产用水大幅度增加，流域水资源供需矛盾日益突出，严重制约着国民经济的可持续发展。水库等蓄水工程可以利用其兴利库容调整水资源年内分配过程，跨流域调水工程则可以改变水资源的空间分布状况，从而有效缓解流域水资源供需矛盾。为此，我国兴建了密云、官厅、潘家口、新安江、上犹江、亭子口、丹江口、三峡、向家坝、溪洛渡等综合运用水库，以及南水北调、引江济汉、引黄济青、引滦入津等跨流域调水工程。

水库群联合调度的目的是在保证水库安全可靠的情况下，利用流域内各水库调节性能以及水库来水的时空差异，充分发挥梯级水库群的库容补偿与水文补偿功效，将汛期洪水留存下来，尽可能提高枯水季节的水资源供给能力，使流域水资源发挥最大的综合效益。水库群联合供水调度是根据流域生产、生活、生态等用水需求，通过控制水库运行过程调整水资源的时空分布，增加枯水期和缺水区域区的供水量，有效缓解缺水区域水资源供需矛盾，充分发挥水库群供水、灌溉、生态等综合运用功能。供水水库群作为流域水资源综合管理的重要组成部分，其调度运行不仅关系着自身兴利效益的发挥，而且直接影响着流域供水安全，是水库调度领域的研究热点之一。下面从相关研究主要涉及多尺度供水调度、多目标供水调度、供水调度规则和供水调度求解方法等四个方面进行阐述。

1.3.1 多尺度供水调度

围绕水库供水调度问题，国内外专家学者从多时间尺度和空间尺度开展了大量深入的研究，取得了丰富的研究成果。Gal（1979）以以色列 3 个水库组成的供水系统为对象，进行了基于随机状态变量的动态系统最优策略的研究。Bogle et al.（1979）以水库-河流供水系统为对象，建立了期望费用最小的随机优化模型，并采用随机动态规划（SDP）方法寻找最优调度策略。Cembrano et al.（1988）采用共轭梯度法，进行了巴塞罗那某水库群系统的联合供水调度研究。Brdys et al.（1988）在单源、单库供水系统求解方法的基础上，采用拉格朗日松弛变量法处理泵站群间的水力学约束，进行了多源、多库供水系统的优化调度研究。Shih et al.（1994）针对旱季水库系统的供水调度规则问题，采用多边形搜索算法和迭代混合整数规划方法，进行了基于连续对冲规则的供水调度规则参数研究。Mousavi et al.（2000）基于优化控制理论和惩罚逐次线性规划技术，以调度费用最少和缺水量最小为目标，建立了基于混合优化算法的水库群系统联合供水优化调度模型。Baltar et al.（2008）采用多目标粒子群优化算法（MOPSO），进行了供水、发电等多目标水库群优化调度研究。Reis et al.（2006）采用基于遗传算法和线性规划的混合优化方法，辨识水库关键运行变量和降低费用因子，进行了供水水库群系统调度研究。

在国内，吕元平等（1985）以引滦工程的 5 座水库和 3 条输水渠道为对象，建立了动态规划与线性规划相结合的供水优化模型。曾肇京和韩亦方（1988）针对引滦供水系统的特点，以弃水量、农业用水量和城市缺水量最小为目标，建立了水库群联合供水调度模拟模型。方淑秀等（1990）以引滦工程为实例，进行了引水工程水库群联合供水优化调度研究，建立了统一管理调度和分级管理调度模型，制定系统运行的聚集策略和各库分级管理的调度图。高新科等（1995）以抽水费用最小为目标，进行了宝鸡峡灌区水库群供水优化调度研究。郭旭宁等（2012）针对跨流域供水水库群联合调度的主从递阶结构，建立了水库群联合调度二层规划模型。王强等（2014）针对浑太流域水库群联合供水调度问题，探究了水库群蓄水与农业灌溉供水的关系，综合考虑城市生活和工业供水保证率，以农业保证率最高为目标，建立了水库群联合供水优化调度模型。万芳等（2015）针对跨流域水库群供水联合优化调度问题，以最大缺水率最小为目标函数，建立了水库群供水调度的聚合分解协调模型，有效降低了联合调度的复杂度。金鑫（2012）则在传统的供水调度基础上，结合滦河流域水文特性和生态调度需求，以河流生态健康为目标，建立了供水水库群联合生态优化调度模型，提高了河流最小生态供水和适宜生态供水的保证率。张琦（2015）在流域生活和生产用水的基础上，将生态供水任务融入水库调度中，建立水库群与引水工程联合调度模型，进行了辽河流域清河、柴河水库以及相关引水工程的联合供水调度研究。

从整个水资源系统的角度，水库是系统中能够调节径流的重要节点，可以通过水库群的联合调度进行流域区域水资源配置。为此，邓从响等（2012）分析了小浪底水库水量调度方式，探究了其对黄河流域水资源优化配置的重要作用。李梦贤等（2008）针对娄底市水资源配置现状，从工程、环境和政策的角度，揭示了水库用于城镇供水的必然选择。史银军等（2011）建立以水资源转化过程为基础的流域水资源优化配置模型，进行了石羊河流域水资源优化配置研究。陈晓宏等（2002）以东江流域水资源高效利用为目标，考虑防洪、供水、航运、压咸等调度需求，建立了多层次水资源优化配置模型，进行了 2020 水平年水资源配置研究。闫志宏等（2014）针对阿拉尔市水资源配置问题，考虑区域内多浪、上游和胜利 3 个水库，以系统总缺水量和水库损失水量最小为目标，建立了区域水资源优化配置模型，并采用多目标粒子群算法研究了不同水平年水资源配置。孙冬营等（2014）分别从公平和效率的角度，建立了缺水量平方和最小的初次分配模型，以及流域效益最大化的二次分配模型，进行了基于模糊联盟合作博弈的流域水资源优化配置研究。熊莹等（2008）利用 MIKE BASIN 软件，构建了汉江流域水资源配置模型，进行了 2000 水平年的流域水资源配置模拟。李明新等（2011）根据三峡以上控制性水库群的建设状况，提出了长江上游水资源配置模型的建模思路。邹骏等（2013）分析了长江上游自然和人工水循环，并以 MIKE BASIN 软件建立了流域水资源配置模拟模型。随着长江上游规模水库群的建成投运，控制性水库对流域水资源配置的作用日益突出，亟须进行流域水库群联合水资源优化配置研究。

1.3.2 多目标供水调度

随着社会经济发展的需要，供水系统的优化调度逐渐由单一目标的研究转变为包括了社会、经济、生态等多个目标的复杂问题。水库群联合多目标供水调度问题是一类复杂的多维非线性全局组合优化问题。解决此类问题的关键在于两个方面：首先是如何对水库群联合补偿差异特性进行描述；其次是如何构建水库群联合调度模型和决策规则的快速求解寻优。

1.3.2.1 水库群联合补偿特性描述

水库群联合补偿调度的任务就是确定各水库最有利的供蓄水分配方式，而供蓄水分配方式的确定应充分利用各水库间入库径流以及调节能力的差异性。水库群的联合补偿调节根据水库群的布置方式通常可分为两种：一种是由于各水库处于不同流域或处于同一流域的不同位置，水库径流具有年际与年内分配不均的特性，利用水库间的这种水文特性差异来进行的补偿调节即所谓的水文补偿；另一种是由于水库群中各水库调节性能不同，在水库群联合供水时，由调节性能高的较大水库改变调度方式，帮助调节性能差的较小水库提高供水量，这种因库容大小的差异而获得的水力补偿效益通称为库容补偿。

针对水库群水文补偿差异性的描述通常可分为确定性描述和随机性描述。确定性描述主要是以水库群实测径流系列为依据，通过分析水库间入库径流的丰枯遭遇情况，判断水库间发生水文补偿调节的可能性。如徐向广（2009）在对引滦水库群50年来水文资料分析的基础上，综合考虑了潘家口水库和桃林口水库之间来水的丰枯遭遇情况，应用Copula函数计算了两座水库间来水的丰枯遭遇频率。杨晓玉（2008）对雅砻江流域以及大渡河流域水库群径流的丰枯遭遇情况进行分析，同时给出了有利于流域内水库间进行补偿调度以及调水最不利情况的发生频率。随机性描述是利用统计模型，考虑径流时历特性、统计特性和随机特性，生成符合实测径流系列统计规律的人工模拟系列，以获得更为丰富的径流序列组合信息；或者根据随机过程理论，把径流作为随机过程来处理，并以概率的形式对径流进行描述，然后建立水库群随机优化调度模型并求解。如田峰巍等（1992）研究了水库群实测径流的时空相关特性，并通过多变量一阶自回归模型生成模拟径流系列来延长历史实测径流资料，并将其作为水库群优化调度模型的输入，进而确定水库群最优的运行策略。李爱玲（1998）采用了流量频率曲线描述了龙羊峡可能的入库流量，同时采用了一元以及二元相关方法对区间径流进行描述，并建立了反映水库群入库径流随机性的随机优化调度模型。

水库群库容补偿差异性的描述主要是针对水库间的库容差异及其调节性能的差异，并确定水库间的这种差异性与库容补偿作用之间的关系。如周芬等（2011）在进行水库群联合供水计算时，利用不同水库间调节性能、当前蓄水状况及下一时段的来水情况的差异性，解决了由哪个水库供水以及每个时段供多少水的问题。黄昉等（2002）利用库容系数（水库时段初蓄水量及兴利库容与多年平均径流量的比值）来确定水库当前时段供水量的大小，目的是使当前蓄水量较大的水库多供水，并腾出库容来容纳来水，以减少水库弃水。姜彪等（2016）以大连市碧流河水库、英那河水库为例，运用Copula函数分析了碧流河水库、英那河水库天然入库径流年系列、汛期系列、非汛期系列的丰枯遭遇概率，采用统计学方法分析了两座水库连续枯水系列年的遭遇情况，建立了考虑外调水源的碧流河、英那河水库联合优化供水调度模型，模拟得出了规划水平年水库供水量与下泄水量，利用两座水库长系列调节历年下泄水量之间的对应关系对水库库容补偿特性进行了分析。

1.3.2.2 联合调度模型构建及决策规则的求解寻优

目前，针对水库群联合调度主要有以下两种建模方式：

（1）采用“聚合分解”的思想，将所有水库聚合成一个虚拟水库，建立聚合水库调度模型，并制定聚合水库优化调度图及其调度规则，通过此规则将整体的供水任务合理地分解到各个水库之中。该建模方法最早由Arvanitidis et al.（1970）提出，它可以把多维库群问题转化为单库或双库问题来降低求解维数，在大规模水库群的实时调度，特别是水电系统的调度中应用较为广泛。如Turgeon（1981）对串联水库群的长期调度问题，提出把n座水库简化为第一座与第$n-1$座的虚拟水库，变n库n维优化问题为两库的二维优化问题，然后逐次替代进行优化。许银山等（2011）根据聚合分解的思想，以能量的形式将水库水电站群聚合成一个等效水库，分析了等效水库各能量因子的物理特性和统计特性，建立了等效水库的调度函数模型和以时段末蓄能最大为目标的出力分配模型。张铭等（2006）应用判别式法求解乌江流域梯级水电站调度系统发电优化问题，采用坐标轮换法，将多库同时供、蓄水决策转化为单库逐次轮换决策。

（2）在水库群各成员水库调度图（规则）的基础上，通过制定水库联合调度图（规则）将各水库联系起来，共同指导水库群的联合供水调度过程。该建模方式分别考虑了每个水库的入流和需水过程，可以同时获得每个水库的调度决策。模型主要用于结构形式相对简单的水库群系统。如 Chang et al.（2009）以台湾淡水河流域内的石口和翡翠两座并联水库为研究对象，以每个水库的调度图为基础，并在翡翠水库调度图中添加一条联合供水调度线共同指导水库群的联合供水过程。李智录等（1993）应用逐步计算法编制以灌溉为主的水库群常规调度图，该方法把调度图中的各条调度线和指示出力（或指示放水流量）作为参数，对每个参数进行灵敏度分析，并按大小排序，然后按排队次序逐个参数进行优化。程春田等（2010）结合乌江流域梯级水电站群流域特征，提出了实用的梯级水电站群发电优化调度图制定方法。该方法以单库调度图为基础，综合形成初始的库群调度图，然后采用逐次逼近算法不断修正两种调度图，最终获得满足精度要求的单库调度图和库群调度图。郭旭宁等（2011）针对双库库群联合供水调度问题，提出了一种基于二维水库调度图的水库群联合供水优化调度方法。二维水库调度图，在由表示双库系统中各水库蓄水量的两条坐标轴与时间轴构成的三维坐标系下，充分考虑每个水库蓄水量，在此基础上确定水库群的联合供水决策，并采用粒子群优化算法对调度图关键控制点位置进行优化。彭安帮等（2013）以辽宁省水资源联合调度北线工程为研究背景，根据聚合水库常规调度图中主要用水户供水限制线的基本型式和水库调度经验规律的启发式信息，确定调度图的概化方法，建立基于概化调度图的模拟-优化混合求解模型，进行跨流域调水条件下水库群联合调度的调度图概化方法研究。

1.3.3 供水调度规则研究

水库调度规则是根据水库长系列来水、库容及出流过程总结出来的具有规律性的水库特征，用以对水库实时调度进行有效控制，通过长系列历史资料制定的调度规则可规避来水预报不确定性对水库调度的影响，保证水库的有效运行。而调度函数和调度图作为调度规则两种重要的表现形式，对水库（群）长期运行起到了重要的指导作用。因此，拟定合理的、易于操作的调度规则形式十分重要。目前，针对水库（群）供水调度，国内外学者提出了多种调度规则，下面分别就单库和水库群的调度规则研究进展进行综述。

1.3.3.1 单库调度

对于单一水库而言，调度规则的主要任务是确定各时段的供水量，即解决“供多少”的问题。最早被采用的，也是最为简单的调度规则形式为标准调度策略（Standard Operation Policy，SOP），其调度方法是水库按当前的最大供水能力进行供水，保证当前时段的目标需水量得到满足，而不考虑未来时段的破坏可能（Stedinger，1984）。对于调度人员，SOP 规则操作简单，而且该种规则往往在调度期内使得水库的总弃水量最小，总缺水量也最小，当目标函数为总缺水量最小（或缺水量其他形式的线性函数），SOP 规则是最优的（Hashimoto et al.，1982）。但是，对于调度周期内可能遭遇的连续枯水时段，SOP 规则往往会导致某一个或几个时段的供水量受到严重破坏，这往往会给社会、经济带来极大的负面影响（You et al.，2008）。

基于此，对冲规则（Hedging Rule，HR）被引入供水规则的制定当中，其基本思想是：在判断未来可能发生缺水的情况下，对当前调度时段的供水量给予一定的限制，降低未来时段发生严重破坏的可能性。Massee et al.（1946）将经济学中边际效益的概念引入水库调度的问题中，首次提出了通过在水库预留一部分水量，以避免未来缺水的情况，但在这之后，HR 规则并没有在水库调度当中得到广泛的关注和应用。直到 19 世纪 70 年代末，“对冲”的理念在水资源管理领域逐渐兴起，大量的学者对水库的调度方法展开研究，各种各样的对冲形式也相继被提出并应用，包括单点对冲规则、两点对冲规则、三点对冲规则、连续对冲规则和基于调度图的对冲规则等（Srinivasan et al.，1996；Bayazit et al.，1990）。其中，水库调度图形式简单、直观、易于操作，是我国指导水库运行的主要工具，其利用水库水位或蓄水量将水库的兴利库容划分出不同的供水区。进入 20 世纪，Draper et al.（2004）、You et al.（2008）、Shiau（2011）、Zhao et al.（2011）对 HR 规则中的经济学原理做了深入的分析，扩展了水库调度领域的经济学分析框架。Draper et al. 指出，同样的供水量在不同时段所带来的经济效益是不同的，将水库调度的目标由缺水量最小变为总经济效益最大，并从理论上得到了最优的供水决策，建立了供水量与水库库容之间的对应关系。You et al. 用边际效益原理，得到了不同水位下对冲规则的适用性，并进一步分析入流不确定性、水库蒸发对对冲规则的影响。Shiau 指出水库调度的目标函数是当前时段与未来时段的损失函数加权之和最小，每个时段的供水量是当前可利用水量的线性函数，从理论上分析了目标函数中的参数值对 HR 规则的影响，并根据该参数值取值范围的不同，将两点对冲规则划分为两类。Zhao et al. 在以上研究的理论框架基础之上，分析了三种约束条件——水量平衡约束、泄流量非负约束、库容约束对 HR 规则的影响。以上研究内容为 HR 规则的推广和使用奠定了雄厚的基础。

1.3.3.2 水库群调度

水库群联合调度规则与单一水库相比较为复杂，其供水任务可能由多座水库其同承担，除了要解决“供多少”的问题，还需指定共同的供水任务由库群中的哪座水库负责，即解决“由谁供”的问题。

（1）对于“供多少”的问题，水库群所采用的规则与单库类似，其基本思路以 HR 规则为主。但是，值得注意的是，水库群中共同供水任务是由多座水库同时负责，HR 规则中的供水限制系数需要与多座水库的蓄水量建立联系。目前，解决此问题的主要方法有：主控水库法、在单库调度基础上耦合联调规则的方法、二维调度图法、虚拟聚合水库法等。主控水库法是在水库群中选定一个主要的控制水库，主控水库的蓄水量为控制变量，制定联合供水任务的供水总量。单库调度耦合联调规则是在划分共同用水户的基础上，绘制各自的单库调度图，并通过联合调度规则将各张调度图联系起来进而确定供水量。二维调度图是将系统中的两座水库库蓄水量用一副调度图进行表示，其同时考虑每个水库蓄水量，确定水库群的联合供水决策。但是这三种方法均存在一定的缺陷：主控水库法只考虑了一个水库的蓄水量对供水量的影响，无法充分体现整个库群的供水能力；在单库调度规则的基础上耦合联调规则会破坏库群系统内各水库之间的动态协同作用；二维调度图法只能适用于两个水库所组成的水库群。因此将水库群虚拟为聚合水库，再根据聚合水库的蓄水量制定系统的总供水量，被视为水库群联合调度的最佳方法之一。该方法最早由 Arvanitidits et al.（1970）提出，其可综合考虑水库群的蓄水状态，能够准确定位系统供水能力，更客观地确定系统对各用水户的供给水量，并且可以把高维度库群调度问题转化为低维度的单库调度问题，在水库群联合调度规则的制定中应用广泛。例如，廖松（1989）、郭旭宁等（2015）在确定水库群的供水规则时，分别将库群聚合成一个等效水库，然后根据水库群的总蓄水量与聚合水库调度图中供水限制线的位置关系，确定水库群的总供水量，并采用不同的分水规则制定供水任务。

（2）对于“由谁供”的问题，不同拓扑结构的水库群所采用的方法有所区别。串联水库群通常采用的规则为补偿调节法。其基本思想为：分配供水任务时，尽可能地在串联水库群中的上游水库多蓄水，在下游水库留下充足的库容，这样即使上游产生弃水，下游水库也可将部分水量蓄存，减少系统的总弃水量。Lund et al.（1999）按库容利用效率值从小到大的顺序依次进行供水调度。但是，该规则也存在着一定缺陷，Kelly（1986）指出该种分水规则使得上游水库长期处于满蓄状态，进而导致其蒸发和渗漏损失增多。并联水库群与串联水库群最大的不同在于，某一水库的弃水并不能被其他水库所利用，因此应该制定更为合理的供水任务分配规则，保证各水库发生弃水的概率一致。并联水库常采用的规则包括：纽约规则（New York City Rules）、空间规则（Space Rule）、参数规则（Parametric Rule）、分水系数法等。纽约规则的原理是在保证水库群期望缺水量最小的条件下，使系统内的每个水库保持相同的弃水发生概率，避免了一些水库发生弃水而另外一些水库仍未蓄满的情况。在此基础上，空间规则基本原理是为未来来水更大的水库预留更多的库容空间，当并联库群中每座水库的来水分布规律相同时，纽约规则就变成了空间规则，因此可以将空间规则看作纽约规则的一种特殊形式。Johnson et al.（1991）在加利福尼亚北部的供水水库群调度中应用了空间规则，并证明了其有效性。参数规则由 Nalbantis et al.（1997）提出，该规则通过建立水库群的整体目标蓄水量与单库的蓄水量之间的线性方程，确定各调度时段每个成员水库的供水任务，有效减少了规则中待优化参数的个数。分水系数法的表现形式较为简单，由一组优化确定的分水系数（加和为一）决定共同供水任务在不同水库间的分配量，若该组系数在调度过程中是固定不变的，则称为固定比例系数法；若该组系数会随着各水库的库容、来水量、用水量等影响因素动态变化，则称为动态比例系数法。

1.3.4 水库群供水调度求解方法

水库群优化调度在常规调度理论的基础上，以最优准则为指导，利用先进优化计算手段和系统科学理论，并借助于高性能计算平台，获得符合水库群优化运行要求的最优策略。对于大型复杂混联水库群优化调度问题，不仅具有多维、高阶、非凸、非线性的特点，同时梯级水库群水库间存在复杂的水文、水力、电力联系等，加大了问题的求解难度，是一个典型的多维、多阶段、非线性复杂优化问题。因此，在水库群联合优化调度中，研究工作的重点在于建立能够准确反映水库群运行特征和规律的调度模型以及高效求解方法。围绕水库群优化调度模型的求解问题，国内外专家学者进行了大量探索和深入研究，提出了许多有效的优化方法，如线性规划（LP）、非线性规划（NLP）、动态规划（DP）、大系统分解协调以及智能优化算法。

线性规划（LP）最早由 Kantorovich 提出，并随着单纯形法求解线性规划模型的提出而得到广泛应用，使得线性规划理论日趋发展成熟，成为现如今最简单、应用最广泛的方法之一。在水库优化调度领域，Windsor（1973）最早将线性规划理论引入水库优化调度中。随后，一些学者通过对水库运行方式进行简单建模，并运用线性规划方法直接搜索水库最优运行策略，初步得到了水库最优控制问题的求解方法。Piekutowski et al.（1994）针对大规模水电站群的联合优化调度问题，建立了一个非线性函数两阶段处理的线性规划模型，并利用内点法寻优来求解模型。Vedula et al.（1996）将线性规划理论应用于灌溉型水库短期调度问题，实现了灌溉型水库短期优化调度的建模与求解。Shawwash et al.（2000）针对竞争新电力市场下水电系统优化调度问题，建立了英国哥伦比亚水电短期优化模型，并采用大规模线性规划算法实现模型的高效求解。伍宏中（1998）针对水电站群径流补偿调节问题，探讨了线性规划建模的思路、数学模型、算法和结构。吴杰康等（2009）通过对优化调度模型中的非线性部分进行线性化处理，并构建了连续性线性规划模型，结果表明改进后的线性规划方法能够处理优化调度模型中的非线性因素。线性规划最早被应用于水电能源优化运行学科领域，在水库优化调度的初期应用较多。然而，在处理实际工程问题时，许多约束条件不能采用线性函数进行表达，在使用线性规划方法时存在假设限制，对目标函数和约束条件进行线性化处理会降低建模精度，甚至所得解偏离实际情况，求解大规模复杂问题困难，这导致其未能在水库调度领域得到广泛运用。

非线性规划（NLP）理论形成于 20 世纪 50 年代，是一类具有非线性约束条件或目标函数的数学规划，适用于求解目标函数或约束条件非线性的数学规划问题。由于在水电能源系统中存在大量的非线性因素，因此可以利用非线性规划方法求解水库群优化调度问题。Gagnon et al.（1974）利用非线性规划求解了包含近 6000 个变量、4000 个线性方程、11000 个线性和非线性不等式约束的巨型水电站群优化运行问题。Barros et al.（2015）将非线性规划应用于巴西大规模水电站群优化调度问题，与历史实际运行情况相比，大幅度提高了水电站群的总发电效益。Cai et al.（2001）采用逐块非线性规划优化方法，进行了包含 13700 个变量、10000 个方程且高度非线性的大型多时段水资源规划与管理研究。田峰巍等（1987）利用可变容差法建立了改进非线性规划的水电站负荷空间最优分配数学模型，为水电站厂内经济运行的求解提供了依据。龙子泉等（1998）通过分析多年调节水库的水文特征，建立了水库长期优化运行的非线性规划模型，并提出了具体的求解方法。然而，由于非线性规划所具有的数学特性，仅凸规划问题才能得到全局最优解，非凸规划问题往往存在局部最优的问题。此外，在梯级水电站群调度求解过程中，往往需要进行模型目标函数和约束条件的线性化处理，从而大幅度增加模型求解时间，同时也会在一定程度上影响解的精度，限制了非线性规划在水库群优化运行方面的推广应用。

动态规划（DP）方法最早由美国学者 Bellman et al.（1966）提出，通过将复杂问题简化成一系列简单子问题，逐段求解得到问题最优解，适用于求解多阶段决策优化问题。由于在确定离散精度下能够求解得到最优解，并符合多阶段决策优化问题的特征，动态规划已发展为水库群优化调度问题中使用最为广泛的求解算法之一。Young（1967）以确定性来水作为输入建立了水库优化调度模型，并采用动态规划方法进行求解而获得了很好的效果。而后 Hall et al.（1968）利用动态规划求解梯级水库优化调度问题，效果显著。谭维炎等（1963）在新安江水电站利用动态规划进行水库优化调度试验，具有十分重要的工程意义。王金文等（2002）通过余留效益函数对三峡-葛洲坝梯级建立了随机动态规划模型，通过模拟径流样本序列，对优化策略进行了详细评估。动态规划虽然在水库群优化调度中取得了十分广泛的应用，但随着电站规模增加和决策变量离散精度提高，模型求解计算量呈指数增长，即面临“维数灾”问题。为此，国内外学者提出了许多改进方法，包括增量动态规划（IDP）（Larson，1968）、逐次渐进动态规划（DPSA）（Bellman et al.，1962；Shim et al.，2002；马立亚等，2012）、离散微分动态规划（DDDP）（Heidari et al.，1971；艾学山等，2007）、逐步优化算法（POA）（Howson et al.，1975；李义等，2004）、折叠动态规划（FDP）（Kumar et al.，2003）等动态规划类方法。

大系统分解协调（LSSDC）的原理是将大系统分解成若干子系统，每个子系统作为下层决策单元通过在其上层设置的协调器形成递阶结构形式。其整体思路是在各独立子系统优化的基础上，通过各子系统上层设置的协调器实现各子系统的相互协作，最终达到整个大系统决策优化的目的。因此，大系统分解协调的原理具有目标函数和耦合条件可分，以及各子系统可以按照任意次序寻优的显著优点。Mesarovic et al.（1970）通过精确描述拉格朗日乘子理论，从而提出了大系统分解协调理论。同年，Arvanitidi et al.（1970）将大系统分解协调理论引入水库群优化调度中，为求解水库群优化调度问题提供了有效的思路。随后，Turgeon（1980）提出了一种逐步聚合-分解的求解方思路，在六个水库组成的库群短期优化调度中试验成功。万俊（1994）结合大系统分解协调和离散微分动态规划方法，进行了水库群联合调度研究。解建仓（1998）利用大系统分解协调方法在黄河子干流水库联合调度的试验中取得了满意的成果。郝永怀等（2012）考虑了河道水流传播对梯级水电站短期优化调度的影响，建立了“以水定电”模式下考虑河道水流传播影响的梯级水库群短期优化调度大系统分解协调模型。实例研究表明，大系统分解协调方法可有效减少计算时间，提高模型的运算效率。

智能优化是人工智能优化领域的重要分支，其通过模拟自然界的群体行为或人脑智能，实现复杂最优化问题的高效求解。随着计算机编程技术的逐步发展，以及人们对智能算法的不断尝试与创新，智能优化方法在很多领域内都得到了充分的利用与发展。水库群优化调度具有电站数量众多、调度目标多样、约束条件耦合等特点，是一类典型的高维、非凸、非线性优化问题，其优化求解十分复杂。智能优化算法具有灵活多变的搜索机制，能够解决非凸、非连续、大规模、多维高阶的复杂优化问题，可以应用于水库群优化调度模型的求解。为此，大量专家学者将遗传算法（Holland，1975；Kim et al.，2006；景沈艳等，2002），模拟退火算法（Kirkpatrick et al.，1983；Teegavarapu et al.，2002；罗云霞等，2004），粒子群算法（Eberhart et al.，1995；胡国强和贺仁睦，2006；Kumar et al.，2010)，蚁群算法（Dorigo et al.，2006；徐刚等，2005；王德智等，2006)、差分进化算法（Storn et al.，1997；覃晖等，2009)，混沌优化算法（Arunkumar et al.，2013)，人工鱼群算法（白小勇等，2008)，人工蜂群算法（Liao et al.，2012）等智能优化方法应用于水库群优化调度，极大地推动了水库优化调度求解方法的进步，取得了丰富的研究成果。然而，智能优化算法的随机搜索机制，虽然能够有效避免陷入局部最优，但随着水库群联合调度系统规模的增加，其联合调度优化十分空间庞大，智能算法难以快速高效地进行寻优，需要针对大规模库群联合调度的求解进行深入研究。

1.4 研究区域概况和有关约定

本书以长江中下游干流为研究区域，通过实地调查和相关资料整理，分析长江中下游不同区域生活、工业、农业、生态等方面的历史、现状和未来用水情况，研究长江中下游干流地区需水总量、需水结构以及从长江干流取水量演变规律，评估长江上游水库群运行对中下游可供水量及其时空分布的影响，提出在上游水库群不同蓄水规模下流域关键控制断面应满足的水文、水资源和水环境控制性指标和条件，研究流域一体化管理模式下水库群适应性供水优化调度建模技术，建立面向中下游不同重点区域取用水安全的水库群供水调度模型组，分析上游库群运用后长江中下游河道、湖泊和长江口的响应过程，提出适应多维度用水需求的水库群供水调度技术。研究区域概化图见图 1.1。

1.4.1 长江上游控制性水库概况

长江流域综合规划根据长江干流及主要支流的开发任务，结合河流的开发任务和地质地形条件，在干支流上布局了一些控制性枢纽工程，这些控制性枢纽工程具有一定规模的调节库容，其在长江流域开发治理中占有极其重要的位置。

1.4.1.1 金沙江中游梯级

金沙江中游在虎跳峡河段规划有龙头水库，主要开发任务是发电、供水灌溉、防洪。目前龙头水库正在研究比较，代表方案有龙盘方案、塔城方案和其宗方案。其中龙盘方案水库正常蓄水位 2010m，死水位 1939m，调节库容 215.2 亿 m^3，防洪库容 58.6 亿 m^3，电站装机容量 4200MW；塔城方案水库正常蓄水位 2100m，死水位 2040m，调节库容 63.88 亿 m^3，防洪库容 58.6 亿 m^3，电站装机容量 3780MW；其宗方案水库正常蓄水位 2100m，死水位 2040m，调节库容 54.1 亿 m^3，防洪库容 36.5 亿 m^3，电站装机容量 3550MW。金沙江中游目前已建成的水库包括梨园、阿海、金安桥、龙开口、鲁地拉和观音岩等。

1.4.1.2 金沙江下游梯级

乌东德水电站开发任务以发电为主，兼顾防洪；工程建成后还具有拦沙、改善库区及下游航运条件等综合利用效益。水库正常蓄水位 975m，死水位 945m，调节库容 30.2 亿 m^3，防洪库容 24.4 亿 m^3，电站装机容量 8700MW。

白鹤滩水电站开发任务以发电为主，兼顾防洪；工程建成后还具有拦沙、改善库区及下游航运条件等综合利用效益。水库正常蓄水位 825m，死水位 765m，调节库容 104.36 亿 m^3，防洪库容 75 亿 m^3，电站装机容量 14400MW。

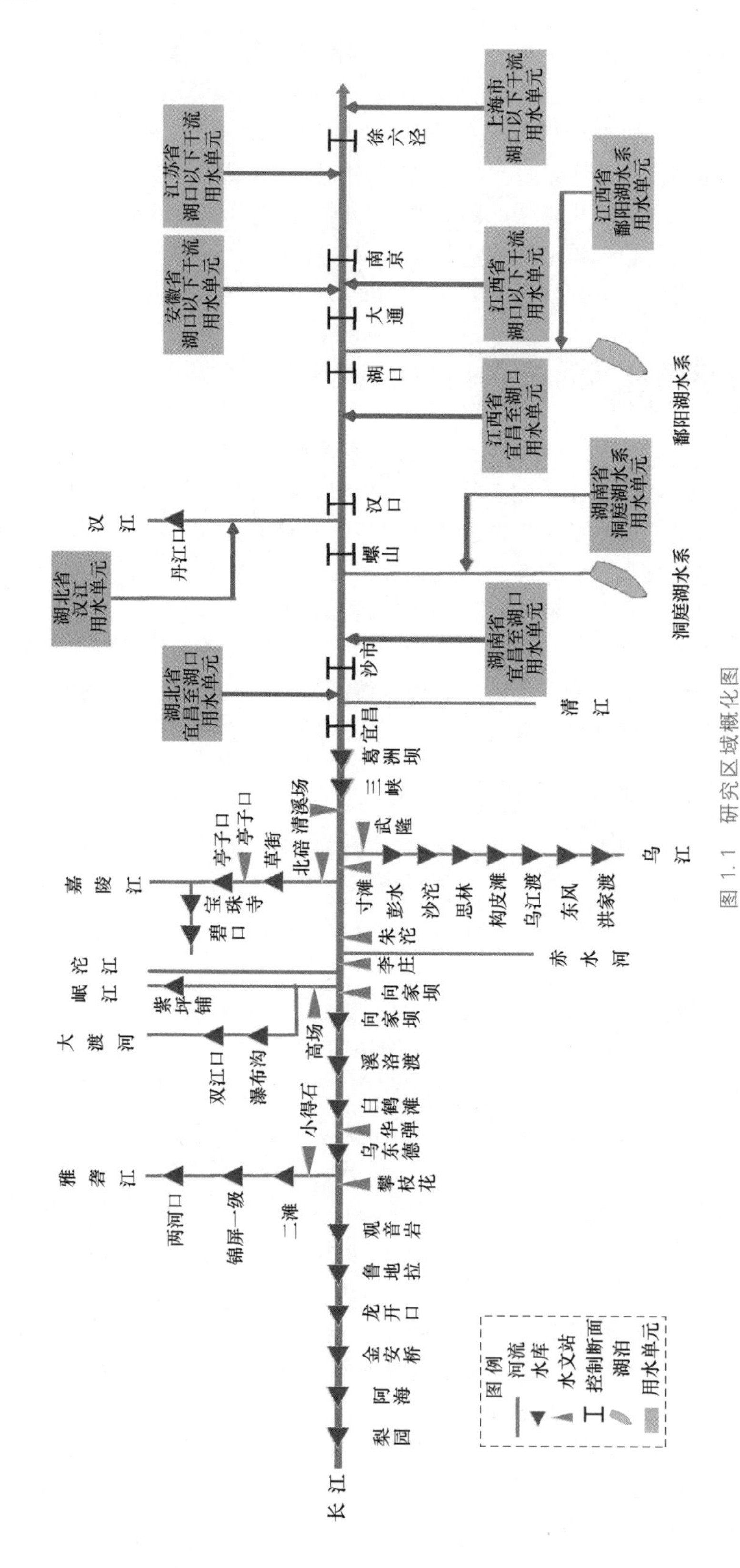

长江
梨园
阿海
金安桥
龙开口
鲁地拉
观音岩
攀枝花
乌东德
白鹤滩
溪洛渡
向家坝
李庄
朱沱
寸滩
三峡
葛洲坝
宜昌
沙市
螺山
汉口
湖口
大通
南京
徐六泾
雅砻江
两河口
锦屏一级
二滩
小得石
大渡河
双江口
瀑布沟
高场
岷江
紫坪铺
沱江
嘉陵江
宝珠寺
碧口
亭子口
草街
北碚
清溪场
武隆
乌江
彭水
沙沱
思林
构皮滩
乌江渡
东风
洪家渡
赤水河
清江
汉江
丹江口
湖北省
汉江
用水单元
湖北省
宜昌至湖口
用水单元
湖南省
宜昌至湖口
用水单元
湖南省
洞庭湖水系
用水单元
洞庭湖水系
江西省
宜昌至湖口
用水单元
鄱阳湖水系
江西省
湖口以下干流
用水单元
江西省
鄱阳湖水系
用水单元
安徽省
湖口以下干流
用水单元
江苏省
湖口以下干流
用水单元
上海市
湖口以下干流
用水单元
图例
河流
水库
水文站
控制断面
湖泊
用水单元

图 1.1 研究区域概化图

溪洛渡水电站的开发任务以发电为主，兼顾拦沙、防洪。水库正常蓄水位 600m，死水位 540m，调节库容 64.6 亿 m^3，防洪库容 64.5 亿 m^3，电站装机容量 12600MW。

向家坝水电站开发任务以发电为主，同时改善通航条件，结合防洪和拦沙，兼顾灌溉，并具有为上游梯级溪洛渡电站进行反调节的作用。水库正常蓄水位 380m，死水位 370m，调节库容 9.03 亿 m^3，防洪库容 9.03 亿 m^3，电站装机容量 6000MW。

1.4.1.3 长江干流宜宾至宜昌河段

三峡水利枢纽承担防洪、发电、航运和枯期向下游补水等综合利用任务。水库正常蓄水位 175m，枯期消落低水位 155m，调节库容 165 亿 m^3，防洪库容 221.5 亿 m^3，电站装机容量 22400MW（包括地下电站）。

葛洲坝为日调节水库，正常蓄水位 66m，调节库容 7.11 亿 m^3，装机容量 2715MW。

1.4.1.4 雅砻江梯级

两河口水利枢纽主要开发任务为发电、防洪。水库正常蓄水位 2865m，死水位 2780m，调节库容 65.6 亿 m^3，防洪库容 20 亿 m^3，电站装机容量 2700MW。

锦屏一级水利枢纽主要开发任务为发电、防洪。水库正常蓄水位 1880m，死水位 1800m，调节库容 49.1 亿 m^3，防洪库容 16 亿 m^3，电站装机容量 3600MW。

二滩水利枢纽主要开发任务为发电、防洪。水库正常蓄水位 1200m，死水位 1155m，调节库容 33.7 亿 m^3，防洪库容 9 亿 m^3，电站装机容量 3300MW。

1.4.1.5 岷江、大渡河梯级

紫坪铺水利枢纽位于岷江干流，是集供水、防洪、发电等为一体的综合性水利工程，是举世闻名的都江堰灌区的水源工程，肩负着成都平原的工农业供水任务。水库正常蓄水位 877m，死水位 817m，调节库容 7.74 亿 m^3，防洪库容 1.67 亿 m^3，电站装机容量 760MW。

双江口水利枢纽位于岷江支流大渡河上，开发任务以发电为主，兼顾防洪。水库正常蓄水位 2500m，死水位 2420m，调节库容 19.17 亿 m^3，防洪库容 5.1 亿 m^3，电站装机容量 3300MW。

瀑布沟水利枢纽位于岷江支流大渡河上，是一座以发电为主，兼顾防洪、拦沙等综合利用的大型水电工程。水库正常蓄水位 850m，死水位 790m，调节库容 38.82 亿 m^3，防洪库容 15 亿 m^3，电站装机容量 700MW。

下尔呷是大渡河水电基地干流规划“三库 22 级”的干流上游“龙头”水库，初拟水库正常蓄水位 3120m，总库容约 28 亿 m^3，调节库容约 19.3 亿 m^3，规划装机容量为 540MW。

1.4.1.6 嘉陵江梯级

亭子口水利枢纽位于嘉陵江干流，开发任务为防洪、灌溉和供水、减淤、发电、航运等综合利用。水库正常蓄水位 458m，死水位 438m，调节库容 34.68 亿 m^3，防洪库容 14.4 亿 m^3，其中正常蓄水位以下防洪库容 10.6 亿 m^3，电站装机容量 1100MW。

宝珠寺水利枢纽位于嘉陵江支流白龙江上，工程开发任务以发电为主，兼顾防洪、灌溉等综合效益。水库正常蓄水位 588m，死水位 558m，调节库容 13.4 亿 m^3，防洪库容 2.8 亿 m^3，电站装机容量 700MW。

碧口水利枢纽是白龙江梯级开发的第一座大型工程，以发电为主，兼有防洪、航运、养殖和灌溉等综合效益。最大坝高101.8m，校核洪水位时水库总库容5.21亿m^3，装机容量30万kW，保证出力7.8万kW，多年平均发电量1463MW。

草街水利枢纽工程位于嘉陵江干流，是以航运为主，兼有发电、拦沙减淤、灌溉等水资源利用工程，是2005年西部十大工程之一。水库正常蓄水位203m，调节库容0.65亿m^3，电站装机容量800MW。

1.4.1.7 乌江梯级

洪家渡水利枢纽位于乌江北源六冲河上，工程开发的主要任务是发电，同时兼有调节径流、供水、养殖、旅游等综合利用效益。水库正常蓄水位1140m，死水位1076m，调节库容33.61亿m^3，为多年调节水库，电站装机容量600MW。

乌江渡水利枢纽位于乌江干流，工程开发的主要任务是发电，同时兼顾航运。水库正常蓄水位760m，死水位720m，调节库容13.6亿m^3，电站装机容量1250MW。

构皮滩水利枢纽位于乌江干流，工程开发任务以发电为主，兼顾航运和防洪等综合利用。水库正常蓄水位630m，死水位590m，调节库容29.02亿m^3，调节库容4亿m^3，电站装机容量3000MW。

东风水利枢纽是乌江水电基地流域干流梯级开发第一级。水库正常蓄水位970m，相应库容8.64亿m^3，总库容10.16亿m^3，具有不完全年调节性能。调节库容4.9亿m^3，电站装机容量570MW。

思林水利枢纽位于贵州省思南县境内的乌江上，是乌江干流的第八级梯级电站，距上游在建构皮滩电站89km，距下游拟建沙沱水电站115km，距乌江河口涪陵区366km。枢纽工程开发任务以发电为主，其次为航运，兼顾防洪、灌溉等。水库正常蓄水位440m，调节库容3.17亿m^3，电站装机容量1050MW。

沙沱水利枢纽位于贵州省东北部沿河土家族自治县境内，距乌江汇入长江口250.5km，系乌江流域梯级规划中的第九级，乌江干流开发选定方案中的第七级梯级。电站以发电为主，兼顾航运、防洪及灌溉等任务，属“西电东送”第二批开工项目的“4水工程”之一。水库正常蓄水位365m，死水位353.5m，总库容9.10亿m^3，调节库容2.87亿m^3，电站总装机容量1120MW。

彭水水利枢纽位于乌江干流下游，重庆市彭水县县城上游11km，距乌江口涪陵区147km，是兼发电、航运、防洪等多项功能于一体的大型水电站。水库正常蓄水位293m，调节库容5.18亿m^3，电站总装机容量1750MW。

1.4.2 长江中下游区域概况

1.4.2.1 区域基本概况

长江发源于“世界屋脊”——青藏高原的唐古拉山主峰各拉丹冬雪山西南侧，干流自西而东，横贯中国中部，流经青海、西藏、四川、云南、重庆、湖北、湖南、江西、安徽、江苏、上海等11个省（自治区、直辖市），于上海崇明岛以东注入东海，全长约6300km。支流还涉及甘肃、陕西、贵州、河南、浙江、广西、福建和广东等8个省（自治区）。流域介于东经90°33′～122°19′和北纬24°27′～35°54′之间，形状呈东西长、南北短的狭长形；北以秦岭，东北以伏牛山、桐柏山、大别山与黄河流域为界，南以南岭、黔中高原、大庾岭，武夷山、天目山等与珠江流域及闽浙水系流域为界，流域面积约180万km^2，占我国大陆总面积的18.8%。

长江中下游始于宜昌止于长江口，自西而东，横贯中国中东部，流经湖北、湖南、江西、安徽、江苏、上海等6省（直辖市），全长约1893km。其中，宜昌至江西湖口称为中游，长约955km。长江出三峡后，进入中下游冲积平原，江面展宽，水势变缓，其中枝城至城陵矶河段，通称荆江，以藕池口为界分为上、下荆江河段，下荆江河道异常曲折，为典型的蜿蜒性河道。湖口至长江口称为下游，长938km。此段河道，江阔水深，比降较小。其中安徽大通以下600余千米受潮汐影响，江阴以下为河口段，江面呈喇叭状展开，长江口苏北嘴与南汇嘴之间江面宽达90km。

长江流域水系发达，支流众多，在长江中下游地区的支流主要包括中游的清江、汉江、洞庭湖水系和鄱阳湖水系，下游的青弋江、水阳江水系、巢湖水系、太湖水系以及皖河、滁河和淮河入江水道（通过苏北里运河）等。其中流域面积超过8万km^2的一级支流有沅水、湘江、汉江、赣江等4条，都位于长江中游。

长江中下游地处我国第三级阶梯，地势平坦，海拔高程较低，除少部分是丘陵山区外，大部分为平原地区。长江中下游江阔水深，水流缓慢，河道蜿蜒曲折，多洲滩，河道分汊呈藕节状。

长江中下游位于东亚季风区，具有显著的季风气候。区内普遍为丘陵和平原，冬季常受寒潮的入侵，天气寒冷，夏季受西太平洋副高控制天气酷热，四季分明，冬、夏两季稍长，春、秋两季较短。冬季的寒潮大风、春季的低温阴雨、初夏的梅雨、盛夏的高温、秋季的秋高气爽等是中下游地区的气候特色。

长江自宜昌以下进入中下游冲积平原，地势平坦，交通便利。区域内物产丰富，人口众多，社会、经济、教育、科技发达，是我国经济较发达的地区之一；共涉及湖北、湖南、江西、安徽、江苏、上海等6省（直辖市）的36个地级行政区，区间面积约为24万km^2。区域交通发达，基本形成了以公路、铁路为主骨架，以长江为主航道，航空运输为快车道，以沿江中心港为枢纽，各种运输方式互相衔接的现代交通运输网。长江中下游沿江地区是长江流域乃至全国经济较为发达的地区，科技文化先进，人力资源丰富，城镇化程度高，工业基础雄厚，农业集约化程度高，水陆交通发达。

目前，长江中下游引江工程数量众多，取水能力巨大。长江中下游各引江工程既有城镇集中供水，一般工业自备水源和火电厂的取水口，也有农业灌溉用水和生态环境补水工程，还有包括了各类用水对象的综合水利工程。供水对象既有本流域内的用水，也有如南水北调东线工程这样的跨流域调水工程。从空间分布来看，沿江各省都有一定数量的引江工程，各省工程数量的分布密度相差不大，但是取水能力和取水量则相差巨大，下游地区远大于中游地区，其中江苏省占比最大。

1.4.2.2 长江中下游干支流水系

1. 清江

清江是长江中游右岸的一级支流，发源于湖北省利川市齐岳山龙洞沟，自西向东跨利川、恩施、建始、巴东、长阳等10县（市），在枝城注入长江，干流全长428km，流域面积1.67万km^2。流域形状狭长，东西长、南北短，地势西高东低。流域内除利川、恩施、建始三个盆地以及河口附近有少数丘陵平原外，其余均为中低山，山区占80%以上。流域内山势陡峻，河谷深切，河道狭窄，比降大，具有山区河流特征。

恩施以上为上游，河道长153km，落差1070m，平均比降6.5‰，枯水期水面一般宽50～70m；恩施至资丘为中游，河道长160km，落差280m，平均比降1.8‰，河流在该段绝大部分穿行于深山峡谷之中，枯水期河宽一般为40～60m；资丘以下为下游，河段长110km，落差80m，河床平均比降0.73‰，枯水期隔河岩以上河宽一般为60～80m，隔河岩以下一般为80～100m。

清江支流较多，一级支流有25条，流域面积在500km^2以上的有忠建河等7条，其中1000km^2以上的有4条：忠建河、马水河、野三河、渔洋河。

2. 洞庭湖水系

洞庭湖水系总流域面积约26.2万km^2，包括湘江、资水、沅江、澧水四条河流，在城陵矶汇入长江。

湘江是洞庭湖水系中流域面积最大的河流，发源于广西灵川海洋山，经兴安、全州至下江圩斗牛岭，进入湖南省东安县，再经冷水滩、祁阳、衡阳、衡山、株洲、湘潭、长沙至湘阴的濠河口，注入洞庭湖，全长856km，流域面积94660km^2。

资水位于湖南省中部，湘江的左侧，流域形状南北长、东西窄，地势西南高、东北低。资水自邵阳县双江口以上分西、南两源，西源赧水流域面积7103km^2，河长188km，南源夫夷水发源于广西资源县境内越城岭北麓，向北流经新宁、邵阳至双江口；习惯上以西源赧水作为资水主源。资水河长约653km，全流域面积28038km^2。

沅江又称沅水，流域南北较长，东西较窄，略呈自西南斜向东北的矩形。沅水流域多崇山峻岭，坡度大、峡谷多、滩险多、水流湍急。沅江发源于贵州东南部，分南、北两源，以南源为主。南源龙头江（或称马尾河），源自贵州省都匀市的云雾山鸡冠岭；北源重安江，源于贵州省麻江县平月间的大山，南、北二源在炉山县上汉河口汇合，称为清水江，江水曲折东流，沿程纳入巴拉河、南哨河、六洞河等支流，在托口纳入渠水后，始称沅水。沅水在湖南境内流经芷江、怀化、会同、黔阳、溆浦、辰溪、泸溪等县，至沅陵折向东北，经桃源、常德德山注入洞庭湖。干流全长1033km，流域面积89163km^2。

澧水干流源于湖南省桑植县杉木界，流经桑植、大庸、慈利、石门、临澧、澧县、津市7县（市），于小渡口注入西洞庭湖，干流长390km，流域面积18583km^2，总落差1439m。流域形状东西长、南北短，近似矩形。

3. 汉江

汉江流域位于东经106°15′～114°20′、北纬30°10′～34°20′之间，流域面积约15.9万km^2。西北至东南方向长约820km，南北最宽约320km，最窄约180km。流域北部以秦岭、外方山与黄河流域分界，分水岭高程为1000～2500m；东北以伏牛山、桐柏山构成与淮河流域的分水岭，高程在1000m左右；西南以大巴山、荆山与嘉陵江、沮漳河为界，分水岭高程为1500～2000m；东南为江汉平原，与长江无明显分水界限。流域地势西高东低，由西部的中低山区向东逐渐降至丘陵平原区。

汉江流域水系发育，呈叶脉状，支流一般短小，左右岸支流不平衡，流域面积大于

1000km² 的一级支流共有 19 条，其中集水面积在 1 万 km² 以上的有唐白河与堵河；集水面积在 0.5 万～1 万 km² 之间的有旬河、丹江、夹河和南河；集水面积在 0.1 万～0.5 万 km² 的有褒河、湑水河、酉水河、子午河、池河、天河、月河、玉带河、任河、岚河、牧马河、北河及蛮河等。

4. 鄱阳湖水系

鄱阳湖水系位于长江中下游南岸，位于东经 113°35′～118°29′、北纬 24°29′～30°05′之间，总流域面积约 16.2 万 km²，包括赣、抚、饶、信、修五水，在江西湖口汇入长江。鄱阳湖洪水期湖面面积 3840km²，居全国淡水湖首位。

鄱阳湖流域各河流从东、南、西三面向中北部注入鄱阳湖，区内地势南高北低，边缘群山环绕，中部丘陵起伏，北部平原坦荡，四周渐次向鄱阳湖区倾斜，形成南窄北宽以鄱阳湖为底部的盆地状地形。

赣江是鄱阳湖水系的第一大河，纵横江西南北，亦为入鄱阳湖五大河流之首，长江八大支流之一。赣江发源于石城县洋地乡石寮岽，河口为永修县吴城镇望江亭，平均年入湖水量 687 亿 m³。主河道长 823km，流域面积 82809km²，流域内山地占 50%，丘陵占 30%，平原占 20%。赣江流域水系发达，流域面积 10km² 以上的河流有 2073 条。赣江主要支流有湘水、濂水、梅江、平江、桃江、章江、遂川江、蜀水、孤江、禾水、乌江、袁河、锦河等，流域面积均在 1000km² 以上。河源至赣州为上游，赣州至新干为中游，新干以下为下游。

抚河流域位于江西省东部，是鄱阳湖水系的主要河流之一。抚河发源于广昌、石城、宁都三县交界处的灵华峰东侧里木庄。河流自西向南流经广昌、南丰、南城，在南城县城附近汇入黎滩河后称为抚河。后经浒湾进入下游平原，至抚州左纳抚河最大支流临水，向西北流经南昌县境，在荏港改道后由清岚湖入鄱阳湖。主河道全长 348km，流域面积 16493km²。抚河流域支流众多，流域面积在 150km² 以上支流有 13 条，其中大于 500km² 的一级支流有黎滩河、芦水、临水及东乡河。

信江流域位于江西省东北部，是鄱阳湖水系五大河流之一。信江发源于浙赣边境怀玉山的玉京峰，称玉山水，至上饶市与丰溪水汇合后，以下始称信江。上饶市以下干流自东向西蜿蜒而下，横贯江西省东北部，流经上饶、铅山、弋阳、鹰潭等县（市），在余干县境的大溪渡附近分为东、西两大河，东大河经珠湖山与乐安河汇合再注入鄱阳湖；西大河在乌石咀分为江埠、枫港两支，在校子仂刘家重又汇合，称为木西河，然后流向西北，在瑞洪注入鄱阳湖。主河道全长 359km，全流域面积 17599km²。流域内水系发达，沿途接纳大小支流 20 余条，大多呈南北流向，流域面积在 300km² 以上的有 11 条，其中超过 1000km² 的支流有丰溪河、铅山水及白塔河。

饶河流域位于江西省东北部，由乐安河和昌江两支组成。主流乐安河发源于赣皖边界的五龙山，自东北向西南流经婺源、德兴、乐平、万年等县（市），至姚公渡汇合昌江后，经波阳于龙口注入鄱阳湖，乐安河干流全长 240.3km。昌江发源于安徽省祁门县南屏山、黄金尖一带，在姚公渡与主流乐安河汇合，昌江干流全长 219.3km。乐安河与昌江两河汇合口以下始称饶河，饶河流域面积共 15428km²。饶河流域河网发育，集水面积在 500km² 以上的支流有 11 条。乐安河以建节水为最大支流，集水面积 1017km²。昌江以杨春河为最大支流，集水面积 816km²。饶河流域地势东北高，西南低，向鄱阳湖倾斜。流域上游多为丘陵山地，下游多属丘陵平原。乐安河海口以上为上游，河长 61.36km；海口至虎山为中游，河长 83.63km；虎山以下为下游，河长 95.26km。昌江干流峙滩以上为上游，河长 78.88km，绝大部分在安徽省境内；峙滩至鲶鱼山为中游，河长 70.19km；鲶鱼山以下为下游，河长 70.21km。

修河位于江西省西北部，是鄱阳湖水系五大河流之一。主河源出于湘赣边境大沩山北麓铜鼓县的竹山下，自南向北流经港口、程坊、东津，下行至周家、马坳间与渣津水汇合后，自西向东流经修水、清江、武宁、柘林、虬津，沿途汇入溪口水、山口水、黄沙水、罗溪水，于永修县城附近与最大支流潦河汇合。修河过永修向东北流至吴城入鄱阳湖。修河流域面积 14797km²，干流全长 419km，落差 694m。潦河在修河干流右侧，是修河最大的支流，以九岭山脉与修河干流分界，水道分布于奉新、安义、靖安三县及高安县一部分。潦河在安义县境石窝龚家以上分南潦河（潦河干流）与北潦河两大支。北潦河在安义县凌家以上又分为北潦南支（北潦河干流）与北潦北支（靖安北河）。

5. 长江下游诸支流水系

长江下游的中小支流不对称地分布于干流两侧，流域面积中低山区约占 1/4，丘陵、平原与湖泊圩区约占 3/4。主要水系有巢湖水系、青弋江和水阳江水系、太湖水系等。

巢湖水系位于长江中下游左岸，主体处于安徽省中部。流域西北以江淮分水岭为界，东濒长江，南与菜子湖、白荡湖、陈瑶湖以皖河流域毗邻。流域地形东西长、南北窄。流域总面积 13486km²（含铜城闸以下牛屯河流域 404km²），约占安徽省总面积的 9.3%。其中，巢湖闸以上 9153km²，巢湖闸以下 4333km²，主要包括合肥、巢湖、六安及安庆 4 市的 16 个县（区）。巢湖水系主要支流发源于大别山区，自西向东注入巢湖，经巢湖，由裕溪河（及裕溪河支流牛屯河）进入长江。以巢湖为中心，四周河流呈放射状注入。较大支流有杭埠河、丰乐河、派河、南淝河、柘皋河、白石天河、兆河等。巢湖闸以下为裕溪河，主要支流有清溪河、牛屯河以及连通裕溪河和黄陂湖之间的西河。

青弋江、水阳江水系包括青弋江、水阳江及漳河。青弋江源于黟县北部山区，河长 309km；水阳江以西津河为主干，源于绩溪县北部，自河源至江口全长 254km。青弋江、水阳江下游河道纵横，故统称青弋江、水阳江流域，下游在芜湖的鲁港、长河和当涂的太平口三处入江。全流域面积 18814km²，其中青弋江流域 7150km²，水阳江流域 10305km²，漳河流域 1359km²。

太湖流域地处长江下游河口段右岸，位于长江三角洲的南缘，北靠长江，东临东海，南滨钱塘江、杭州湾，西界天目山、茅山。流域面积 36895km²，行政区划分属江苏省、浙江省、上海市和安徽省。水系以太湖为中心，包括南部发源于天目山东的西苕溪（东苕溪主流以下，沿程汇合南苕溪、中苕溪、埭溪等 5 条较大山溪），西部发源于茅山和宜溧山区荆溪、洮滆湖，东部有太湖出口的黄浦江以及浏河、望虞河、红旗塘、拦路港等地区性河道以及众多中小湖泊和纵贯南北的京杭运河。整个太湖水系共有大小湖泊 180 多个，连同进出湖泊的大小河道，组成一个密如蛛网的水系，对航运、灌溉和调节河湖水位都十分有利。江南运河是京杭运河的组成部分，它自镇江谏壁口引长江水南流，穿过太湖水系众多的河流和湖荡，吞吐江湖，调节水量，成为这个水网的重要干流。太湖流域西部山区、丘陵占流域面积的1/6，其余5/6是以太湖为中心的碟状平原洼地。流域降水时空分布不均，易形成洪涝灾害，多年平均降水量为1177mm，多年平均径流量为161.5亿m^3。

1.4.2.3 长江中下游干流主要水文站

长江中下游干流的控制性水文站为长江干流宜昌至大通段的宜昌、螺山、汉口、大通等水文站，主要水文站基本情况见表1.1。

表1.1 长江中下游干流主要水文站基本情况一览表

站名	河名	控制面积/万km^2	水位实测系列	流量实测系列
宜昌	长江	100.5	1877—1941年、1946年至今	1946年至今
螺山	长江	129.5	1953年5月至今	1953年5月至今
汉口	长江	148.8	1865年1月至1944年	1922—1937年
			1946年至今	1951年至今
大通	长江	170.5	1922年10月—1925年5月	1922年10月—1925年5月
			1929年10月—1931年5月	1929年10月—1931年5月
			1935年9月—1937年12月	1935年9月—1937年12月
			1947—1949年	1947—1949年
			1949年7月至今	1949年7月至今

各水文站基本情况如下。

1. 宜昌水文站

宜昌水文站位于三峡工程三斗坪坝址下游43km，葛洲坝工程下游2.5km，集水面积约100万km^2，为长江出三峡后的控制站。

宜昌海关水位观测最早始于1877年，1946年2月正式设立宜昌水文站，开始测流，基本水尺在宜昌市原怡和码头，在海关水尺下游约150m。宜昌站测验河段上游2.5km为葛洲坝工程，下游20km有虎牙滩束水，38.6km处右岸有清江入汇。测流断面河床组成，左岸为沙砾石，右岸为岩石，中间为礁板岩。中低水时历年断面变化在10%左右，高水变化在5%左右，断面基本稳定。

流量测验方法，1950年以前以浮标法为主，测次较少，精度欠佳。1951—1954年测次增多，精度有所提高。1955年以后以流速仪施测为主，测次较多，分布均匀。1973年架设了过江缆道，改进了测验方法，精度不断提高，浮标系数经比测分析为0.87。

宜昌站中低水位水流控制条件较好，较为稳定，但高水位时同水位的流量变幅较大。主要受洪水涨落影响、河槽壅水作用及下游清江来水顶托影响。1951年以后，因测验精度逐年提高，则视各年水情变化情况，多采用连时序法定线。三峡枢纽设计阶段曾对宜昌站的历年水文资料及水位流量关系做了大量的分析工作，采用多种方法对缺测的流量资料进行了插补延长，经分析论证，采用以汛期平均水位为参数的曲线簇推求了1877—1939年、1946—1950年逐日平均流量，1940—1945年缺测年份采用上游云阳水位和区间雨量推算流量。宜昌站水位流量关系曲线高水部分，选用1956年综合单一线，按史蒂文森法延长，用于推算历史洪水。上述分析计算成果在三峡工程论证和设计时已经采用并审查通过，可以直接使用。

2. 螺山水文站

螺山水文站位于长江中游城陵矶至汉口河段内，上距洞庭湖出口 30.5km，控制流域面积 1294911km²，是洞庭湖出流与荆江来水的控制站。

螺山水文站设立于 1953 年 5 月。基本水尺（一）因边滩淤积于 1962 年 4 月 1 日下迁 1km 与测流断面重合，为螺山（二）。1974 年在基本水尺上游约 150m 处建螺山电排站，基本水尺处受回水影响于 1986 年 1 月 1 日上迁 706m，为螺山（三）。

测验河段中高水位有长约 2km 的顺直河道。测流断面呈 W 形，河宽一般为 1400～1800m，断面冲淤变化较大，主泓有所摆动，历年有所不同。如 1986 年洪水期间，低水时中间沙洲出露宽达 200～300m，将江水分为两股。右岸废堤至干堤间为滩地，宽约 200m，水位达 30m 时淹没为死水区。

螺山水文站上游 7.5km 处有隔江对峙的杨林山和龙头山，下游约 30km 处，右岸的赤壁山以及隔江相望的螺山和鸭栏矶均为出露的基岩，这些节点分别对该站的水流有一定的控制作用。

螺山水文站水位流量关系主要受洪水涨落率、下游支流顶托和断面冲淤等因素的影响，历年流量资料整编采用连时序法。

3. 汉口水文站

汉口水文站位于汉江汇入口下约 1.3km，上游承接荆江、洞庭湖和汉江来水，下游有倒、举、巴、浠、圻、富和鄱阳湖水系入汇，是长江中游干流重要控制站，集水面积为 1488036km²。

武汉关海关水尺最早设于 1865 年，1922 年开始测流。1944 年 10 月至 1945 年 12 月曾一度中断。基本水尺历年固定于长江左岸的武汉关航道局工程处专用码头。测流断面新中国成立前位于武汉关下游 400m 处，新中国成立后移至基本水尺下游 3.7km 的下太古，1990 年 9 月因兴建武汉长江二桥，测流断面下迁 1.7km，距基本水尺断面约 5.4km。基本水尺上游约 1.43km 有汉江从左岸入汇，上游约 3.0km 处有武汉长江大桥，再上游有东荆河、金水和陆水分别从左右岸入汇。基本水尺下约 4.0km 建有武汉长江二桥，测流断面下游 3.8km 左岸有府环河入汇，再下游 0.5km 有面积约 17.5km² 的天兴洲横亘江心，将长江分为南北两支，主泓在南支，北支有衰退趋势。水位在 26.5～27.0m 以上时，天兴洲被淹没。下游左岸有武湖水系汇入，再下游有倒水、举水、巴水、浠水等河流及张渡湖入汇；右岸有梁子湖、富水等入汇，断面下游约 284km 有鄱阳湖入汇，对本站水位流量关系有不同程度的影响。

测验河段大致顺直，呈上狭下宽喇叭形，河流主槽偏右，横断面呈复式河床，左浅右深。左岸河床冲淤变化较大，右岸河床基本稳定。一般在高水期，当汉江有较大洪水加入后，左边流速明显偏大，低水期则相反。测验河段低水有汊流串沟，水位在 23.5～24.0m 时左岸出现漫滩达 70m，水位在 26.0m 以上左岸出现漫滩达 80m。整个断面汛期一般为涨冲落淤，左岸河床为细沙组成，右岸河床为粗沙组成。

汉口水文站在 20 世纪 50 年代的中低水为流速仪测流，高水为浮标测流，以后全部采用流速仪测船测流。水位流量关系主要受下游支流及鄱阳湖来水顶托和洪水涨落影响，较为复杂，历年流量资料整编采用连时序法推流。

4. 大通水文站

大通水文站位于安徽省贵池区，上距鄱阳湖湖口 219km，下距支流九华河汇口 1km 左右。上游 135km 处有华阳河入汇，30km 处有秋蒲河汇入，下距淮河入长江口 339km，距长江入东海口 642km，集水面积为 1705383km^2。低水时潮汐对大通站水位有一定的顶托影响。

大通水文站设立于 1922 年 10 月，基本水尺及流量断面设于大通和悦洲下游的横港附近。新中国成立前观测资料时有间断，1925 年 6 月至 1929 年 9 月、1931 年 6 月至 1935 年 8 月、1937 年 12 月至 1946 年、1949 年 4—6 月曾四度中断。1935 年 9 月基本水尺上迁至梁山咀红庙上游，1937 年测流断面迁至大通镇上游的梅埂，1947 年基本水尺又下迁至和悦洲顶外滩上，测流段下迁至荻港，1948 年水尺再次迁至大通和悦洲大邑港口。1950 年 8 月测流段迁至梅埂，1951 年基本水尺迁至梅埂镇上游约 1.5km 凤栖山脚下，1972 年 1 月水尺下迁 1190m，为大通（二）站。测验河段顺直，河床左岸为细沙土，汛期有冲淤现象，以起点距约 500m 处较为显著。右岸为粗砂、卵石及礁板，冲淤甚微。下游 10km 处有沙洲，对中低水有一定的控制作用。各年均以流速仪测流，流量整编采用连时序法。

1.4.2.4 引调水工程概况

1. 主要调水工程概况

（1）南水北调东线工程。南水北调东线工程即国家战略东线工程，简称东线工程，是指从江苏江都、三江营、泰州等处提水，充分利用现有河湖和现有工程措施输水和调蓄，向黄淮海东部平原和胶东地区输送生产生活用水的国家级跨省界区域工程。

南水北调东线工程利用江苏省已有的江水北调工程，逐步扩大调水规模并向北延伸。从江苏省扬州市附近的长江干流引水，利用京杭运河以及与其平行的河道输水，连通洪泽湖、骆马湖、南四湖、东平湖，并作为调蓄水库，经泵站逐级提水进入东平湖后，分水两路：一路向北穿黄河后自流到天津，另一路向东通过胶东地区输水干线向胶东地区供水。南水北调东线工程规划分三期实施。其中，一期工程主要是补充山东、江苏等省输水沿线地区的城市生活、工业和环境用水，兼顾农业、航运和其他用水。一期工程已于 2013 年底建成通水。根据《长江流域第三次水资源调查评价》等成果，南水北调东线工程（含江水北调、江水东引工程）2013—2016 年向淮河等外流域年均调水量为 78.07 亿 m^3。根据《长江流域及西南诸河水资源综合规划》成果，2020 年、2030 年南水北调东线工程（含江水北调、江水东引工程）调水量为 105.86 亿 m^3、148.20 亿 m^3，见表 1.2。根据《南水北调东线二期工程规划报告（报批稿）》，南水北调东线二期工程 2035 年多年平均抽江水量 163.97 亿 m^3。

表 1.2 南水北调东线规划引江水量

工程分期	启用时间	设计最大引江流量/(m^3/s)	多年平均引江水量/亿 m^3
一期	2008 年	500	89
二期	2020 年	600	106
三期	2030 年	800	148

（2）南水北调中线工程。中线工程从汉江上的丹江口水库引水，输水总干线从丹江口水库边已建的陶岔渠首起，总干渠全长约 1246km。丹江口水库水质良好，跨流域调水可

自流输水，运行费用低。中线的供水区主要是黄淮海平原的西部、中部及唐白河平原，主要任务是向城市生活、工业供水，并兼顾农业及其他用水。

1980年4—5月，水利部组织国家有关部、委和省（直辖市）对中线进行了全线查勘。长江流域规划办公室于1987年完成了《南水北调中线工程规划报告》，1988年9月报送了《南水北调中线规划补充报告》和《中线规划简要报告》。1991年长江委编制了《南水北调中线工程规划报告（1991年9月修订）》及《南水北调中线工程初步可行性研究报告》。1992年年底，长江委完成了《南水北调中线工程可行性研究报告》。1994年以后，长江委开展了丹江口水库大坝加高工程和总干渠工程的初步设计工作。

南水北调中线一期工程引水规模为350～420m^3/s，年均调水量95亿m^3，其中过黄河63亿m^3，工程静态总投资1099.4亿元。到2030年，中线最终规模引水500～630m^3/s，年均调水量131.4亿m^3，其中向黄淮海等外流域调水120.5亿m^3。

（3）引江济太工程。引江济太工程通从常熟枢纽引长江水，年调水量为25亿m^3，其中，由望亭水利枢纽入太湖10亿m^3，增加向太湖周边地区供水，同时由太浦闸向上海、浙江等下游地区增加供水5亿～7亿m^3，以改善太湖及下游地区水环境。

2000年太湖局编制完成了《引江济太调水试验工程实施方案》，并于2001年7月19—23日接受水利部水利水电规划设计总院的初步审查，9月16—17日通过了技术复审。水利部于2001年12月14日正式批复《引江济太调水试验工程实施方案》。随后，太湖流域引江济太领导小组和太湖流域引江济太办公室成立。太湖流域引江济太试验工程于2002年1月30日正式启动。

2001年以前，每年都有一定水量从长江干流调往太湖，2001年开始引江济太试验，按一般水情年份考虑，试验阶段全年从常熟枢纽引长江水25亿m^3进望虞河，设计流量为350m^3/s，经望亭水利枢纽入太湖10亿～15亿m^3，其中3亿～5亿m^3增加江苏滨湖地区用水，同时由太浦闸向上海、浙江等下游地区增加供水5亿～7亿m^3；其余水量主要增加望虞河两岸供水，改善苏州、无锡地区的水环境和满足地区用水。根据《太湖流域水资源综合规划》，引江济太工程在75%频率枯水年的引长江水量将达到31.87亿m^3。

（4）引江济淮工程。引江济淮工程是一项大型跨流域调水工程，是缓解沿淮及淮北城市缺水的重要工程。工程供水目标以城市供水为主，兼顾农业灌溉补水、水生态环境改善和发展航运。工程供水范围包括淮河流域的淮南、蚌埠、阜阳、宿州、淮北5个城市生活与生产用水，补充蚌埠闸以上供水范围内的农业灌溉用水，缓解沿淮、淮北地区缺水形势和改善生态环境，结合运河建设，同时沟通长江和淮河两大水系。工程近期规划年调水量5亿m^3，远期规划年调水量10亿m^3。

引江济淮工程规划由引江济巢、江淮航道、沿淮洪水利用、淮水北调等项目组成。引水线路规划从长江引江水入巢湖，再由巢湖西岸引抽水穿过江淮分水岭，经瓦埠湖入淮河。引江济巢工程是引江济淮工程的一期工程，根据安徽省水利厅文件，引江济巢工程依引江口门的具体位置不同，引江线路分为现状和规划二种情况。自下而上有凤凰颈、白荡湖、菜子湖三条线路可供比选，引江水量经巢湖流动后由裕溪河注入长江。规划年均新增入湖水量10亿m^3左右。

（5）引江济汉工程。南水北调中线工程从汉江上游的丹江口水库取水，届时仅一期取水就将减少汉江中下游1/4的水量，从而直接影响到该流域上千万人口生活和工农业用水。为此，引江济汉工程作为调水补偿工程被批复。引江济汉工程位于湖北省境内，从长江荆州段龙洲垸引水至汉江潜江段高石碑（兴隆水利枢纽工程下游），全长67.1km，属汉江中下游治理工程之一，主要任务是汉江兴隆以下补充因南水北调中线一期工程调水而减少的水量，满足生态环境用水、河道外灌溉、供水、航运需水。

根据规划，引江济汉工程设计引水流量350m^3/s，最大引水流量500m^3/s，东荆河补水设计流量为100m^3/s，补水加大流量为110m^3/s。工程年平均输水37亿m^3，其中补汉江水量31亿m^3，补东荆河水量6亿m^3。引江济汉工程的供水目标包含灌溉、城市供水、航运、生态环境等多方面，初步考虑按以下情况分别选取：①工程的河道内水环境目标为汉江仙桃控制断面2月、3月的流量大于500m^3/s的历时保证率达到95%，基本控制汉江下游在流量上不具备“水华”发生的条件；②改善各灌区特别是东荆河灌区的灌溉用水和城镇供水的状况，灌溉设计保证率取85%，工业、生活需水保证率采用98%；③汉江通航保证率应使兴隆以下河段中流量（600～800m^3/s）的出现概率基本达到现状水平。

2. 主要引水工程概况

（1）泰州引江河工程。泰州引江河工程主要功能是以增供苏北地区水源为主，改善里下河地区洼地排涝，提高南通地区灌排标准，是一项引水、排涝、航运等综合治理开发的水利设施。

泰州引江河工程是江苏省苏北地区从长江引水至新通扬运河的引江河工程，也是南水北调东线工程的引江口之一，主要功能是以增供苏北地区水源为主，改善里下河地区洼地排涝，提高南通地区灌排标准。该工程是以引水为主，集水资源供给、排涝、航运、防洪等综合功能于一体的大型水利工程设施。工程位于江苏省泰州市与扬州市交界处，南起长江，北接新通扬运河，全长24km。河线位置在长江北岸高港枢纽至泰州一线西侧约3km处。该工程将从位于江苏省泰州市的高港枢纽引长江水向北直接入里下河地区，并经泰东河、通榆河送水到沿海滩涂，实现江水的北调、东引，为苏北地区社会经济发展提供水资源，同时增加里下河地区涝水抽排入江出路，增辟一条从长江到里下河、通榆河的三级航道。工程总体规模系按河道自流引江流量600m^3/s设计，河底宽80m，河底高程5.5～6m（废黄河零点）。泰州引江河工程1995年11月开工，1999年9月主体工程（河道、桥梁、泵站枢纽）投入运行，2002年10月竣工，2004年6月通过竣工验收。已完成的一期工程，可满足1996—2000年期间开发沿海滩涂6.67万hm^{2}和通榆河沿线中低产田改造供水的需要，并适当结合综合开发利用。自1999年工程竣工以来，泰州引江河每年平均向苏北供水20多亿m^3。

（2）武汉大东湖生态水网工程。该工程位于武汉市长江南岸，区域涉及武昌区、青山区、洪山区、东湖新技术开发区和东湖生态旅游风景区，长江堤线以内面积390.6km^2。大东湖水系由东沙湖水系和北湖水系组成，主要湖泊有东湖、沙湖、杨春湖、严西湖、严东湖、北湖等6个湖泊，区间还有竹子湖、青潭湖等小型湖泊，水面面积达62.6km^2。通过水网连通、污染控制、生态修复和交通旅游配套，6个湖泊将连通并与长江通连，引江济湖、湖湖连通。

水网连通工程是大东湖生态水网建设的核心。水务部门将在现有港渠基础上，新建、改建和扩建18条港渠和13道涵闸，通过水利调度，恢复6湖间的连通，重建湖泊与长江的双向连通。对6湖的排污口进行拦截，对沿湖16处雨水排口进行治理。清理东湖、沙湖、杨春湖、北湖等水体污染较重区的底泥，并配套建设人工湿地、人工浮岛，重建水生植物系统。交通旅游配套工程将突出生态、文化、旅游三要素，根据6个湖泊及10个港渠功能定位的不同，在周边建设城市公园、生态保护区、旅游风景区、城市滨水景观区和生态景观港渠。大东湖生态水网构建工程涵盖污染控制工程、生态修复工程、水网连通工程及监测评估研究平台。其中水网连通工程主要为江湖连通和湖湖连通，即从长江引水，在各湖之间进行水体交换，最后排水入长江。

3. 干流引江工程概况

大通以上具有较大取水能力的引江工程取水口见表1.3，大通以下主要的沿江引水工程见表1.4。

表1.3　长江中下游大通以上主要引江工程取水口

省份	取水口名称	水闸名称	取水流量/(m^3/s)	年最大取水量/万m^3	主要取水用途	2011年取水量/万m^3
湖北省	八一闸灌区八一闸取水口	八一引水闸	57.3	1100	城乡供水	1058
	长港灌区车湾闸取水口	车湾引水闸	72.6	400	农业	250.9055
	调弦口闸取水口	调弦口闸	60	8640	农业	845.1
	冯保灌区高水闸取水口	高水闸	120	2850	农业	1772
	高场南闸取水口	高场南闸	83	43027.2	农业	6515.19
	隔蒲泵站引水闸取水口	公路口泵站引水闸	60	1356.4	农业	469.2388
	观音寺灌区江陵县观音寺闸取水口	观音寺闸（引水闸）	70	16747	农业	16449.46
	汉川二站取水口		120	50000	农业	21858.16
	汉南进水闸取水口	汉南进水闸	136	85777.92	农业	63540.64
	洪湖隔北灌区白庙闸取水口	白庙闸（进水闸）	60	2116	农业	1060
	洪湖隔北灌区峰口闸取水口	峰口闸（进水闸）	80	900	农业	820
	老江河灌区孙良洲退洪闸取水口	孙良洲退洪闸	60.2	4680	农业	0
	梅院泥灌区童家湖闸取水口		60	35	农业	0
	南水北调引江济汉工程取水口		500	0	农业	0
	三孔闸取水口	三孔（老灌湖）闸（引排水闸）	75	130	农业	128.1
	天门市罗汉寺闸取水口	罗汉寺闸	120	136000	农业	77100
	小南河水库灌区小南河水库输水闸取水口		57	2288	农业	1065
	新堤老闸取水口	新堤老闸（进水闸）	158	2300	农业	811.43928
	新堤排水闸取水口	新堤排水闸	800	9650	农业	8389.5
	泽口灌区欧湾闸取水口	欧湾闸	212.6	33800	农业	31849
	漳河灌区大碑湾南港取水口	马良进水闸	110	9504	农业	1611
	漳河水库渠首闸取水口	漳河水库渠首闸	121	5568	农业	1800

续表

省份	取水口名称	水闸名称	取水流量/(m^3/s)	年最大取水量/万 m^3	主要取水用途	2011年取水量/万 m^3
湖北省	滠口村灌区民生闸取水口		70	32	农业	0
	滠水橡胶坝灌区滠水西堤二闸取水口		60	185	生态环境	136.08
	滠水橡胶坝灌区滠水西堤一闸取水口		60	150	生态环境	0
湖南省	国电益阳发电有限公司取水口		64.44	76000	火(核)电	75866
江西省	柴埠口进水闸取水口	柴埠口进水闸	85	9000	农业	8024.541
	大湖口闸取水口	大湖口闸	52	19033.2	农业	2866.4
	螺滩水库灌溉发电引水渠取水口	螺滩水库灌溉发电引水渠进水闸	70	95000	农业	96
安徽省	凤凰颈排灌站闸取水口		200	38560	农业	36302.05
	溪口渠首枢纽：总干渠取水口	总干渠溪口进水闸	160	110200	农业	11246.42
	总干渠黄村取水口	总干渠黄村泄洪水闸	160	110100	农业	11038.67
	驷马山泵站取水口		110	34689.6	农业	33700

表1.4　　长江中下游大通以下主要引江工程

序号	工程名称	所在地点	调水区	受水区	设计引水流量/(m^3/s)	管理单位	备注
1	白屈港枢纽	江苏省无锡市江阴市	长江	太湖	200	江苏省江阴市白屈港水利枢纽工程管理处	已建
2	红山窑枢纽	江苏省南京市六合区	长江	滁河	550	江苏省六合区水利局红山窑水利枢纽管理处	已建
3	秦淮新河水利枢纽	江苏省南京市雨花台区	长江	秦淮新河	50	江苏省秦淮新河闸管理所	已建
4	九曲河枢纽	江苏省丹阳市	长江	太湖	80	江苏省丹阳市九曲河枢纽管理处	已建
5	魏村水利枢纽	江苏省常州市魏村镇	长江	太湖	60	江苏省常州市长江堤防工程管理处	已建
6	谏壁抽水站	江苏省镇江市区东郊	长江	太湖	162	江苏省镇江市水利局谏壁抽水站管理处	已建
7	裕溪闸	安徽省无为县二坝镇	长江	巢湖	350	安徽省合巢水运建设开发有限公司	已建
8	乌江抽水站	安徽省和县乌江镇	长江	滁河	230	安徽省驷马山引江工程管理处	已建
9	南通节制闸	江苏省南通市	长江	南通市	460	江苏省南通节制闸管理所	已建
10	九圩港闸	江苏省南通市港闸区	长江	南通市	1540	江苏省南通市水利局下属九圩港闸管理所	已建

1.4.3 研究相关约定

为便于研究和资料口径一致，对研究区域内子流域、水库、断面、行政分区和水平年作出以下约定：

（1）子流域约定。为表述方便，对研究区域内子流域编号作出约定（表1.5）。

表1.5 研究区域子流域编号约定

编号	流域名称	流域内主要水库数目	水库名称
一	金沙江流域	6	梨园、阿海、金安桥、龙开口、鲁地拉、观音岩
二	雅砻江流域	3	两河口、锦屏一级、二滩
三	长江上游干流流域	4	乌东德、白鹤滩、溪洛渡、向家坝
四	岷江流域	3	紫坪铺、双江口、瀑布沟
五	嘉陵江流域	4	碧口、宝珠寺、亭子口、草街
六	乌江流域	7	洪家渡、东风、乌江渡、构皮滩、思林、沙沱、彭水
七	长江中游干流流域	2	三峡、葛洲坝

（2）水库约定。为表述方便，对研究区域内水库编号作出约定（表1.6）。

表1.6 研究区域水库编号约定

编号	水库名称	正常水位/m	汛限水位/m	装机容量/kW	调节库容/亿 m³	多年平均径流量/亿 m³	调节系数
1	梨园	1618	1605	2400	1.73	492	0.4
2	阿海	1504	1493.3	2000	2.38	501	0.5
3	金安桥	1418	1410	473	3.46	508	0.7
4	龙开口	1298	1289	1800	1.13	519	0.2
5	鲁地拉	1223	1212	2160	3.76	545	0.7
6	观音岩	1134	1122.3 1128.8	1392	5.42	566	1.0
7	两河口	2860	2860	3000	62.75	210	29.9
8	锦屏一级	1880	1859	3600	49.1	425	11.6
9	二滩	1200	1190	3300	33.7	482	7.0
10	乌东德	975	962.5	10200	26.15	1202	2.2
11	白鹤滩	820	790	16000	104.36	1287	8.1
12	溪洛渡	600	560	13860	64.6	1418	4.6
13	向家坝	380	370	6400	9.03	1440	0.6
14	紫坪铺	877	850	760	7.74	143	5.4
15	双江口	2500	2425	2000	21.52	160	13.4
16	瀑布沟	850	836.2 841	4260	38.94	402	9.7

续表

编号	水库名称	正常水位/m	汛限水位/m	装机容量/kW	调节库容/亿 m^3	多年平均径流量/亿 m^3	调节系数
17	碧口	704	697 695	300	2.21	85	2.6
18	宝珠寺	588	583	700	13.4	93	14.4
19	亭子口	458	447	1100	17.32	186	9.3
20	草街	203	200	800	0.65	653	0.1
21	洪家渡	1140	1140	600	33.6	44	75.6
22	东风	970	970	570	4.9	99	4.9
23	乌江渡	760	760	630	13.6	144	9.4
24	构皮滩	630	626.24 628.12	746.4	29.52	212	13.9
25	思林	440	435	1050	3.17	256	1.2
26	沙沱	365	357	1120	2.87	280	1.0
27	彭水	293	287	1750	5.18	390	1.3
28	三峡	175	145	22400	221.5	4250	5.2
29	葛洲坝	66	66	2715	7.11	4250	0.2

注 观音岩、瀑布沟、碧口、构皮滩的两个汛限水位为分时段汛限水位。

（3）断面约定。为表述方便，对研究区域内断面编号作出约定（表 1.7）。

表 1.7 研究区域断面编号约定

编号	控制断面	多年平均流量/(m^3/s)	编号	控制断面	多年平均流量/(m^3/s)
a	宜昌	14025	d	汉口	22497
b	沙市	12366	e	九江	22184
c	螺山	22688	f	大通	28722

（4）行政分区约定。为表述方便，对研究区域内行政分区编号作出约定（表 1.8）。

表 1.8 研究区域行政分区编号约定

编　号	省　份	编　号	省　份
A	湖北	D	安徽
B	湖南	E	江苏
C	江西	F	上海

（5）水平年约定见表 1.9。

表 1.9 水 平 年 约 定

水平年	年　份	水平年	年　份
现状年	2015	远期水平年	2030
近期水平年	2020		

第2章

长江中下游取用水户及其取用水需求特性

长江中下游始于宜昌、止于长江口，自西而东横贯中国中东部。流域水系发达，支流众多，在长江中下游地区的支流主要包括中游的清江、汉江、洞庭湖水系和鄱阳湖水系，下游的青弋江水阳江水系、巢湖水系、太湖水系以及皖河、滁河和淮河入江水道。长江中下游干流共涉及湖北、湖南、江西、安徽、江苏、上海等6省（直辖市）的36个地级行政区。长江中下游沿江地区是长江流域乃至全国经济较为发达的地区，科技文化先进，人力资源丰富，城镇化程度高，工业基础雄厚，农业集约化程度高，水陆交通发达。目前，长江中下游引江工程数量众多，取水能力巨大。长江中下游各引江工程既有城镇集中供水，一般工业自备水源和火电厂的取水口，又有农业灌溉用水和生态环境补水工程，以及包括了各类用水对象的综合水利工程。供水对象既有本流域内的取用水户，也有通过南水北调东线工程等跨流域调水工程供给的流域外用水。

本章以长江中下游取用水户为研究对象，通过实地调查和相关资料整理，分析长江中下游不同区域生活、工业、农业、生态等方面的历史、现状和未来用水情况，研究长江中下游干流地区需水总量、需水结构以及从长江干流取水量演变规律，选取长江中下游干流重要控制断面，推演计算为满足中下游沿江地区用水需求各控制断面的流量、水位控制指标，分析长江中下游地区现状供水矛盾，为构建适应多维度用水需求的水库群供水调度模型提供边界约束条件。

2.1 长江中下游沿江地区水资源开发利用现状

长江中下游水系发达，在中游河段汇入干流的较大支流有沮漳河、汉江、清江、洞庭湖水系的湘、资、沅、澧四水和鄱阳湖水系的赣、抚、信、饶、修五河；在下游河段汇入的有皖河、滁河、巢湖水系、青弋江、水阳江、漳河、太湖水系和黄浦江。长江中下游平原湖区是中国最重要的淡水湖区，全国五大淡水湖除洪泽湖外，其余的洞庭湖、鄱阳湖、太湖、巢湖均在长江中下游地区。长江中下游湖泊面积为14073km^2，约占全流域湖泊面积的93%，面积100km^{2}以上的湖泊有13个。

根据2007—2015年《长江流域及西南诸河水资源公报》相关数据，对长江中下游地区近年来的降水量和地表水资源量进行统计分析，结果见表2.1。

根据长系列历史资料统计，长江中下游地区多年平均降水量为1324.63mm，多年平均地表径流量为 5340.11 亿 m³。由表 2.1 可知，2007—2015 年长江中下游地区年平均降水量为 1320.51mm，年平均地表径流量为 5271.22 亿 m³，均要略低于历史多年平均值。

表 2.1　2007—2015 年长江中下游地区降水量和地表水资源量

年　份	降水量/mm	地表水资源量/亿 m³	年　份	降水量/mm	地表水资源量/亿 m³
2007	1181.89	4442.43	2012	1482.47	6100.29
2008	1281.00	4910.28	2013	1199.65	4644.79
2009	1215.75	4598.70	2014	1360.95	5478.82
2010	1537.68	6867.88	2015	1520.29	6365.39
2011	1104.91	4032.41	2007—2015 年平均值	1320.51	5271.22

2.2 长江中下游沿江地区取用水户和取用水情况调查分析

长江中下游沿江地区主要为宜昌以下至河口的长江中下游干流区间，涉及湖北、湖南、江西、安徽、江苏、上海等五省一市的沿江地区。从水资源分区角度而言，长江中下游沿江地区分属“宜昌至湖口”“湖口以下干流”“太湖水系”3 个二级区。“宜昌至湖口”包含“清江”“宜昌至武汉左岸”“武汉至湖口左岸”“城陵矶至湖口右岸”4 个三级水资源分区，“湖口以下干流”包括“巢滁皖及沿江诸河”“青弋江和水阳江及沿江诸河”“通南及崇明岛诸河”3 个三级水资源分区。长江中下游沿江地区二级水资源分区套省级行政分区面积见表 2.2。

表 2.2　长江中下游沿江地区二级水资源分区套省级行政分区面积表

水资源二级区	省级行政区	面积/km²
宜昌至湖口	湖北省	90676
	湖南省	1410
	江西省	2377
湖口以下干流	湖北省	2822
	江西省	1439
	安徽省	63352
	江苏省	19195
	上海市	1165

长江中下游沿江地区多年平均水资源总量 1252.1 亿 m³，其中，宜昌至湖口、湖口以下干流、太湖水系水资源分区多年平均水资源总量分别为 590 亿 m³、484.7 亿 m³ 和 177.4 亿 m³，具体情况见表 2.3。

表 2.3　长江下游沿江地区当地水资源量　单位：亿 m³

水资源分区	水资源总量	地表水	地下水	
			资源量	其中不重复量
宜昌至湖口	590	573.8	153.1	16.2
湖口以下干流	484.7	462	112.3	22.7
太湖水系	177.4	161.5	53.1	15.9
合计	1252.1	1197.3	318.4	54.8

长江中下游沿江地区地处我国第三级阶梯，地形主要是平原和部分丘陵山区，交通便利，物产丰富，人口众多，城市化水平较高，社会、经济、教育、科技发达，是我国现代经济较发达的地区之一，区域用水需求较大。

根据《长江流域及西南诸河水资源公报》（2015年），长江中下游沿江地区所涉及的3个二级区总供水量855.72亿m^3（其中地表水供水量841.29亿m^3），占整个长江流域总供水量（2054.6亿m^3）的41.6%，其中宜昌至湖口187.37亿m^3，湖口以下干流326.99亿m^3，太湖水系341.36亿m^3，3个二级区的供水量占长江中下游沿江地区总供水量的比例分别为21.9%、38.2%和39.9%。总用水量855.72亿m^3，其中农业用水300.06亿m^3，第二产业用水430.07亿m^3，第三产业用水48.48亿m^3，生活用水69.79亿m^3，生态环境用水7.32亿m^3，各行业用水占总用水量的比例分别为35.1%、50.2%、5.7%、8.1%和0.9%。具体情况见表2.4。

表2.4　长江下游沿江地区供用水现状　单位：亿m^3

水资源分区	供水				用水					
	地表水	地下水	其他	总供水量	农业	第二产业	第三产业	生活	生态环境	总用水量
宜昌至湖口	181.84	5.53	0	187.37	90.98	64.04	14.71	17.01	0.63	187.37
湖口以下干流	323.18	2.34	1.47	326.99	132.46	157.26	11.18	21.64	4.45	326.99
太湖水系	336.27	0.27	4.82	341.36	76.62	208.77	22.59	31.14	2.24	341.36
合计	841.29	8.14	6.29	855.72	300.06	430.07	48.48	69.79	7.32	855.72

从上述用水情况来看，长江中下游沿江地区虽然只占整个长江流域面积的13.3%，但是用水量则达到了41.6%，再加上南水北调东线工程和泰州引江河工程跨流域取水，可以说长江中下游沿江地区是长江流域取用水最集中的地区。

从各行业用水情况来看，长江中下游沿江地区的第二产业用水已经大幅超过农业用水，达到50.2%。在整个长江流域第一用水大户是农业用水，占全流域总用水量的48.6%，而第二产业用水则仅为35.8%。这说明长江中下游沿江地区经济发达，工业规模和用水量都很大。因此，保证长江中下游沿江地区的供水安全意义重大。

对比表2.3和表2.4，长江中下游沿江地区水资源开发利用程度很高，区域总用水量达到了水资源总量的68.3%，其中宜昌至湖口为30.8%，湖口以下干流达到66.7%，太湖水系更是高达189.5%。因此，长江中下游沿江地区的当地水资源量远远不能满足当地用水的需求。需要利用过境客水，从长江干流取水利用。此外，南水北调东线工程和泰州引江河工程等跨流域调水也大量从长江干流取水。

本节以长江中下游取用水户为调查对象，统计分析各行业取用水户取用水量的时间和空间分布情况，作为长江中下游干流区域需水特性分析的数据支撑。选用2010年长江中下游引江工程调查统计数据、已发证取水口台账统计数据和长江流域取水工程（设施）核查登记成果数据作为开展长江中下游干流区域需水特性分析的数据基础，分析长江中下游干流各区域用水需求，为下一步推求关键控制断面用水需求提供依据。

2.2.1 长江中下游引江工程调查统计数据分析

2010年，长江水利委员会开展了长江中下游引江工程调查工作。通过资料收集、实地调研和现场查勘等形式对长江中下游的引江工程进行了调查，获取了工程的相关数据资料、调度方案和实施情况。

2.2.1.1 调查数据统计分析结果

湖北省位于中国中部、长江中游、洞庭湖以北，全省总面积为18.59万km^2，2010年常住人口为5774万人，其中城镇人口2657万人。湖北省绝大部分都位于长江流域，水资源总量为1030.5亿m^3（其中地表水资源量1000.8亿m^3）。长江干流宜昌以下在湖北省境内长约950km，长江中下游干流沿江涉及宜昌、荆州、咸宁、武汉、鄂州、黄石、黄冈7个地级市。根据调查统计湖北省共有取水工程476座，各工程最大取水流量之和为1808m^3/s，设计年取水总量为50.36亿m^3（年取水总量未包括以农业用水为主的水利工程的取水能力，下同），2010年取水量为61.71亿m^3。综合调查资料来看，湖北省取排水的工程数量多，但是取排水能力不大，到2010年为止，湖北省所有引江取水工程的设计最大取水流量都小于100m^3/s。经过对现有资料分析，湖北省2010年从长江引水共计61.71亿m^3，其中自来水厂取水18.08亿m^3，一般工业取水5.12亿m^3，火力发电取水16.36亿m^3，农业取水22.15亿m^3；向长江排水3.24亿m^3。

湖南省位于中国中部、长江中游、洞庭湖以南，全省总面积为21.18万km^2，2010年年末人口为6980万人，其中城镇人口3015万人，水资源总量为1681.3亿m^3。湖南省境内长江流域面积为20.67万km^2，占全省97.55%，水资源总量为1640.5亿m^3（其中地表水资源量1633.9亿m^3）。长江干流在湖南省境内长约163km，沿江仅涉及岳阳1个地级市。据调查统计湖南省取水工程有36座，全部位于岳阳市境内，最大取水流量之和为123m^3/s，设计年取水总量为11.23亿m^3（未包括以农业用水为主的水利工程），2010年取水量为6.67亿m^3。综合调查资料来看，湖南岳阳的取水口除了2个火电厂外，其余的取水能力都较小，大部分取水流量小于1m^3/s；农业取水口的数量较多，但是取水能力和取水量都比较小，年取水量几万立方米或几十万立方米的居多。经过对现有资料分析，湖南省2010年从长江引水共计6.67亿m^3，其中自来水厂取水0.22亿m^3，一般工业取水0.68亿m^3，火力发电取水2.71亿m^3，农业取水3.06亿m^3；向长江排水9.18亿m^3。

江西省地处我国东南偏中部长江中下游南岸，全省总面积为16.69万km^2，2010年年末人口为4492万人，其中城镇人口2067万人。江西省境内长江流域面积为16.33万km^2，占全省97.8%，水资源总量为1532.1亿m^3（其中地表水资源量1512.6亿m^3）。长江干流在江西省境内长约152km，沿江仅涉及九江1个地级市。据调查统计江西省取水工程共有97座，全部位于九江市境内，最大取水流量之和为59m^3/s，设计年取水总量为8.22亿m^3，2010年取水量为7.36亿m^3。综合调查资料来看，江西九江的取水口除了2个火电厂外，其余的取水能力都较小，绝大部分取水流量小于一个流量；农业取水口的数量很多，但是取水能力和取水量都很小，基本上都是年取水量几万立方米或几十万立方米。综合统计结果，2010年从长江取水量为7.36亿m^3，其中自来水厂取水0.69亿m^3，一般工业取水0.65亿m^3，火力发电取水5.89亿m^3，农业取水0.13亿m^3。

安徽省地处华东腹地，全省总面积为13.96万km^2，2010年年末人口为6857万人，其中城镇人口2990万人。安徽省境内长江流域面积为6.56万km^2，占全省的46.99%，水资源总量为420.7亿m^3（其中地表水资源量406.9亿m^3）。长江干流在安徽省境内长约416km，沿江涉及安庆、池州、铜陵、芜湖、巢湖、马鞍山6个地级市。据调查统计安徽省取水工程有380座，最大取水流量之和为2017m^3/s，设计年取水量为46.91亿m^3（不包括以农业用水为主的水利工程取水能力），2010年取水量为56.20亿m^3。经过对现有资料分析，安徽省2010年从长江引水共计56.20亿m^3，其中自来水厂取水4.84亿m^3，一般工业取水8.97亿m^3，火力发电取水20.48亿m^3，以农业为主的水利工程取水21.91亿m^3；向长江排水38.19亿m^3。

江苏省位于我国东部，安徽省的东面，东临黄海，总面积为10.21万km^2，2010年年末总人口为7866万人，其中城镇人口4484万人。江苏省境内长江流域面积为3.98万km^2，占全省的38.98%，水资源总量为132.1亿m^3（其中地表水资源量117.0亿m^3）。长江干流江苏段东西长433km，沿江涉及南京、镇江、扬州、常州、无锡、泰州、苏州和南通等8个地级市。据调查统计取水工程有415座，最大取水流量之和为18826m^3/s，设计年取水量为127.30亿m^3（不包括以农业为主的水利工程的取水能力），2010年取水量为257.94亿m^3。综合以上调查资料来看，江苏省取排水的工程数量很多，且取水能力也很大，最大取水流量超过100m^3/s的达到52个，全省的取水量也很大，江苏一省的取水量即超过了长江中下游干流沿江其他四省一市取水量的总和。经过对现有资料分析，江苏省2010年从长江引水共计257.94亿m^3，其中自来水厂取水13.85亿m^3，一般工业取水15.86亿m^3，火力发电取水58.30亿m^3，以农业为主的水利工程取水169.93亿m^3；向长江排水352.83亿m^3。

上海市地处长江三角洲前缘，东濒东海，南临杭州湾，西接江浙两省，北接长江入海口，处于我国南北海岸线的中部，交通便利，地理位置优越。水资源总量为27.2亿m^3（其中地表水资源量24.1亿m^3）。长江干流在上海市境内长为148km。据调查统计取水工程有56座，最大取水流量之和为3944m^3/s，设计年取水量为72.69亿m^3（不包括以农业为主的水利工程的取水能力），2010年取水量为70.89亿m^3。经过对现有资料分析，上海市2010年从长江引水共计70.89亿m^3，其中自来水厂取水5.09亿m^3，一般工业（自备水源）取水0.80亿m^3，火力发电取水57.46亿m^3，以农业为主的水利工程取水7.53亿m^3；向长江排水44.25亿m^3。

2.2.1.2 长江中下游沿江地区取用水情况综合分析结果

1. 取排水工程

综合以上各省（直辖市）的调查统计结果，长江中下游干流沿江地区到2010年为止共有各种取排水工程1635个，其中取水工程541个（包括自来水厂、一般工业自备水源和火电取水，不包括以农业为主的水利工程），水利工程919个（其取水用途以农业为主，但是一些大型水利工程还包括了城乡生活、工业和生态环境用水，部分水利工程还具有排水功能），排水工程175个。设计最大引江流量之和约26777m^3/s。具体统计结果见表2.5。

2. 取水量

综合以上各省（直辖市）的调查统计结果，2010年长江中下游共取水460.76亿m^3，其中按行政区域统计情况见表2.6和图2.1，按取用水结构统计情况见图2.2。

表 2.5 长江中下游取排水工程统计

行政区	项目	自来水厂	一般工业	火电	农业水利工程	排水工程	合计
湖北	工程数量	102	56	12	306	17	493
	设计最大引江流量/(m^3/s)	84	148	117	1459		1808
	设计最大排水流量/(m^3/s)					532	532
湖南	工程数量	6	5	2	23	15	51
	设计最大引江流量/(m^3/s)	1	10	31	81		123
	设计最大排水流量/(m^3/s)					290	290
江西	工程数量	22	28	2	45		97
	设计最大引江流量/(m^3/s)	7	7	28	17		59
	设计最大排水流量/(m^3/s)						0
安徽	工程数量	125	46	10	199	16	396
	设计最大引江流量/(m^3/s)	127	49	113	1728		2017
	设计最大排水流量/(m^3/s)				4309	55	4364
江苏	工程数量	45	51	13	306	118	533
	设计最大引江流量/(m^3/s)	67	27	339	18393		18826
	设计最大排水流量/(m^3/s)				41111	650	41761
上海	工程数量	5	1	10	40	9	65
	设计最大引江流量/(m^3/s)	63	2	362	3517		3944
	设计最大排水流量/(m^3/s)				3730	365	4095
合计	工程数量	305	187	49	919	175	1635
	设计最大引江流量/(m^3/s)	349	243	990	25195		26777
	设计最大排水流量/(m^3/s)				49150	1892	51042

表 2.6 长江中下游 2010 年各地各部门取水量统计 单位：亿 m^3

行政区	自来水厂	一般工业（自备水源）	火电工业	农业水利工程	取水量合计	占总取水量百分比
湖北	18.08	5.12	16.36	22.15	61.71	13.4%
湖南	0.22	0.68	2.71	3.06	6.67	1.4%
江西	0.69	0.65	5.89	0.13	7.36	1.6%
安徽	4.84	8.97	20.48	21.91	56.20	12.2%
江苏	13.85	15.86	58.30	169.93	257.94	56.0%
上海	5.09	0.80	57.46	7.53	70.88	15.4%
合计	42.77	32.08	161.20	224.71	460.76	100.0%

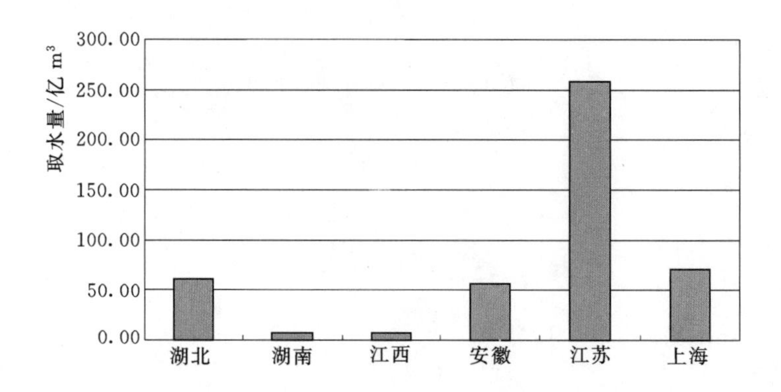

图 2.1 2010 年长江中下游干流沿江各省引江水量情况

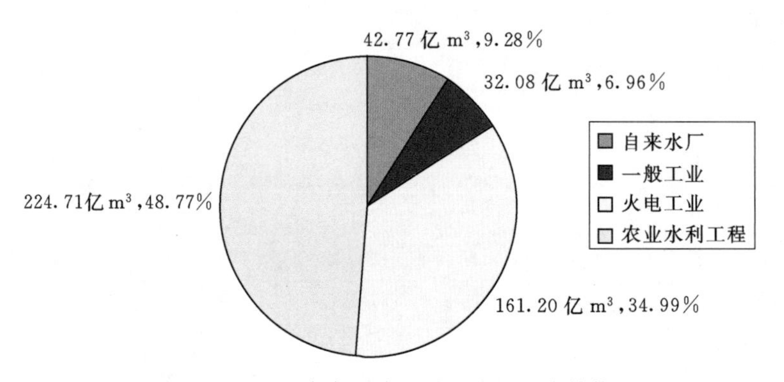

图 2.2 2010 年长江中下游干流取用水结构

3. 排水量

据对排水工程的不完全统计，长江中下游有 175 座，2010 年排水总量 120.38 亿 m^3。此外，水利工程中有 371 座具有排水功能，2010 年排水总量 324.13 亿 m^3。2010 年长江中下游直接向长江干流排水总量为 445.51 亿 m^3。

从长江中下游干流沿江取排水工程的空间分布来看，五省一市都有一定的工程分布，从数量来讲，由于沿江长度和经济人口分布的不同，数量有所不同，从密度来讲则相差不大，下游略大于中游。但是从取水能力和取水量来讲，下游则远大于中游，目前下游最大取水流量超过 $100m^3/s$ 的达到 70 个，而中游则没有，下游 3 省（直辖市）的取水量占中下游总量的 83%，其中江苏就占中下游总量的 56%，超过其他 5 省（直辖市）的总和。

2.2.2 已发证取水口台账统计数据分析

根据已发证取水口台账数据，截至 2018 年，从长江中下游干流取水的已发证取水户数量为 799 个，通过分析长江中下游干流已发证取水户的分行业取水量和年内取水过程，统计得到各水资源分区和行政分区从长江中下游干流的取水量（表 2.7 和表 2.8）。由表 2.7 和表 2.8 可知，已发证取水户在长江中下游干流的年取水量为 482.38 亿 m^3。

表 2.7 长江中下游干流各水资源分区取水量统计结果 单位：亿 m³

水资源分区	生活用水	工业用水	农业用水	城镇公共用水	年取水总量
宜昌至湖口	11.0836	55.0094	0.3102	1.3979	67.4909
湖口以下干流	22.2468	369.0610	12.9780	10.6037	414.8895
合计	33.3304	424.0704	13.2882	12.0016	482.3804

表 2.8 长江中下游干流各行政分区取水量统计结果 单位：亿 m³

行政分区	生活用水	工业用水	农业用水	城镇公共用水	年取水总量
湖北省	10.6280	39.9014	0.3102	1.3218	52.1614
湖南省	0	11.0883	0	0	11.0883
江西省	0.6969	4.3021	0	0.1102	5.1092
安徽省	4.5129	55.3670	4.0782	1.2439	65.2020
江苏省	17.4926	249.2983	6.683	9.2649	282.7388
上海市	0	63.8031	2.2168	0.0608	66.0807
合计	33.3304	424.0704	13.2882	12.0016	482.3804

长江中下游干流年内取水量按月进行统计，结果见表 2.9 和图 2.3。可以看出，6—9 月的取水量较多，均超过了 40 亿 m³，占年取水总量的 39.5%，其余各月用水量较为平均，用水量为 30 亿～40 亿 m³，其中 2 月取水量最少，为 31.76 亿 m³，占年取水总量的 6.6%。

表 2.9 长江中下游干流年内取水量统计结果表
（已发证取水口台账统计） 单位：亿 m³

月　份	取水量	月　份	取水量
1	34.1837	7	49.8902
2	31.7587	8	50.5596
3	37.3048	9	44.8623
4	37.4146	10	38.6099
5	39.0323	11	37.6097
6	44.9483	12	35.4282

按空间分布情况进行统计，结果见表 2.10 和图 2.4，可以看出，取水主要集中于长江中下游干流南京以下，年取水量为 348.82 亿 m³，占长江中下游干流年取水总量的 72.3%，另外，汉口—九江区间和大通—南京区间的取水量较其余区间取水量相对较多，分别为 42.35 亿 m³ 和 51.15 亿 m³，宜昌—沙市区间取水量最少，年取水量为 2.53 亿 m³，占长江中下游干流年取水总量的 0.52%。

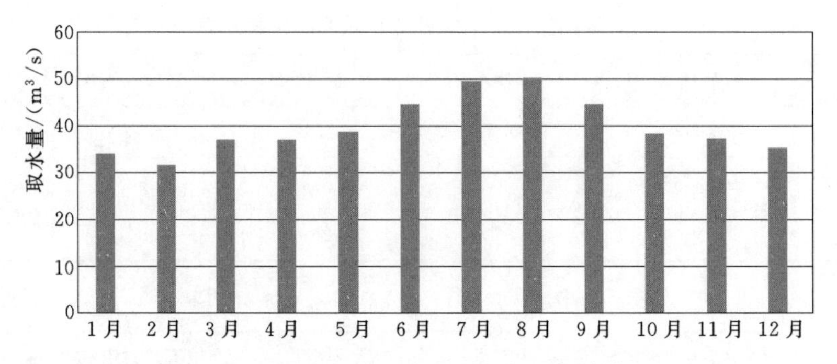

图2.3 长江中下游干流年内取水量统计结果图

表2.10 长江中下游干流区间取水量统计结果表 单位：亿m^3

断面区间	生活用水量	工业用水量	农业用水量	城镇公共用水量	年取水总量
宜昌—沙市	0.0922	2.1276	0.3064	0.0020	2.5282
沙市—螺山	1.1424	9.0626	0.0030	0	10.2080
螺山—汉口	1.6853	6.1370	0.0005	0.3384	8.1612
汉口—九江	7.7081	33.6625	0.0003	0.9814	42.3522
九江—大通	2.3400	14.8097	1.6382	0.3772	19.1651
大通—南京	2.8698	44.8594	2.4400	0.9769	51.1461
南京以下	17.4926	313.1014	8.8998	9.3257	348.8195
合计	33.3304	424.0704	13.2882	12.0016	482.3804

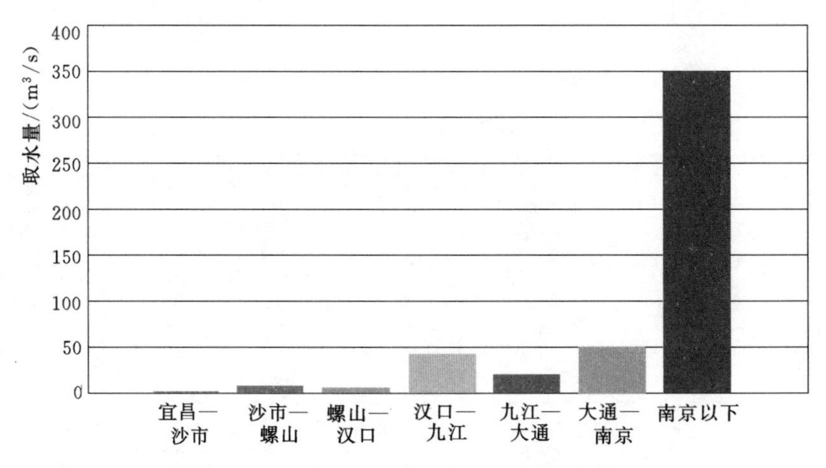

图2.4 长江中下游干流区间取水量统计结果图

2.2.3 长江流域取水工程（设施）核查登记成果数据分析

根据长江流域取水工程（设施）核查登记成果，截至2019年，从长江中下游干流取水的取水户数量为1818个，通过分析长江中下游干流已发证取水户的分行业取水量和年内取水过程，统计得到各水资源分区和行政分区从长江中下游干流的取水量，见表2.11

和表 2.12。由表可知，已发证取水户在长江中下游干流的年取水量为 501.83 亿 m³。

表 2.11 长江中下游干流各水资源分区取水量统计结果 单位：亿 m³

水资源分区	生活用水	工业用水	农业用水	城镇公共用水	年取水总量
宜昌至湖口	25.69	20.53	17.65	16.71	80.58
湖口以下干流	54.19	207.99	66.96	92.11	421.25
合计	79.88	228.52	84.61	108.82	501.83

表 2.12 长江中下游干流各行政分区取水量统计结果 单位：亿 m³

行政分区	生活用水	工业用水	农业用水	城镇公共用水	年取水总量
湖北省	21.75	16.44	14.02	14.11	66.33
湖南省	0.07	3.61	0.33	0.32	4.32
江西省	4.03	0.85	0.47	1.73	7.08
安徽省	6.12	29.78	8.50	6.72	51.12
江苏省	46.09	132.18	61.29	61.57	301.13
上海市	1.82	45.66	0	24.37	71.85
合计	79.88	228.52	84.61	108.82	501.83

按取水用途统计，生活用水、工业用水、农业用水和城镇公共用水分别为 79.88 亿 m³、228.52 亿 m³、84.61 亿 m³ 和 108.82 亿 m³，其中工业用水最多，占总取水量的 45.5%，生活用水、农业用水和城镇公共用水分别占总取水量的 15.9%、16.9% 和 21.7%。

按月进行统计，结果见表 2.13 和图 2.5。可以看出，6—9 月的取水量较多，均超过了 40 亿 m³，占年取水总量的 35.5%，其余各月的用水量较为平均，用水量介于 30 亿～40 亿 m³ 之间，其中 1 月取水量最少，为 37.10 亿 m³，占年取水总量的 7.4%。

表 2.13 长江中下游干流年内取水量统计结果表
[以长江流域取水工程（设施）核查登记成果数据统计] 单位：亿 m³

月　份	取水量	月　份	取水量
1	37.10	7	51.15
2	37.51	8	50.06
3	39.22	9	41.44
4	38.97	10	40.73
5	45.12	11	37.22
6	46.55	12	36.77

按空间分布情况进行统计，结果见表 2.14 和图 2.6，可以看出，取水主要集中于长江中下游干流南京以下，年取水量为 377.17 亿 m³，占长江中下游干流年取水总量的 75.2%；汉口—九江区间和大通—南京区间的取水量较其余区间取水量相对较多，分别为

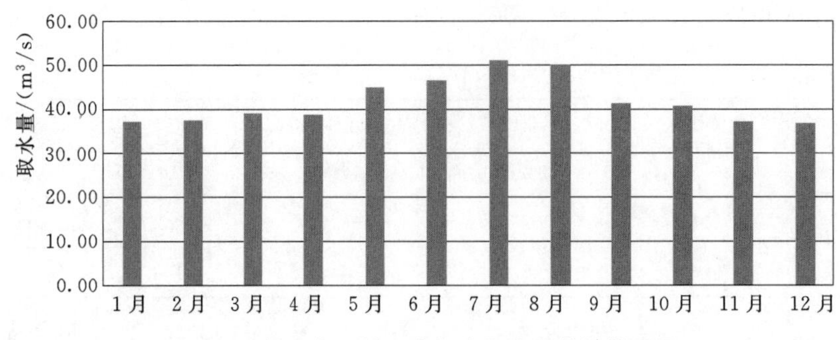

图2.5 长江中下游干流年内取水量统计结果图

31.32亿m^3和38.50亿m^3；宜昌—沙市区间取水量最少，年取水量为3.42亿m^3，占长江中下游干流年取水总量的0.68%。

表2.14 长江中下游干流区间取水量统计结果表 单位：亿m^3

断面区间	生活用水	工业用水	农业用水	城镇公共用水	年取水总量
宜昌—沙市	0.60	0.09	1.58	1.13	3.42
沙市—螺山	2.96	0.73	10.23	1.76	15.68
螺山—汉口	3.54	4.23	1.23	4.18	13.18
汉口—九江	14.60	7.15	1.31	8.27	31.32
九江—大通	4.57	14.34	1.41	2.24	22.56
大通—南京	5.69	19.07	7.38	6.37	38.50
南京以下	47.92	182.91	61.47	84.87	377.17
合计	79.88	228.52	84.61	108.82	501.83

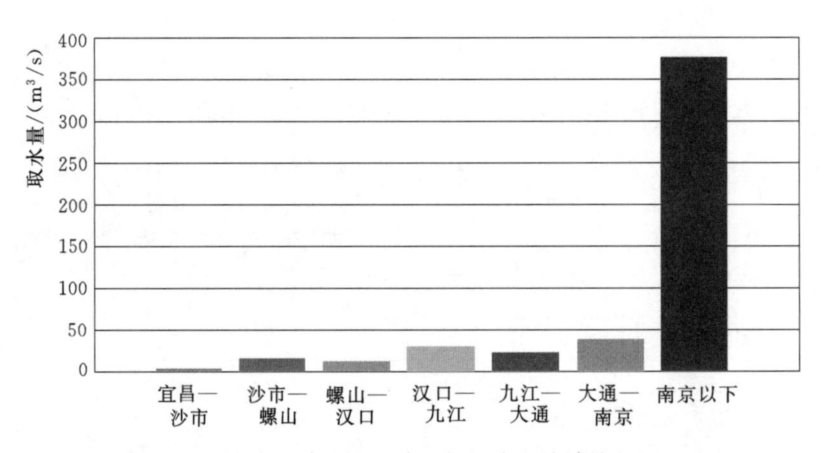

图2.6 长江中下游干流区间取水量统计结果图

2.2.4 数据对比分析

2010年长江中下游引江工程调查统计数据、已发证取水口台账统计数据和长江流域取水工程（设施）核查登记成果数据用水量统计结果见表2.15。从表中可以看出，2010

年长江中下游引江工程调查统计数据显示年取水总量为460.76亿m^3，已发证取水口台账统计数据显示年取水总量为482.38亿m^3，长江流域取水工程（设施）核查登记成果数据显示年取水总量为501.83亿m^3。随着社会经济发展，长江中下游沿江地区的需水量呈逐步增长的趋势。近年来，随着最严格水资源管理制度的实施，国家大力推行节约用水，长江中下游沿江地区的需水量增速在逐年减缓，以上三类数据的年取水总量统计结果与实际结果基本相符。根据长江流域取水工程（设施）核查登记成果，长江中下游沿江地区还存在一些取水单位或个人未办理取水许可证，尚未纳入取水许可管理范畴，此次核查登记将该类取水户的现状取水量进行了统计，较已发证取水口台账统计数据更能准确反映长江中下游沿江地区取水现状。因此，选用长江流域取水工程（设施）核查登记成果进行长江中下游沿江地区现状需水分析，计算长江中下游干流关键控制断面需水过程，为水库群供水调度模型构建提供边界约束条件。

表2.15　长江中下游干流地区取水量汇总表　单位：亿m^3

数据来源	行政分区	生活用水	工业用水	农业用水	城镇公共用水	年取水总量
长江中下游引江工程调查统计数据（2010年）	湖北省	18.08	21.48	22.15	该部分用水包含于生活用水中	61.71
	湖南省	0.22	3.39	3.06		6.67
	江西省	0.69	6.54	0.13		7.36
	安徽省	4.84	29.45	21.91		56.20
	江苏省	13.85	74.16	169.93		257.94
	上海市	5.09	58.26	7.53		70.88
	合计	42.77	193.28	224.71		460.76
已发证取水口台账数据（2018年）	湖北省	10.63	39.90	0.31	1.32	52.16
	湖南省	0	11.09	0	0	11.09
	江西省	0.70	4.30	0	0.11	5.11
	安徽省	4.51	55.37	4.08	1.24	65.20
	江苏省	17.49	249.303	6.68	9.26	282.74
	上海市	0	63.80	2.22	0.06	66.08
	合计	33.33	424.07	13.29	12.00	482.38
长江流域取水工程（设施）核查登记成果数据（2018年）	湖北省	21.75	16.44	14.02	14.11	66.33
	湖南省	0.07	3.61	0.33	0.32	4.32
	江西省	4.03	0.85	0.47	1.73	7.08
	安徽省	6.12	29.78	8.50	6.72	51.12
	江苏省	46.09	132.18	61.29	61.57	301.13
	上海市	1.82	45.66	0	24.37	71.85
	合计	79.88	228.52	84.61	108.82	501.83

2.3 两湖地区用水需求特性分析

2.3.1 洞庭湖地区

2.3.1.1 自然地理

洞庭湖是我国第二大淡水湖，洞庭湖四口水系是指连接长江和洞庭湖的松滋河、虎渡河、藕池河及调弦河（已于1958年冬建闸控制）干支流组成的复杂水网体系。四口水系地区包括湖南省岳阳市的华容县、君山区，益阳市的南县、沅江市的部分，常德市的安乡县、澧县、津市市部分，以及湖北省荆州市的公安县、石首市部分、荆州区部分、松滋市部分，总面积约8489km^2。

四口水系地区属于典型的平原水网区，区内有荆江南岸低山丘陵分布，大致形成北高南低、西高东低的趋势，地势上由较高的松滋河、虎渡河、藕池河渐次向最低的华容河出口过渡，受洪水泛滥、泥沙淤积、水流冲刷切割以及人类筑堤围垦等活动的影响，河流总体由北向南、由西向东流动，并受地形影响互相串流，相互交织。松滋西河有西侧的洈水等山溪河流入河，华容河和华洪运河汇集山地来水，其余河流来水大多来自荆江河道分流。

2.3.1.2 河湖水系

1. 洞庭湖水系

洞庭湖地理位置为东经111°14′～113°10′，北纬28°30′～30°23′，位于荆江河段南岸、湖南省北部，天然湖泊面积约2625km^2，洪道面积1418km^2，为我国第二大淡水湖。

洞庭湖汇集湘、资、沅、澧四水及湖周中小河流，承接经松滋、太平、藕池三口分流，四水及三口多年平均入湖水量（不含未控区间）为2470亿m^3，城陵矶多年平均出湖水量2759亿m^3。洞庭湖通过三口分流和湖泊调蓄，对长江中游防洪发挥着十分重要的作用。洞庭湖是长江中下游水资源的重要来源，其独特的水文特征孕育了独特而丰富的生态系统，是流域生物多样性的重要宝库。

2. 四口水系

（1）松滋河。长江干流流经枝城以下约17km的陈二口处，由上百里洲分为南、北两汊，其中南汊为支汊。南汊经陈二口至大口，有采穴河与北汊沟通，陈二口至大口河段长度为22.7km。松滋河为1870年长江大洪水冲开南岸堤防所形成。松滋河在大口分为东、西二支。西支在湖北省内自大口经新江口、狮子口到杨家垱，长约82.9km；西支从杨家垱进入湖南省后在青龙窖分为官垸河和自治局河，官垸河（又称松滋河西支）自青龙窖经官垸、濠口、彭家港于张九台汇入自治局河，长约36.3km；自治局河又称为松滋河中支，自青龙窖经三岔脑、自治局、张九台于小望角与东支汇合，长约33.2km。东支在湖北省境内自大口经沙道观、中河口、林家厂到新渡口进入湖南省，长约87.7km；东支在湖南省境内部分又称为大湖口河，由新渡口经大湖口、小望角在新开口汇入松虎合流段，长约49.5km，沿岸有安乡县城。松虎合流段由新开口经小河口于肖家湾汇入澧水洪道，长约21.2km。松滋河系河道总长310.8km。

河道间有7条串河，分别为：沙道观附近西支与东支之间的串河莲支河，长约6km，东支侧口门已封堵；南平镇附近西支与东支之间的串河苏支河，长约10.6km，自西支向分支分流，近年发展较快，最枯月份松滋西支新江口来流经苏支河入松滋东支；曹咀垸附近松东河支汊官支河，长约23km，淤积严重；中河口附近东支与虎渡河之间的串河中河口河，长约2km，流向不定；尖刀咀附近东支和西支之间的串河葫芦坝串河（瓦窑河），长约5.3km，高水时混串一片；官垸河与澧水洪道之间在彭家港、濠口附近的两条串河，分别长约6.5km、14.9km，是澧水倒流入官垸河的主要通道，官垸河洪水也可经两条串河流入澧水洪道。串河总长68.3km。

（2）虎渡河。虎渡河分流口为太平口，位于沙市上游约15km处的长江右岸。从太平口流经弥陀寺、里甲口、夹竹园、黄山头节制闸（南闸）、白粉咀、陆家渡，在新开口附近（安乡以下）与松滋河合流汇入西洞庭湖。1952年在距太平口下游约90km的黄山头修建了南闸节制闸，该闸为荆江分洪工程的组成部分，在荆江分洪区运用蓄满需扒开虎东、虎西堤、联合运用虎西备蓄区时，节制虎渡河流入洞庭湖的流量不超过3800m³/s，'98大水后除险加固，闸底板高程34.02m。虎渡河全长约136.1km。

（3）藕池河。藕池河于荆江藕池口（位于沙市下游约72km处，由于泥沙淤积的影响，主流进口已上移到约20km处的郑家河头）分泄长江水沙入洞庭湖，水系由一条主流和三条支流组成，跨越湖北公安、石首和湖南南县、华容、安乡五县（市），洪道总长约359km。主流即东支，自藕池口经管家铺、黄金咀、梅田湖、注滋口入东洞庭湖，全长101km，沿岸有南县县城；西支亦称安乡河，从藕池口经康家岗、下柴市与中支汇合，长70km；中支由黄金咀经下柴市、厂窖至茅草街汇入南洞庭湖，全长98km；另有一支沱江，自南县城关至茅草街连通藕池东支和南洞庭湖，河长43km，目前已建闸控制；此外，陈家岭河和鲇鱼须河分别为中支和东支的分汊河段，长度分别为20km和27km。

（4）调弦河。调弦河（华容河）是由调弦口分流入东洞庭湖的河道，于蒋家进入湖南华容县，至治河渡分为南、北两支，北支经潘家渡、罐头尖至六门闸入东洞庭湖，全长约60.68km；南支经护城、层山镇至罐头尖与北支汇合，南支河长24.9km。1958年冬调弦口上口已建灌溉闸控制，闸底板高程24.5m，设计引水流量44m³/s，调弦河入东洞庭湖口处建有六门闸，设计流量200m³/s，现状闸底板高程23.08m。此外，从华容河潘家渡起，经毛家渡、尺八嘴至长江下荆江河段洪水港，建有华洪运河，区域灌溉、排水两用，运河全长32km。洞庭湖四口水系示意图见图2.7。

3. 澧水洪道

澧水洪道自津市小渡口起，经嘉山、七里湖、石龟山、蒿子港、沙河口，至柳林嘴入目平湖，全长70.25km。沙河口以上河面宽1200～1900m，其中深水河槽宽400m左右，沙河口以下河面宽1900～3200m，为1954年后平垸行洪形成的，属宽浅式河道。

小渡口至石龟山为七里湖，是松滋河、澧水洪水交汇和调蓄的场所。澧水发生洪水时，除石龟山下泄和七里湖调蓄，其余洪水经五里河与松滋中支汇合后经安乡下泄，或经松滋西支倒流后经松滋东支、中支下泄。松滋河大水时，中支、西支洪水经五里河入七里湖调蓄后下泄。

受澧水和松滋河分流下泄泥沙的影响，澧水洪道淤积严重，1956—2010年七里湖最

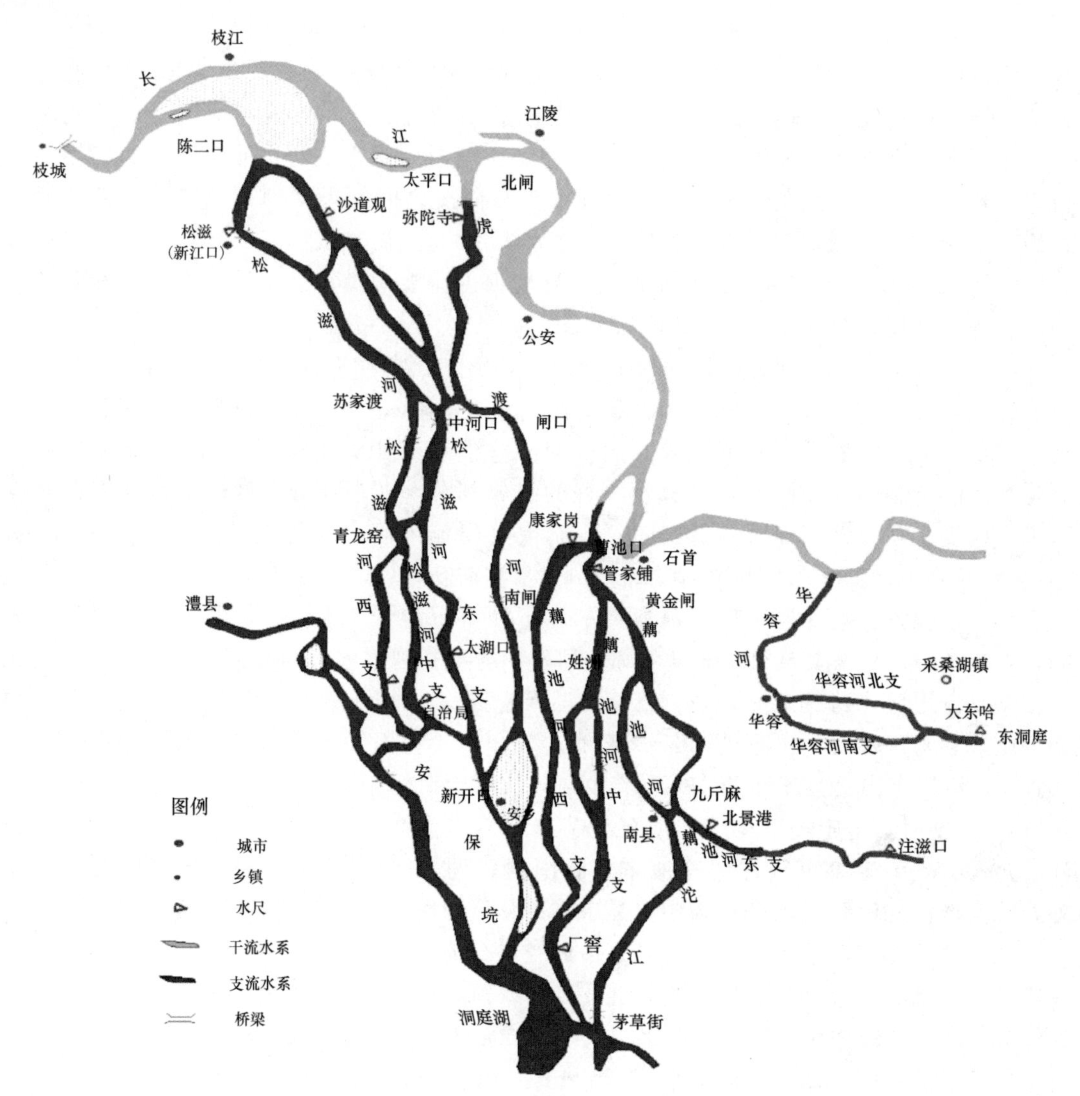

图 2.7 洞庭湖四口水系示意图

大淤高 12m，平均淤高 4.12m；目平湖最大淤高 5.4m，平均淤高 2.0m。河道淤积一方面减小了调蓄洪水的能力，另一方面抬高了松澧地区的洪水位。1964 年 6 月 30 日，石龟山和安乡流量分别为 $10600m^3/s$、$6120m^3/s$，水位分别为 38.63m、38.21m（冻结基面，本段同）；1983 年 7 月 8 日，石龟山和安乡流量分别为 $10300m^3/s$、$6480m^3/s$，水位分别为 40.43m、39.38m；2003 年 7 月 10 日，石龟山和安乡流量分别为 $10600m^3/s$、$6280m^3/s$，水位分别为 40.94m、39.04m。

2.3.2 鄱阳湖地区

2.3.2.1 自然地理

鄱阳湖位于江西省的北部、长江中游南岸，东经 115°49′～116°46′，北纬 28°24′～29°46′，是我国目前最大的淡水湖泊，是长江水系及生态系统的重要组成部分，不仅是长江洪水重要的调蓄场所，也是世界著名的湿地，在长江流域治理、开发与保护中占有十分重要的地位。它承纳赣江、抚河、信江、饶河、修河等五大河（以下简称五河）及博阳河、漳田河、潼津河等小支流来水，经调蓄后由湖口注入长江，是一个过水型、吞吐型、季节性的湖泊。鄱阳湖水系呈辐射状，流域面积 16.22 万 km^2，涉及赣、湘、闽、浙、皖 5 省，其中江西省境内面积 15.67 万 km^2，占整个鄱阳湖水系的 96.6%。

鄱阳湖略似葫芦形，以松门山为界，分为南北两部分。南部宽广、较浅，为主湖区；北部狭长、较深，为入长江水道区。全湖最大长度（南北向）173km，东西平均宽度 16.9km，最宽处约 74km，入江水道最窄处的屏峰卡口宽约 2.8km，湖岸线总长约 1200km。湖盆自东向西、由南向北倾斜，高程一般由 12m 降至湖口约 1m。鄱阳湖湖底平坦，最低处在蛤蟆石附近，高程为－10m 以下；滩地高程多在 12～18m 之间。

鄱阳湖地貌由水道、洲滩、岛屿、内湖、汊港组成。鄱阳湖水道分为东水道、西水道和入江水道。赣江在南昌市以下分为 4 支，主支在吴城与修河汇合，为西水道，向北至蚌湖，有博阳河注入；赣江南、中、北支与抚河、信江、饶河先后汇入主湖区，为东水道；东、西水道在渚溪口汇合为入江水道，至湖口注入长江。洲滩有沙滩、泥滩、草滩等 3 种类型，共 3130km^2。其中沙滩数量较少，高程较低，分布在主航道两侧；泥滩多于沙滩，高程在沙滩、草滩之间；草滩为长草的泥滩，高程多在 14～17m，主要分布在东、南、西部各河入湖的三角洲。全湖有岛屿 41 个，面积约 103km^2，岛屿率为 3.5%，其中莲湖山面积最大，达 41.6km^2，而最小的印山、落星墩的面积均不足 0.01km^2。湖区主要汊港约有 20 处。

鄱阳湖区雨水充沛，水热基本同期，光能资源丰富，为生物的繁衍提供了有利的条件，区内生物资源丰富。根据有关资料，鄱阳湖区有植物 128 科 359 属 476 种；陆生动物主要有兽类、爬行类、两栖类和鸟类等四类；水生生物有浮游植物 8 门 54 科 154 属，浮游动物 150 种，底栖动物 104 种，鱼类 10 目 24 科 160 种。鄱阳湖湿地是国际迁徙性珍稀候鸟最重要的越冬栖息地之一。鄱阳湖区的重要湿地主要有江西鄱阳湖国家级自然保护区、南矶山国家级自然保护区、青岚湖省级自然保护区、都昌候鸟省级自然保护区等 4 处。鄱阳湖区有国家Ⅰ级重点保护鸟类 10 种，即东方白鹳、黑鹳、中华秋沙鸭、金雕、白肩雕、白尾海雕、白头鹤、白鹤、大鸨、遗鸥；国家Ⅱ级重点保护鸟类 44 种，包括斑嘴鹈鹕、白琵鹭、白额雁、小天鹅等；有 13 种世界濒危鸟类，有 15 种列入《中国濒危动物红皮书》水鸟名录，属中日候鸟保护协定保护的鸟类有 153 种，属于中澳候鸟保护协定保护的鸟类有 46 种。鄱阳湖有国家一级保护动物白暨豚、白鲟和中华鲟，国家二级保护动物有长江江豚和胭脂鱼等。

湖区周边地区矿产资源主要有钨、铁、锰、铜、铅、锌、锡、稀土、铀、钍、瓷土、石灰石等，储量丰富，在全国占有重要地位。鄱阳湖北部区域受狭管湖道地形作用，风能资源丰富，风况条件好。

2.3.2.2 水文气象

鄱阳湖地处东亚季风区，气候温和，雨量丰沛，属于亚热带温暖湿润气候。

湖区主要水文站点多年平均降水量为 1387～1795mm，降水量年际变化较大，最大 2452.8mm（1954 年），最小 1082.6mm（1978 年）；年内分配不均，最大四个月（3—6

月）降水量占全年的57.2%，最大六个月（3—8月）降水量占全年的74.4%，冬季降水量全年最少。湖区年平均蒸发量800～1200mm，约有一半集中在温度最高且降水较少的7—9月。

湖区多年平均气温16～20℃。无霜期240～300天。湖区风向的年内变化，随季节而异，6—8月多南风或偏南风，冬季和春秋季（9月至次年5月）多北风或偏北风，多年平均风速为3m/s，历年最大风速达34m/s，相应风向NNE。

2.3.2.3 地形地质

鄱阳湖具有“高水是湖，低水是河”的特点。鄱阳湖区地貌形态多样，山、丘、岗、平原、湖泊相间。山地零星分布于湖区周围，面积较小，受基底地质构造控制，北东向延伸。丘陵主要分布于丰城以南，进贤长山晏—余干珀轩、万年苏桥一带，都昌、鄱阳、乐平、德安等地。岗地分布较广，以红土岗地面积最大，广泛分布于各大河流两侧和中、新生代断陷盆地的边缘；岗坡和缓，向湖区倾斜。平原由河谷平原和滨湖平原组成，前者包括“五河”下游平原，其中以赣江河谷平原最大，后者包括赣抚平原及信乐平原等。

鄱阳湖湖盆周围的地貌形态，以丘陵为主，并构成了主要的湖岸地形。湖岸标高一般为20～80m，高于正常湖水位5～65m，山体稳定性尚好。边坡类型，湖东以岩质边坡为主，湖西和南部以土质边坡为主。湖岸边坡受浪蚀和风化剥蚀影响，浪蚀作用强烈，为湖岸破坏的主要形式。

鄱阳湖区内地层除缺失奥陶系上统，泥盆系中、下统，石炭系下统，三叠系，侏罗系，白垩系下统及上第三系外，自中元古界双桥山群至第四系均有分布。碳酸盐岩主要分布在湖口至星子一带的次级背、向斜轴部，都昌向斜轴部也有较大面积分布。

鄱阳湖区位于扬子准台地（下扬子—钱塘台坳与江南台隆二级构造单元的结合部位）。区内断裂发育，主要有NE—NNE向、EW向及NW向三组，以前两组最为发育，其中湖口—松门山断裂带，沿入江水道纵贯全境，在地质历史上曾多次活动，切穿了不同时期的沉积覆盖层。第四纪地质历史时期似乎是由强渐弱的趋势。

根据《中国地震动参数区划图》（GB 18306—2001），湖区地震动峰值加速度为0.05g，相应于地震基本烈度Ⅵ度区。

2.3.3 两湖地区需水概况

2.3.3.1 两湖旱情分析

近年来受极端气候的影响，两湖地区旱情多发。在降雨偏少、长江上游及湖区水系来水偏少以及河床明显下切等因素作用下，洞庭湖、鄱阳湖枯期（1—2月）持续出现历史最低水位。2009年三峡水库蓄水期间，遭遇两湖枯水，湘江长沙和赣江南昌等站在10月出现历史最低水位。

以2009年三峡水库蓄水期间长沙出现的旱情进行分析。2009年洞庭湖来水偏少，长江干流水位也不高，长株潭地区在长江干流的汛期也出现枯水位的现象。8月中旬后，湘江水位持续消退，据水文部门资料，湘江流域平均降雨较历年同期均值偏少73%。降雨持续偏少使湘江长沙站水位继续下降，在三峡水库蓄水前的9月1—15日，长沙站水位快速下降了2.6m，10月底长沙站水位降至25m以下。

据湖南省防总对长株潭地区出现的枯水成因分析，其主要原因为：①来水、降雨严重偏少；②湘江下游河床下切使湘潭—长沙河段同流量情况下水位偏低，湘潭流量在 $550m^3/s$ 时，长沙水位较20世纪90年代降低0.4～0.5m；③三峡水库蓄水，长江干流来量减少、干流水位降低，加快了洞庭湖的出流，计算分析城陵矶水位比天然降低了2m左右，加剧了长沙水位下降。在上述三方面原因共同作用下，长株潭地区出现的历史枯水位对长沙等城市的供水造成较大影响。

2.3.3.2 供水需求分析

由上述分析可见，长沙等地区出现历史最枯水位的成因复杂，仅由三峡水库加大下泄流量的缓解效果有限。而本河流上游水库近距离的补偿应是比较有效的措施，如湘江长沙站上游水库有调蓄库容78亿 m^3，可对补水抗旱起到较好的作用。

根据有关分析，当城陵矶水位在23.0m以上，湖口水位12.0m以上时，长江干流水位对湘江长沙的水位仍可起到顶托作用，鄱阳湖水位还可适应生态需求。对三峡等水库群蓄水调度来说，安排好蓄水过程，尽可能使蓄水时下游水位还能维持在上述水位，可减轻对供水的影响。

2.3.3.3 灌溉用水需求分析

水库蓄水期间，若遇枯水，鄱阳湖区灌溉用水量将增加，当外湖水位降低时，涵闸引水概率及引水量明显降低，导致该部分农田用水保证率降低，需新增配套提灌泵站进行提水灌溉。

洞庭湖的荆南四河灌溉从沿江取水，但用水高峰在春灌期（4—5月），应与蓄水矛盾不大。灌溉受到的影响主要为运行成本增加。

2.4 长江口用水需求特性分析

长江口，是指长江在东海入海口的一段水域，从江苏江阴鹅鼻嘴起，到入海口的鸡骨礁为止，长约232km。长江口平面呈喇叭形，窄口端江面宽度5.8km，宽口江面宽度90km。长江口一段长江干流，汇入的较大支流有黄浦江、浏河、练祁河等，是一段由岛屿、沙洲分割的多支汊河段，主要由北支、南支、北港、南港、北槽、南槽等构成。现代地理形势最终形成于20世纪初，并且有继续延伸的态势。

长江口属典型的江心洲岛分汊型潮汐河口，徐六泾以下，河槽有规律分汊，在科氏力作用下，长江口存在明显的落潮流偏南、涨潮流偏北的流路分异现象。在涨落潮流路之间的缓流区，泥沙容易淤积形成水下沙洲、沙岛，促使水道分汊。在徐六泾以下被崇明岛分为南支和北支，南支在浏河口以下被长兴岛和横沙岛分为南港和北港，南港在横沙以下被九段沙分为南槽和北槽，从而形成三级分汊四口入海的形式。

长江口位于副热带季风气候区，主要气候特征为温和湿润、雨量丰沛、四季分明。长江口地区受东亚季风的控制，冬季盛行西北风，夏季多东南风，季风对长江口的潮流、温度、湿度都有显著的影响。长江口多年平均气温15～15.8℃，历史最高气温40.2℃，最低气温−12℃。最高月平均气温27.8℃，最低月平均气温3.5℃。

长江口地区为典型的感潮平原河网地区，江、海、河、湖相间，水网交织，地势低平，水资源量丰富。长江口沿江地区包括上海市的大陆片和江岛片（崇明、长兴和横沙）、江苏的苏北片（通启海）和苏南片（常熟、太仓），河网密度为 6～7km/m^2，平均每隔 100～300m 就有一条河道。

2.4.1 水文概况

长江口地区降雨量充足，多年平均降雨量在 1000～1100mm 之间，高于全国年均降水量 650mm 约 40%，枯水年丰水年之间差别较大，枯水年份降水量在 600～700mm 之间，丰水年降水量可达枯水年的两倍以上。在年内分布上，6—9 月为每年降水量最多的时段，这几个月和当地的梅雨和秋雨两个多雨气候发生时间正好吻合。降水量地区分布不均，长江南岸略大于江中岛屿区域。长江口是暴雨多发地区，受到多种成因的暴雨影响，其中发生次数最多的是天气型的静止锋，发生次数为 42%，其次为热带气旋，发生次数为 24%。静止锋在 6 月、7 月带来连续阴雨，俗称“梅雨”。“梅雨”期间，是本区暴雨的高发期。

长江口地区属于湿润气候带，以上海为例，多年平均水面蒸发量 1007.6mm，陆地蒸发量 715.5mm，陆地蒸发接近水面蒸发。水面蒸发各月有差异，连续最大四个月蒸发量一般发生在 5—8 月，约占全年蒸发量的 50%。

通常采用大通站作为代表长江口地区来流特性的站点。大通水文站是长江下游干流唯一有常年连续的水文泥沙记录的站点，距河口 640km，水文站以上集水面积为 170 万 km^2，占整个长江流域的 94.7%，大通以下支流汇入水量较少，仅占总量的 1.2%。

从大通站多年实测资料来看，年径流总量为 8993 亿 m^3，年平均流量为 28300m^3/s，径流量在年内的分配并不均匀，有明显的季节性变化，从多年平均径流量来看，汛期平均值为 6117 亿 m^3，占全年径流量的 68%，而非汛期为 2876 亿 m^3，仅占 32%。多年月平均流量中，6 月、7 月、8 月三个月最大，1 月、2 月、12 月三个月最小，7 月径流量占全年的 14.9%，1 月占 3.3%，最大最小月平均流量之比为 4.7∶1。大通多年平均水位为 6.78m，历年最高水位为 14.79m，发生时间为 1954 年 8 月 1 日，历年最低水位为 1.29m，发生时间为 1961 年 2 月 3 日，两者相差 13.5m。历史最大流量与最高水位同步发生，而历年最小流量与最低水位并不同时发生，其最高水位为 7 月，最低水位为 1 月，与流量年内分布规律一致。

2.4.2 长江口咸潮入侵特征

2.4.2.1 咸潮入侵时间和范围

长江口盐水入侵因东海潮汐所致，一般发生在枯水期 11 月至次年 4 月，特枯年份咸潮入侵时间可提前至 9 月，入侵强度与枯季流量相关。长江口潮区界位于大通，距河口约 640km；其中北支盐水入侵距离比南支远。北支盐水入侵界，枯季一般可达北支上段，洪季一般可达北支中段；南支盐水入侵界枯季一般可达南北港中段，洪季一般在拦门沙附近。

2.4.2.2 咸潮入侵特性

由于长江口咸潮受多种因素共同影响，口门附近的盐度场存在复杂的时空变化。长江口盐度随时间的变化规律为：①盐度日变化过程与潮位过程基本相似，在一天中出现二高二低，且具有明显的日不等现象；②长江口在半月中有一次大潮和一次小潮，日平均盐度在半月中也有一次高值和一次低值，潮差对盐度影响的大小与上游来水量多少有关，当大通站月平均流量在 30000m^3/s 以上时，潮差对盐度的影响限于吴淞水厂下游；③长江口门处的盐度有明显的季节变化，位于口门处的引水船站月平均盐度与大通站月平均流量有良好的负相关，一般是 2 月最高，7 月最低，6—10 月为低盐期，12 月至次年 4 月为高盐期；④长江口盐度的年际变化与大通站年平均流量有良好的对应关系，丰水年盐度低，枯水年盐度高。

长江口盐度随空间的变化规律为：①长江口盐度一般是由上游向下游逐渐递增，而吴淞口—崇头段遇北支盐水倒灌时，呈现相反的规律；②长江口 4 条入海水道中北支盐度远远高于南支；③盐度垂向分布主要取决于盐水和淡水的混合类型。

2.4.2.3 咸潮入侵强度与大通流量的关系

根据 1974—1987 年的实测资料，统计流量有代表性的年份，枯季吴淞取水口含氯度与同期大通站年平均流量见表 2.16，从表中可知，大通流量与吴淞同期含氯度两者之间呈现出明显的负相关，即大通流量大时，则咸潮入侵持续时间短、强度低，反之亦然。

表 2.16 大通枯季平均流量与吴淞同期含氯度对比表

特征年份	1979	1977	1975	1985
大通流量/(m^3/s)	9200	10370	13130	16870
吴淞含氯度/ppm	1040	310	210	70
吴淞枯季含氯度大于 250ppm 的时数	2260	910	640	95

2.4.3 保障长江口供水安全的大通流量

2.4.3.1 大通临界流量

能够保证河口地区不被咸潮入侵的最小干流流量称为临界流量。咸潮入侵期间，通过人工提前加大干支流各水库泄量，可以有效控制咸潮入侵，提高长江口的供水保证率。根据咸潮入侵的动力特性，一次可以预见的咸潮入侵存在一个临界流量，当径流流量大于这个临界流量时，可将潮流带来的潮差阻隔在水源地下游。

临界流量不是一个固定的值，而是深受前期径流量大小和持续时间的影响。长江河口咸潮入侵，特别是北支咸潮倒灌和前期径流量过程关系密切，如果前期径流量很大，那么河口地区特别是北支就会被显著地冲淡，即使后来流量大幅度减小，倒灌也不会很严重，反之亦然。

通过盐度分析表明，咸潮入侵时间与大通流量、吴淞潮位没有形成统一的模式，因此采用拟合较好的盐度及流量、潮差拟合方程来确定大通临界流量，即公式：

$$\ln S = -3.209 + 0.007T - 0.221 \times \frac{Q}{10000} \tag{2.1}$$

式中：$\ln S$ 为潮差；T 为盐量；Q 为流量。

根据以上公式，可反推流量—盐度、潮差公式，再依据统计的长江口当地的潮差数据，得到不同潮差下的临界流量。以盐度为0.25作为不可取水条件，反推结果见表2.17。当潮差小于300cm，压咸流量为12500m³/s即可满足要求，随着潮差的增大，临界流量的需求越来越大，当潮差大于等于325cm时，压咸流量超过20000m³/s。

表2.17　　保证新建站免受咸潮入侵的不同潮差下大通临界流量

潮差/cm	290	295	300	305	310	315	320	325
临界流量/(m³/s)	9379.8	10963.5	12547.3	14131.0	15714.7	17298.4	18882.1	20465.8
潮差/cm	330	335	340	345	350	355	360	365
临界流量/(m³/s)	22049.5	23633.2	25216.9	26800.6	28384.4	29968.1	31551.8	33135.5

统筹考虑上游前期来水量、长江口水库的供水能力以及枯水期各月外海潮水位情况，提出10月到次年4月满足长江口咸潮控制要求的大通临界流量，见表2.18。

表2.18　　满足长江口咸潮控制要求的大通枯水期临界流量

月份	10	11	12	1	2	3	4
临界流量/(m³/s)	16000	15000	13500	12000	12000	14000	18000

2.4.3.2 大通目标流量

从表2.19可以看出，长江上流水库群以及大通以上取调水工程按现有的调度方式，枯水期的绝大部分时间，大通站流量均大于天然情况，但无法达到保证大通流量超出临界流量的程度。因此，为保证长江口的供水安全，不仅需要一定的干流流量，主要还是必须依靠长江口本地工程建设及大通以下取调水工程的联合调度等措施。

表2.19　　1979—2013年枯水期不同频率下大通流量

月份	来水频率					月平均流量/(m³/s)	大通临界流量/(m³/s)
	25%	50%	75%	90%	98%		
11	24630	20824	17395	14619	11460	21238	15000
12	16238	13945	12044	10643	9231	14374	13500
1	13378	11063	9654	8981	8631	12033	12000
2	14878	12432	10337	8731	7027	12812	12000
3	21179	17562	14228	11462	8220	17872	14000
4	27032	23257	20195	17998	15864	24036	18000

长江口地区多年平均径流量为9335亿m³，水量十分丰富，长江口地区水源地仍具有较大的挖掘潜力。根据相关研究表明，统筹调度大通以下主要引调水工程，可增加1500m³/s以上的压咸流量。鉴于此，上游水库群以及大通以上取调水工程的水量调度目标应作“有限”设定。

根据目前长江口地区有关工程建设和研究成果，大通流量达到10000m³/s时，即使无法彻底解决咸潮入侵问题，也可大大缓解咸潮危害程度；同时由于咸潮入侵成因的复杂性，在一定范围内增加大通流量也无法确保长江口水源地免遭咸潮影响，因此仍然将大通流量10000m³/s作为上游水库群和大通上游引调水工程的水量调度目标。

2.5 长江干流重要控制断面选取及控制指标分析

2.5.1 长江中下游重要控制断面需水过程分析

2.5.1.1 控制断面选取和需水过程计算方法

选取宜昌、沙市、螺山、汉口、九江、大通、南京、徐六泾等断面作为长江中下游干流需水分析的控制断面，根据各断面的地理位置，统计得到各个断面区间从长江干流取水的城市（图 2.8），其中宜昌市从宜昌—沙市断面区间取水，荆州、岳阳部分地区从沙市—螺山断面区间取水，岳阳部分地区、咸宁和武汉部分地区从螺山—汉口断面区间取水，武汉部分地区、鄂州、黄冈和黄石从汉口—九江断面区间取水，九江、安庆和池州从九江—大通断面区间取水，巢湖、铜陵、芜湖和马鞍山从大通—南京断面区间取水，南京、镇江、扬州、泰州、常州、无锡、苏州、南通和上海从南京以下区间取水。南水北调东线工程、引江济太工程、泰州引江河工程、引江济巢工程、武汉大东湖水网连通工程和引江济汉工程的取水位置见图 2.8。

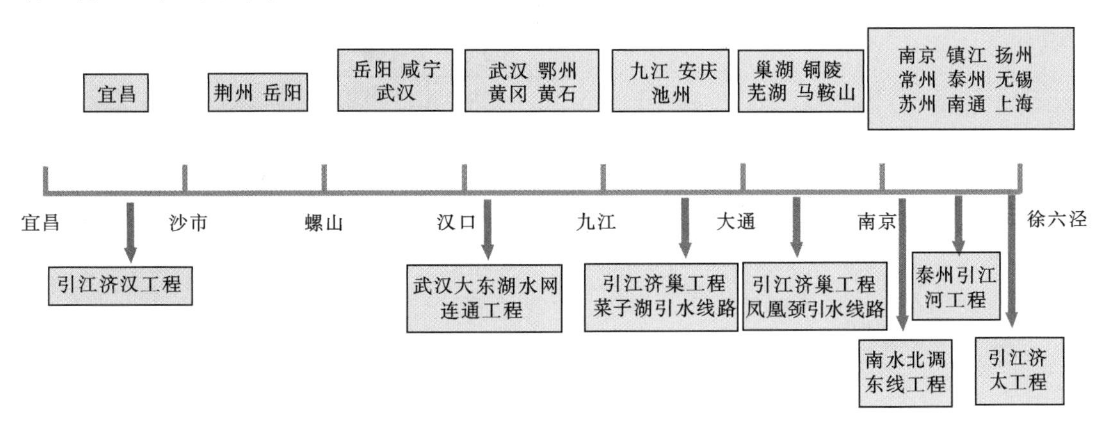

图 2.8 长江中下游断面区间取水城市和引江工程示意图

采用从下至上、逐级递推的方式计算各断面的需水过程，根据水量平衡原理，上、下断面间的水量平衡方程为

$$W_{上断面,i}=W_{下断面,i}-W_{区间来水,i}+W_{引,i}+W_{耗,i} \tag{2.2}$$

式中：i 为计算时段；$W_{上断面,i}$ 为上断面 i 时刻需水量；$W_{下断面,i}$ 为下断面 i 时刻需水量；$W_{区间来水,i}$ 为汇入断面区间的支流来水；$W_{引,i}$ 为 i 时刻的引调水量，即从断面区间干流引调水工程的取水量；$W_{耗,i}$ 为 i 时刻区间耗水量，即从断面区间干流取水户的耗水量。干流耗水量的计算方式为

$$W_{耗}=W_{干流取水量}\eta \tag{2.3}$$

式中：$W_{干流取水量}$ 为断面区间从干流的总取水量；η 为耗水率。

2.5.1.2 控制断面指标分析

本节从供水需求的角度分析各断面的需水过程，由于大通水文站下游干流河段受潮汐影响，该河段的断面可不设定供水需求指标，下游安徽、江苏、上海用水需求过程统一归并到大通断面进行计算。根据相关研究成果，大通流量达到10000m³/s时，即使无法彻底解决咸潮入侵问题，也可大大缓解咸潮危害程度；同时由于咸潮入侵成因的复杂性，在一定范围内增加大通流量也无法确保长江口水源地免遭咸潮影响。因此将大通流量10000m³/s作为上游水库群和大通上游引调水工程的供水调度目标。

以大通流量10000m³/s作为供水调度目标，采用从下至上、逐级递推的方式计算大通站以上各断面的需水过程，根据两种不同的断面区间来水过程计算方式，分别计算控制断面的指标。

(1) 方法一：区间来水=下断面多年平均径流量-上断面多年平均径流量。

利用下断面多年平均径流量和上断面多年平均径流量的差值计算区间来水，计算原理如图2.9所示。

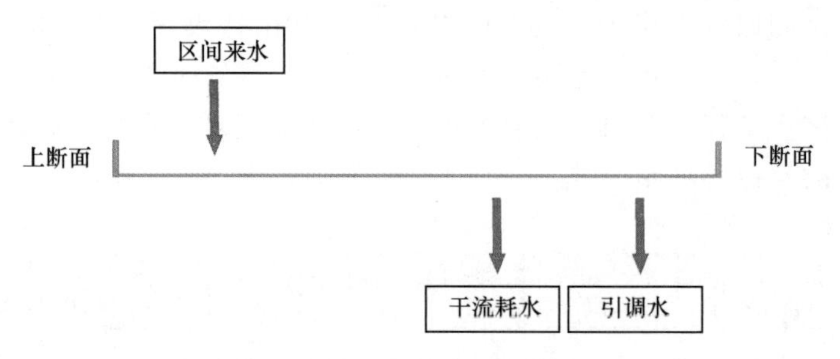

图2.9 长江中下游断面需水过程计算示意图（方法一）

$$W_{区间来水}=\overline{W}_{下断面径流量}-\overline{W}_{上断面径流量} \tag{2.4}$$

式中：$\overline{W}_{下断面径流量}$为下断面多年平均径流量；$\overline{W}_{上断面径流量}$为上断面多年平均径流量。

(2) 方法二：区间来水=大支流来水+区间产水。

利用大支流来水加上区间产水计算区间来水，计算原理如图2.10所示。

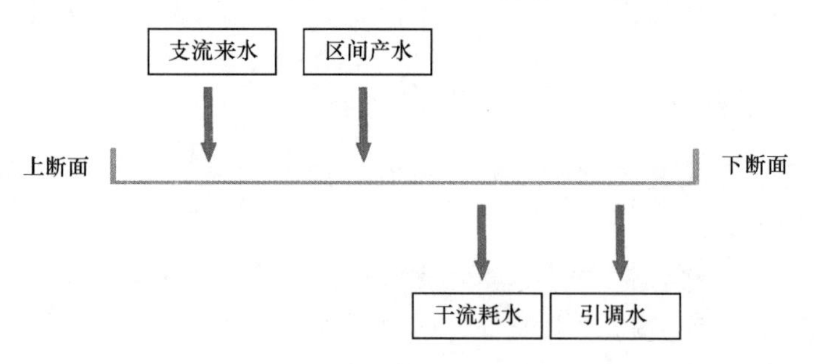

图2.10 长江中下游断面需水过程计算示意图（方法二）

$$W_{区间来水}=W_{区间产水}+W_{支流来水} \tag{2.5}$$

式中：$W_{支流来水}$为支流来水量，即汇入断面区间大支流的水量。

大支流来水是指不属于宜昌至湖口和湖口以下干流水资源分区且汇入长江中下游干流的水系来水，包括汉江、洞庭湖水系和鄱阳湖水系。

$W_{区间产水}$为区间产水量，计算方法为

$$W_{区间产水}=W_{区间总水量}-(W_{区间总用水}-W_{干流取水量})\cdot\eta \quad (2.6)$$

式中：$W_{区间总水量}$为断面区间的水资源总量；$W_{区间总用水}$为区间现状总用水量；$W_{干流取水量}$为区间现状干流取水量；η为区间耗水率。

2.5.1.3 控制断面需水过程计算结果

根据长江流域取水口台账数据和《长江流域及西南诸河水资源公报》(2015 年)，统计得到各断面区间分月取水量和耗水率统计情况见表 2.20，根据重点引江工程情况，各断面区间引调水统计情况见表 2.21，由于大通断面以下取水需求合并到大通断面进行综合计算，因此仅考虑宜昌至大通区间的引江工程，主要包括引江济汉工程、武汉大东湖水网连通工程和引江济巢工程的菜子湖引水路线，其中现状情况下仅引江济汉工程投入使用。

表 2.20 断面区间分月取水量和耗水率统计表 单位：亿 m³

月份	宜昌—沙市	沙市—螺山	螺山—汉口	汉口—九江	九江—大通
1	0.1794	0.7246	0.5793	3.0061	1.3603
2	0.1667	0.6732	0.5382	2.7929	1.2638
3	0.1958	0.7907	0.6322	3.2806	1.4845
4	0.1964	0.7930	0.6340	3.2903	1.4889
5	0.2049	0.8273	0.6614	3.4325	1.5533
6	0.2360	0.9527	0.7617	3.9528	1.7887
7	0.2619	1.0575	0.8454	4.3874	1.9854
8	0.2654	1.0717	0.8568	4.4462	2.0120
9	0.2355	0.9509	0.7602	3.9452	1.7853
10	0.2027	0.8184	0.6543	3.3954	1.5365
11	0.1974	0.7972	0.6373	3.3074	1.4967
12	0.1860	0.7509	0.6004	3.1156	1.4098
合计	2.5282	10.2080	8.1612	42.3522	19.1651
耗水率	41.27%	41.27%	41.27%	41.27%	36.12%

表 2.21 断面区间引调水统计表 单位：亿 m³

月份	引江济汉工程	武汉大东湖水网连通工程	引江济巢工程	月份	引江济汉工程	武汉大东湖水网连通工程	引江济巢工程
1	3.0833			8	3.0833		
2	3.0833			9	3.0833		
3	3.0833			10	3.0833		
4	3.0833			11	3.0833		
5	3.0833			12	3.0833		
6	3.0833			合计	37		
7	3.0833						

根据上节介绍的两种区间产水计算方法，对区间产水分别进行计算。

1. 方法一

根据各水文站点的长系列历史径流资料，统计得到水文站点多年平均径流量结果（表2.22）。根据公式（2.2）计算得到各控制断面需水情况见表2.23和表2.24。

表2.22　水文站点多年平均径流量　单位：亿 m^3

月份	宜昌站	沙市站	螺山站	汉口站	九江站	大通站
1	113.4	118.1	191.6	216.2	233.0	285.1
2	92.9	114.1	185.3	202.4	226.8	277.5
3	115.6	165.3	268.3	288.3	345.9	423.2
4	172.1	244.0	396.1	429.7	509.7	623.7
5	309.1	373.9	606.9	659.0	731.5	895.0
6	467.8	456.6	741.0	784.9	844.2	1032.9
7	807.0	645.5	1047.6	1155.8	1112.1	1360.8
8	716.8	558.9	907.1	987.8	949.6	1161.9
9	651.0	492.0	798.5	882.1	829.1	1014.5
10	482.0	381.8	619.6	722.7	715.6	875.6
11	257.3	236.2	383.3	446.1	477.1	583.8
12	156.6	149.6	242.7	285.9	306.1	374.6
合计	4341.5	3936.0	6388.0	7061.1	7280.7	8908.6

表2.23　控制断面需水量过程　单位：亿 m^3

月份	宜昌	沙市	螺山	汉口	九江	大通
1	101.5675	103.0901	176.3510	200.6720	216.2340	267.8400
2	62.5812	80.6730	151.5032	168.4291	191.6679	241.9200
3	0	12.4293	115.0870	134.8301	191.0434	267.8400
4	0	0	33.7133	67.0957	145.7669	259.2000
5	0	0	0	33.8176	104.8545	267.8400
6	0	0	0	13.4774	71.1006	259.2000
7	0	0	0	65.3678	19.8933	267.8400
8	0	0	15.9513	96.3017	56.2486	267.8400
9	0	0	45.7868	129.0730	74.4617	259.2000
10	0	0	14.1023	116.8962	108.3935	267.8400
11	0	0	60.8486	123.4056	153.0608	259.2000
12	55.3528	45.1607	138.0268	180.9350	199.8973	267.8400

表 2.24　控制断面需水流量过程（方法一计算结果）　单位：m^3/s

月份	宜昌	沙市	螺山	汉口	九江	大通
1	3792.09	3848.94	6584.19	7492.23	8073.25	10000.00
2	2586.85	3334.70	6262.53	6962.18	7922.78	10000.00
3	0	464.06	4296.86	5033.98	7132.74	10000.00
4	0	0	1300.67	2588.57	5623.72	10000.00
5	0	0	0	1262.61	3914.82	10000.00
6	0	0	0	519.96	2743.08	10000.00
7	0	0	0	2440.55	742.73	10000.00
8	0	0	595.55	3595.49	2100.08	10000.00
9	0	0	1766.47	4979.67	2872.75	10000.00
10	0	0	526.52	4364.41	4046.95	10000.00
11	0	0	2347.55	4761.02	5905.12	10000.00
12	2066.64	1686.11	5153.33	6755.34	7463.31	10000.00

2. *方法二*

根据《长江流域及西南诸河水资源公报》（2015 年）相关数据，统计得到各断面区间产水统计情况（表 2.25）。

根据长江中下游江湖拓扑关系可知，在螺山、汉口、湖口断面分布有洞庭湖、汉江、鄱阳湖支流汇入长江，对于长江下游供水具有贡献。当两断面之间有大支流汇入时，分别采用两种方式进行处理：一是将各支流来水的多年平均水量作为干流补水量，二是将下游的需水量以干支流多年平均流量为权重进行干支流分摊。

（1）对于第一种方式，计算得到各支流多年平均水量见表 2.26，根据公式（2.2）计算得到各控制断面需水情况见表 2.27 和表 2.28。

（2）对于第二种方式，为了区分干流以及支流对下游供水的比例，采用年均径流比值作为支流的分配比例，干流的分配比例和支流分配比例相加为 1，分配比例汇总结果见表 2.29。根据公式（2.2）计算得到各控制断面需水情况见表 2.30 和表 2.31。

对上述计算结果进行汇总分析，按各断面最大用水需求，计算得到各控制断面的供水最小流量需求，见表 2.32。

2.5.1.4　中下游重点控制断面最小下泄流量

断面最小流量控制指标由生态流量和下游区间用水需求两部分组成，生态流量采用 90%保证率最枯月平均流量计算，而下游区间用水有生活、工业、灌溉和航运用水。由于最小流量出现时间为枯水期（12 月至次年 2 月），而农业灌溉用水主要在 5—9 月，枯水期（12 月至次年 2 月）灌溉用水量很少，因此区间用水只需考虑下游城市的工业用水、生活用水和河道内的航运用水。

表 2.25 断面区间产水量统计表

单位：亿 m^3

断面区间		1月	2月	3月	4月	5月	6月	7月	8月	9月	10月	11月	12月	合计
宜昌—沙市	区间总水量	5.4497	7.3788	14.8058	22.4499	31.2514	36.3876	53.1467	43.9834	27.2726	19.1463	11.3817	4.8469	277.5008
	区间取水量	6.4326	5.9763	7.0199	7.0406	7.3450	8.4583	9.3882	9.5142	8.4421	7.2655	7.0773	6.6668	90.6268
	区间产水量	2.8690	4.9812	11.9895	19.6253	28.3047	32.9943	49.3802	40.1665	23.8858	16.2315	8.5424	2.1722	241.1425
沙市—螺山	区间总水量	2.9742	4.0270	8.0803	12.2521	17.0555	19.8586	29.0049	24.0040	14.8841	10.4491	6.2116	2.6452	151.4464
	区间取水量	3.5106	3.2616	3.8311	3.8424	4.0085	4.6161	5.1236	5.1924	4.6073	3.9652	3.8625	3.6384	49.4597
	区间产水量	4.1240	5.0952	9.3351	13.5105	18.3684	21.3705	30.6830	25.7046	16.3931	11.7478	7.4766	3.8368	167.6456
螺山—汉口	区间总水量	1.8968	2.5683	5.1533	7.8139	10.8773	12.6650	18.4981	15.3088	9.4925	6.6640	3.9615	1.6870	96.5865
	区间取水量	2.2389	2.0801	2.4433	2.4505	2.5565	2.9440	3.2677	3.3115	2.9383	2.5288	2.4633	2.3204	31.5434
	区间产水量	1.2119	1.9319	4.4058	7.0642	10.0952	11.7644	17.4985	14.2957	8.5936	5.8904	3.2079	0.9771	86.9366
汉口—九江	区间总水量	0.9465	1.2815	2.5715	3.8991	5.4277	6.3198	9.2305	7.6390	4.7367	3.3253	1.9768	0.8418	48.1963
	区间取水量	1.1172	1.0380	1.2192	1.2228	1.2757	1.4690	1.6305	1.6524	1.4662	1.2619	1.2292	1.1579	15.7401
	区间产水量	1.7261	2.0058	3.4222	4.7523	6.3179	7.3448	10.3682	8.7920	5.7598	4.2058	2.8345	1.6497	59.1792
九江—大通	区间总水量	9.5846	12.4828	22.2123	24.0754	26.6838	41.6921	35.6474	25.6487	18.7345	13.4143	12.1723	6.7693	249.1177
	区间取水量	8.7622	8.1406	9.5622	9.5903	10.0050	11.5214	12.7881	12.9597	11.4994	9.8967	9.6403	9.0812	123.4471
	区间产水量	6.9111	9.9989	19.2947	21.1492	23.6310	38.1767	31.7454	21.6944	15.2258	10.3946	9.2308	3.9984	211.4510

表 2.26　　断面区间支流来水统计表　　单位：亿 m^3

月份	汉江	洞庭湖	鄱阳湖	月份	汉江	洞庭湖	鄱阳湖
1	7.8440	73.7252	47.5548	8	47.3676	133.6880	98.3072
2	6.1346	105.2752	64.5587	9	63.4353	97.4617	85.8622
3	11.7374	180.9538	130.1544	10	40.9291	83.0777	65.3149
4	22.3543	286.8209	203.7012	11	18.9546	78.3423	52.6322
5	32.2874	343.1729	246.2434	12	10.1990	66.0005	44.6380
6	31.6987	300.9089	269.6858	合计	360.1000	1923.1000	1459.7000
7	67.1389	173.6730	151.0474				

表 2.27　　控制断面需水量过程（方法二方式一计算结果）　　单位：亿 m^3

月份	宜昌	沙市	螺山	汉口	九江	大通
1	135.1456	127.0132	204.5633	213.3801	213.8655	267.8400
2	53.3343	49.0287	159.1213	166.9657	167.8189	241.9200
3	2.9121	0	100.9764	116.8588	118.9271	267.8400
4	5.8934	0	2.3361	31.4930	34.8874	259.2000
5	7.1506	0	0	0	0	267.8400
6	1.8851	0	0	0	0	259.2000
7	20.9501	0	0	77.2067	85.7643	267.8400
8	10.3940	0	80.2983	141.6080	148.5651	267.8400
9	42.7300	0	82.9101	154.6253	158.7569	259.2000
10	76.7083	48.8437	143.3314	189.8809	192.6855	267.8400
11	102.5959	89.0188	174.5087	196.4082	197.8776	259.2000
12	150.0801	138.8932	208.4206	219.3489	219.7129	267.8400

表 2.28　　控制断面需水流量过程（方法二方式一计算结果）　　单位：m^3/s

月份	宜昌	沙市	螺山	汉口	九江	大通
1	5045.75	4742.13	7637.52	7966.70	7984.82	10000.00
2	2204.62	2026.65	6577.44	6901.69	6936.96	10000.00
3	108.72	0	3770.03	4363.01	4440.23	10000.00
4	227.37	0	90.13	1215.01	1345.96	10000.00
5	266.98	0	0	0	0	10000.00
6	72.73	0	0	0	0	10000.00
7	782.19	0	0	2882.57	3202.07	10000.00
8	388.07	0	2997.99	5287.04	5546.79	10000.00
9	1648.54	0	3198.69	5965.48	6124.88	10000.00
10	2863.96	1823.61	5351.38	7089.34	7194.05	10000.00
11	3958.17	3434.37	6732.59	7577.48	7634.17	10000.00
12	5603.35	5185.68	7781.53	8189.55	8203.14	10000.00

表 2.29　　中下游河湖入江供水分配比例表

湖泊支流	所处断面	年均流量/(m^3/s)	断面年均流量/(m^3/s)	支流分配比例	干流分配比例
洞庭湖	螺山	7255.20	22688.00	0.32	0.68
汉江	汉口	1829.70	22497.00	0.08	0.92
鄱阳湖	九江	4702.60	22184.00	0.21	0.79

表 2.30　　控制断面需水量过程（方法二方式二计算结果）　　单位：亿 m^3

月份	宜昌	沙市	螺山	汉口	九江	大通
1	132.5423	124.4100	188.5808	206.0366	206.5220	267.8400
2	112.7313	108.4258	166.5341	182.7251	183.5783	241.9200
3	113.1184	110.2063	175.3163	194.7061	196.7744	267.8400
4	104.2472	98.3537	164.0250	185.0905	188.4850	259.2000
5	100.8839	93.7332	164.3532	188.4670	193.3683	267.8400
6	79.7247	77.8395	145.3188	169.4053	175.1188	259.2000
7	91.6592	70.7091	148.4641	178.5237	187.0812	267.8400
8	94.0673	83.6733	160.1995	188.0721	195.0291	267.8400
9	139.8615	97.1314	166.3706	189.1174	193.2490	259.2000
10	138.6939	110.8293	179.7637	201.0157	203.8203	267.8400
11	127.4758	113.8987	178.0093	196.4333	197.9028	259.2000
12	137.6245	126.4376	191.1244	208.4732	208.8372	267.8400

表 2.31　　控制断面需水流量过程（方法二方式二计算结果）　　单位：m^3/s

月份	宜昌	沙市	螺山	汉口	九江	大通
1	4948.56	4644.94	7040.80	7692.52	7710.65	10000.00
2	4659.86	4481.88	6883.85	7553.12	7588.39	10000.00
3	4223.36	4114.63	6545.56	7269.49	7346.71	10000.00
4	4021.88	3794.51	6328.12	7140.84	7271.80	10000.00
5	3766.57	3499.60	6136.25	7036.55	7219.55	10000.00
6	3075.80	3003.07	5606.44	6535.70	6756.13	10000.00
7	3422.16	2639.97	5543.02	6665.31	6984.81	10000.00
8	3512.07	3124.00	5981.16	7021.81	7281.55	10000.00
9	5395.89	3747.35	6418.62	7296.20	7455.60	10000.00
10	5178.24	4137.89	6711.61	7505.07	7609.78	10000.00
11	4918.05	4394.24	6867.64	7578.44	7635.14	10000.00
12	5138.31	4720.64	7135.77	7783.50	7797.09	10000.00

表 2.32　控制断面供水最小流量指标

断面名称	多年平均流量/(m^3/s)	供水最小流量需求/(m^3/s)	断面名称	多年平均流量/(m^3/s)	供水最小流量需求/(m^3/s)
宜昌	14025	5603	汉口	22497	8190
沙市	12366	5186	九江	22184	8203
螺山	20097	7637	大通	28722	10000

依据水利部批复的《三峡水库优化调度方案》（2009 年 10 月），根据水资源（水量）调度方式，宜昌节点的断面控制流量为 6000m^3/s 左右，大通节点综合考虑生态环境需水、供水和航运等要求确定的断面控制流量为 10000m^3/s。中下游重点控制断面最小流量见表 2.33。

表 2.33　中下游重点控制断面最小流量控制指标　单位：m^3/s

断面名称	多年平均流量	供水最小流量需求	最小下泄流量控制指标	最终采用下泄流量指标
宜昌	14025	5603	6000	6000
沙市	12366	5186	5600	5600
螺山	20097	7637	—	7637
汉口	22497	8190	8640	8640
九江	22184	8203	8730	8730
大通	28722	10000	10000	10000

2.5.2　长江流域供需矛盾分析

流域在洪水期、蓄水期和供水期的供水需求分析对于确定流域供水策略和供水顺序、分配水量以及各个水库的调度情况是非常必要的。划分三个时期既有利于水库间由于径流时空分布不均引起的差异性弥合，又可以充分发挥各水库自身径流和调度特性，使整个流域在总体效益上达到最优。从流域供水的角度出发，将全年分为供水期（1—5 月）、洪水期（6—9 月）和蓄水期（10—12 月）。

对不同时期的供需水分析在各个流域上的分解见表 2.34（各个流域以出口处水库为供需分析节点，各流域需水量按照年均径流与总径流之比与总需水量的乘积进行分解）。

表 2.34　洪、蓄、供水期供需水量分析表　单位：亿 m^3

流域	径流量			需水量（包括河道必需水量）			差量		
	洪水期	蓄水期	供水期	洪水期	蓄水期	供水期	洪水期	蓄水期	供水期
一	357.61	112.03	89.02	62.00	40.78	63.33	295.61	71.25	25.69
二	308.28	98.75	68.27	53.45	35.95	48.57	254.83	62.80	19.70
三	890.38	313.68	216.63	154.37	114.19	154.13	736.01	199.49	62.50
四	243.02	82.27	71.26	42.13	29.95	50.70	200.89	52.32	20.56
五	420.72	116.27	107.53	72.94	42.33	76.50	347.78	73.94	31.03
六	233.00	84.39	67.67	40.39	30.72	48.14	192.61	53.67	19.53
七	2550.80	845.93	794.72	442.23	307.95	565.42	2108.57	537.98	229.30
总量	5003.81	1653.31	1415.10	867.51	601.86	1006.79	4136.30	1051.45	408.31

表 2.35 供需时期满足度分析表

单位：亿 m^3

时期	月份	需水流量	金沙江流域		雅砻江流域		长江上游干流流域		岷江（含大渡河）流域		嘉陵江（含白龙江）流域		乌江流域		长江中游干流流域	
			供水流量	满足度	供水流量	满足度	供水流量	满足度	供水流量	满足度	供水流量	满足度	供水流量	满足度	供水流量	满足度
洪水期	6	8259.99	1972.33	0.24	1944.83	0.24	4987.73	0.60	2146.49	0.26	2528.62	0.31	1789.00	0.22	17927.94	3.48
	7	8493.99	3700.60	0.44	3396.35	0.40	9444.40	1.11	2760.23	0.32	5368.37	0.63	2834.58	0.33	29587.23	3.02
	8	8767.00	4233.44	0.48	3254.35	0.37	10072.25	1.15	2200.05	0.25	3937.52	0.45	2684.02	0.31	26446.95	3.08
	9	7947.99	3890.18	0.49	3297.81	0.41	9846.77	1.24	2269.09	0.29	4397.05	0.55	1681.54	0.21	24448.40	2.19
蓄水期	10	7869.99	2317.78	0.29	2100.01	0.27	6530.84	0.83	1713.51	0.22	2617.98	0.33	1318.67	0.17	17202.23	1.25
	11	7713.98	1216.06	0.16	1048.73	0.14	3397.61	0.44	895.58	0.12	1228.20	0.16	1132.92	0.15	9669.92	0.75
	12	7635.98	788.12	0.10	661.25	0.09	2173.27	0.28	564.85	0.07	639.49	0.08	804.19	0.11	5764.04	0.57
供水期	1	7635.98	612.14	0.08	486.08	0.06	1670.25	0.22	423.20	0.06	459.81	0.06	474.02	0.06	4336.86	0.51
	2	7635.98	543.43	0.07	430.19	0.06	1446.73	0.19	364.44	0.05	383.12	0.05	375.75	0.05	3923.18	0.58
	3	7635.98	535.05	0.07	420.22	0.06	1369.40	0.18	385.32	0.05	483.65	0.06	385.32	0.05	4432.36	0.83
	4	7947.99	680.50	0.09	514.46	0.06	1554.27	0.20	536.46	0.07	953.58	0.12	459.38	0.06	6592.25	1.42
	5	7986.99	1063.19	0.13	782.87	0.10	2317.03	0.29	1039.88	0.13	1868.30	0.23	916.15	0.11	11375.94	3.48

根据表2.34中各流域在洪水期、蓄水期和供水期径流量和需水量分析可知，存在供需主要矛盾的时期为供水期，时期来流量减少，可是下游需水量并未降低，加之流域水库需要蓄水，截流部分水量，使得这个时期供需差量比较小；而蓄水期虽然大部分能满足供需要求，可是仅仅是对于多年平均的情况而言，针对流域来水较枯的年份，可能并不能满足供需，所以这一时期是“潜在的矛盾时期”；而洪水期因为水库来流增多，且水库根据调度规程，都需将水库的水位降低以预留足够的防洪空间，同时为防止大洪水的破坏，向下游泄水也随之增多，均可较好地满足下游需水量。综上所述，主要的矛盾时期为供水期，潜在的矛盾时期为蓄水期。

为显示各流域水库群对中下游地区供水流量的贡献，采用满足度值来反映，计算公式为

$$S_{i,j}=\frac{\overline{Q}_{i,j}}{N_i} \tag{2.7}$$

式中：i 为月份；j 为流域代号；S 为满足度值；N_i 为需求流量，m^3/s；$\overline{Q}_{i,j}$ 为流域 j 在 i 月的月均流量值，m^3/s。

分析结果（表2.35）表明，供需矛盾在年内表现为：蓄水期的11月和12月以及供水期的1—5月，水库径流无法满足长江中下游需水量，此阶段需要中上游水库群调用调蓄库容进行供水补偿。

2.6 本章小结

本章重点研究长江中下游取用水户及其取用水需求特性，以长江中下游取用水户为调查对象，统计分析了各行业取用水户取用水量的时间和空间分布情况。选用2010年长江中下游引江工程调查统计数据、已发证取水口台账统计数据和长江流域取水工程（设施）核查登记成果数据作为开展长江中下游干流区域需水特性分析的数据基础，分析长江中下游干流各区域用水需求。通过对比分析，选取长江流域取水工程（设施）核查登记成果数据，计算中下游重要控制断面用水需求。

根据长江流域取水工程（设施）核查登记成果数据和《长江流域及西南诸河水资源公报》，统计得到各水资源分区（宜昌至湖口和湖口以下干流）、行政分区（湖北、湖南、江西、安徽、江苏、上海）以及重要控制断面区间（宜昌—沙市、沙市—螺山、螺山—汉口、汉口—九江、九江—大通、大通—南京、南京以下）在长江干流取水量和年内取水过程，同时根据长江中下游重要引调水工程（南水北调东线工程、引江济太工程、泰州引江河工程、引江济巢工程、大东湖水网连通工程、引江济汉工程）的调查情况，对长江中下游重要控制断面的流量控制指标进行了分析，计算得到中下游重点控制断面（宜昌、沙市、螺山、汉口、九江、大通）的最小下泄流量。研究成果为下一步开展长江中上游水库群联合供水调度研究提供了重要依据，为长江中上游水库群联合供水调度建模提供了重要边界条件。长江中下游供需矛盾主要集中于蓄水期和供水期，针对这两个时期，应该采取合适的供水顺序进行适当供水调度，以更好地满足中下游重点区域的取用水安全。

第3章

适应多维度用水需求的水库群供水调度理论方法

随着人口的增长和社会的发展，出现了有限水资源与不断增加的需水量之间的尖锐矛盾，水资源在用水行业、用水部门、用水地区、用水时间上存在客观的竞争现象。面对日益增长的用水需求，一方面，需要通过控制社会发展规模、调整经济结构以及节约用水等措施，使需水量在可供水量允许范围内；另一方面，需要通过工程或非工程措施，改变水资源系统的时空分布特征，以最大限度地满足社会经济可持续发展的需要，创造最大的综合效益。对于当前和未来的水资源供需矛盾，要协调解决各类用水竞争，提出兼顾上下游、左右岸关系及经济与生态环境用水效益等一系列复杂关系的水资源配置方案，并通过水利工程的调节功能满足各区域各部门在时间和空间上的多维度用水需求。

本章重点介绍水库群供水调度的基本概念和理论方法，包括水库群供水调度规则形式、供水调度目标、约束条件和求解方法；探究流域供水需求的时间和空间特性数学描述方法，探讨聚合水库供水任务分配方法，研究适应多维度用水需求的水库群供水调度理论方法。

3.1 水库群供水调度基本概念和理论方法

3.1.1 水库群供水调度基本概念

水库群供水调度是根据流域生活、生产、生态等用水需求，通过控制水库运行过程调整水资源的时空分布，增加枯水期和缺水区的供水量，有效缓解流域水资源供需矛盾，充分发挥水库群城镇供水、灌溉、维持生态环境等综合效益。供水水库群作为流域水资源综合管理的重要组成部分，其调度运行不仅关系着自身兴利效益的发挥，而且直接影响着流域供水安全。水库群联合调度规则作为指导库群系统运行的重要工具，它不仅是以水库群为核心的水利工程设施在规划设计时期的决策参考要素，而且是运行管理期内影响水库群联合调度效益发挥的关键技术之一。

3.1.2 水库群供水调度规则

水库群供水调度规则旨在确定水库群对各用水户的供水水平和每个成员水库分别承担的供水任务。换言之，其作用是回答“对用水户供多少水”和“由谁供水”的问题，因此水库群供水调度规则的构成要素包括供水规则和分水规则两个方面。在单库供水调度中，由于制定供水决策的参照水库和承担供水的任务水库属于同一水库，使得供水规则和分水规则统一起来，但这往往使人们忽略了水库调度规则的二重性。对于供水水库群，由于共同用水户的存在，使得水库群供水调度规则的二重性特征较为突出。目前，用来表示水库群供水规则和分水规则最常用的规则形式是调度图和调度函数。由于水库群系统结构的复杂性，加之调度图和调度函数各自包括多种更为具体的规则样式，水库群联合调度规则的形式更是多样的。

3.1.2.1 供水调度图

水库（供水）调度图是指导水库运行的控制曲线图，它以时间为横坐标，以水库水位或蓄水量为纵坐标，由一些控制水库蓄水量和供水量的指示线将水库的兴利库容划分出不同的供水区，它是指导水库控制运行的主要工具。

目前，采用供水调度图作为水库（群）调度规则表述形式的相关研究大概可以分为如下几类：

（1）单库供水调度图。其表述形式相对固定，由确定用水户供水决策的几根供水调度控制线根据保证率要求从高到低依次排列构成。关于单库供水调度图的研究主要围绕调度图的确定方法、算法效率以及水库供水与其他兴利目标的平衡关系等方面展开。

（2）在处理并联供水水库群联合调度问题时，通过在某一成员水库单库调度图上添加联合供水调度线，根据该成员水库蓄水量与联合供水调度线之间的位置关系决定由哪个水库对公共供水区进行供水。

（3）在水库群联合供水调度中，以单库供水调度图表示各水库的供水调度规则，最后通过联合调度规则将各调度图有机结合起来，来完成水库群的联合调度。

（4）聚合水库调度图。将库群系统聚合成等效水库，根据系统整体蓄水量与聚合水库调度图供水控制线的位置关系，制定水库群对共同用水户的供水决策。

（5）二维水库调度图。它在由表示双库供水系统中各水库蓄水量的两条坐标轴与时间轴构成的三维坐标系下充分考虑每个水库蓄水量，在此基础上确定水库群的联合供水决策。

当确定如何对水库群共同供水任务进行供水时，不以某一水库蓄水量为决策参考，而应从库群系统整体蓄水量的角度出发制定供水决策，这是实现水库群联合调度的保证。从这个角度来讲，聚合水库调度图和二维水库调度图对于具有共同供水任务的水库群联合调度问题更为适用。相对二维水库调度图而言，聚合水库调度图的适用范围更为广泛。此外，水库群共同供水任务如何在水库间进行合理分配，是影响供水调度效果的重要环节，但目前关于共同供水任务分配规则的研究较少，应该引起后续研究的关注。

3.1.2.2 供水调度函数

调度函数是水库（群）供水调度规则的重要表述形式之一，它建立了面临时段决策水库供水量（决策变量）与水库（群）当前蓄水量以及面临时段入库水量（状态变量）之间的函数关系。

国内外关于水库（群）供水调度函数的研究大概分为以下几类：

（1）基于回归分析的水库调度函数。首先采用隐随机优化方法确定水库（群）的最优运行过程，然后通过回归分析方法确定一年内每个调度时段的调度函数，最后通过模拟方法对确定调度函数进行检验和修正。

（2）基于人工智能技术的水库（群）供水调度函数。人工智能技术对于建立非线性、多变量的复杂水库（群）供水调度函数具有较好的适用性，它丰富了调度函数的表述方式和确定方法体系。目前，人工神经网络技术、支持向量机和模糊系统是建立水库（群）供水调度函数中采用较多的人工智能技术。人工神经网络技术应用仿生学知识模拟大脑神经突触连接结构以及运行机制进行信息处理，具有自学习、自组织、较好容错性和非线性逼近能力。

（3）与其他调度规则结合的水库（群）供水调度函数。

（4）分段调度函数。

3.1.2.3 平衡曲线法和以语言叙述方式表示的调度规则

在水库群联合供水调度规则形式中，平衡曲线法（Balance Curve Method）是从库群系统角度出发，兼具制定水库群供水决策和分水决策功能的一种调度规则形式，具有表达直观的优点。平衡曲线是根据多维动态规划等优化方法得到水库群系统和各单库的最优运行过程，构建水库群系统蓄水量（或可利用水量）与水库群系统本时段下泄水量或下时段目标蓄水量之间的曲线关系（供水决策），或者是构建水库群系统蓄水量（或可利用水量）与各单库本时段下泄水量或下时段目标蓄水量之间的曲线关系（分水决策）。在平衡曲线法中，关键问题是如何确定合理的平衡曲线图，目前采用较多的方法是拟合分析方法和直接优化平衡曲线关键点的方法。拟合分析方法是通过拟合平衡曲线与水库（群）最优运行过程，使二者的拟合误差尽量小，得到满意的平衡曲线法。直接优化平衡曲线关键点的方法是先拟定平衡曲线的形式和关键控制点的初始位置，采用模拟-优化的方法对关键控制点位置进行调整，得到优化的平衡曲线。

在水库群联合调度规则中，以语言叙述方式表示的调度规则是除调度图、调度函数和平衡曲线之外的一种规则形式。与上述几种调度规则形式相比，语言叙述方式对调度规则的表达并不那么直观和具体，这种形式的调度规则通常提出水库（群）调度运行的一般性原则。

3.1.3 供水调度目标

水库群供水调度的目标为流域内各子区域的总供水缺额最小，即

$$\min F^1=\sum_{i=1}^{M}\sum_{j=1}^{T}S_{i,j}=\sum_{i=1}^{M}\sum_{j=1}^{T}\sum_{k=1}^{4}w_k(b_{i,j,k}-x_{i,j,k})\Delta t \tag{3.1}$$

式中：F^1 为流域水库群供水调度目标，即所有子区域总供水缺额；$S_{i,j}$ 为第 i 个子区域第 j 个时段内生活和工农业用水的加权平均缺水量；w_k 为第 k 种类型用水需求的权重系数（$k=1$，2，3，4 时，分别表示城镇生活、农村生活、城镇工业和农业灌溉的用水需求，考虑到不同类型用水的优先级，取 $w_1=w_2>w_3\geqslant w_4$）；$b_{i,j,k}$ 和 $x_{i,j,k}$ 分别代表第 i 个子区域第 j 个时段第 k 种类型用水的需水流量和供水流量；M 为流域内子区域的数量；T 为调度期总时段数；Δt 为调度期时段间隔。

3.1.4 约束条件

水库群供水调度存在各种等式和非等式约束，这些约束会增加优化求解的复杂度，但

能有效确保优化结果的有效性。相应约束条件分列如下。

（1）供水流量约束：

$$0 \leqslant x_{i,j,k} \leqslant b_{i,j,k} \tag{3.2}$$

式中：$b_{i,j,k}$和$x_{i,j,k}$分别为第i个子区域第j个时段第k种类型用水的需水流量和供水流量（$k=1$，2，3，4分别为城镇生活、农村生活、城镇工业和农业灌溉的用水需求）。

（2）下泄流量约束：

$$Q_{i,j,\min} \leqslant Q_{i,j} \leqslant Q_{i,j,\max} \tag{3.3}$$

式中：$Q_{i,j}$为第i个子区域第j个时段的下泄流量；$Q_{i,j,\min}$和$Q_{i,j,\max}$分别为第i个子区域第j个时段下泄流量的最小值和最大值（最小下泄流量包含生态需求）。

（3）水力联系方程：

$$I_{ij} = \sum_{l \in \Omega_i} Q_{lj} + B_{ij} \tag{3.4}$$

式中：I_{ij}和B_{ij}分别为第i个子区域第j个时段的总径流和区间径流；Ω_i为第i个子区域的上游子区域集合；l为Ω_i中任一子区域。

（4）水量平衡方程：

$$V_{i,j+1} = V_{i,j} + \left[I_{i,j} - Q_{i,j} - \sum_{k}^{4}(1-\alpha_{i,j})x_{i,j,k}\right]\Delta t \tag{3.5}$$

式中：$V_{i,j}$为第i个子区域第j个时段的蓄水量，若该子区域内无控制性水库，则各时段蓄水量均为0；$\alpha_{i,k}$为第i个子区域第k类型用水需求的供水回归系数（回归系数即生活和工农业用水中重新回归到河道的水量比例）；其余符号意义同前。

（5）水库水位约束：

$$Z_{i,j,\min} \leqslant Z_{i,j} \leqslant Z_{i,j,\max} \tag{3.6}$$

式中：$Z_{i,j}$为第i个子区域内水库第j个时段的运行水位（若子区域内无水库则不考虑该约束）；$Z_{i,j,\min}$和$Z_{i,j,\max}$分别为第i个子区域内水库第j个时段的最低运行水位和最高运行水位边界。

（6）水库出力约束：

$$N_{i,j,\min} \leqslant N_{i,j} \leqslant N_{i,j,\max} \tag{3.7}$$

式中：$N_{i,j}$为第i个子区域内水库第j个时段的出力（若子区域内无水库则不考虑该约束）；$N_{i,j,\min}$和$N_{i,j,\max}$分别为第i个子区域内水库第j个时段最小出力和最大出力。

（7）弃水流量方程：

$$\begin{cases} q_{i,j} = \min\{Q_{i,j}, q_{i,\max}\} \\ p_{i,j} = \max\{Q_{i,j} - q_{i,\max}, 0\} \end{cases} \tag{3.8}$$

式中：$p_{i,j}$和$q_{i,j}$分别为第i个子区域内水库第j个时段的弃水流量和发电流量；$q_{i,\max}$为第i个子区域内水库的最大发电流量。

3.1.5 求解方法

水库群联合供水调度模型决策变量规模庞大，约束条件众多，且时段间决策变量相互耦合，前一时段的水位、出力、流量会对后续时段的运行过程产生影响，这为大规模水库群优化调度问题的快速准确求解提出了挑战。粒子群算法因其通用性强和全局寻优的特点而被广泛应用于水库调度优化中，然而，当搜索空间间断不连续时，粒子进化容易早熟收敛，难以达到全局最优解。为此，提出一种精英向导的粒子群算法，通过引入外部档案集保存进化过程中的精英粒子，为粒子群体的飞行提供多向的精英向导，并加强粒子协同进化的交流和写作，在提高计算效率的同时，避免了因粒子多样性降低而陷入局部极值的问题。

3.1.5.1 粒子群算法基本原理

粒子群算法（Kennedy J，1995）（Particle Swarm Optimization，PSO）又称粒子群优化，是美国心理学家 Kennedy 和电气工程师 Eberhart 博士，在 1995 年受到鸟类族群觅食的讯息传递的启发，提出的一种利用群体智能建立的人工智能优化方法。粒子群算法的基础原理是个体可通过自身移动产生记忆和经验，并通过学习自身经验和记忆来调整自身移动方向，由于在粒子群算法存在多个粒子同时移动，群体粒子以自身经验与其他粒子所提供的经验进行对比，找寻最优解。

PSO 系统初始化为一组随机解，与其他智能算法相比，PSO 实现简单且没有过多参数需要调整，在进化过程中，各微粒将问题目标函数作为适应度评价标准，确定 t 时刻每个微粒经过的最佳位置 $p_{i,j}^t$ 以及群体所发现的最佳位置 $p_{g,j}^t$，粒子以自身最好位置和群体最好位置为引导，调整自身的飞行方向和速度，从而使自身位置不断逼近全局最优解。规模为 N 的种群中，第 i 个粒子在第 t 次迭代中速度和位置更新公式为

$$\begin{cases} v_{i,j}^{t+1}=w \cdot v_{i,j}^t+c_1 \cdot r_1 \cdot (p_{i,j}^t-x_{i,j}^t)+c_2 \cdot r_2 \cdot (p_{g,j}^t-x_{i,j}^t) \\ x_{i,j}^{t+1}=x_{i,j}^t+v_{i,j}^t \end{cases} \tag{3.9}$$

式中：$p_{i,j}^t$ 为粒子 i 个体最优适应值在第 j 维上的分量；$p_{g,j}^t$ 为当前群体最好位置的粒子在第 j 维上的分量；c_1，c_2 为加速常数；w 为惯性权重；r_1、r_2 为范围在［0，1］的随机数。

另外，通过设置微粒的速度区间和位置范围，可对微粒的移动进行适当的限制，粒子群算法中粒子位置的更新方式见图 3.1。

归结而言，粒子群算法原理简单，容易实现，通用性强，不依赖于问题信息，可同时利用个体局部信息和群体全局信息进行协同搜索，但仍存在一定缺陷和不足：PSO 算法搜索性能对惯性权重、加速常数等算法参数具有一定的依赖性，局部搜索能力差，搜索精度不够高，且容易陷入局部极小值。因此，为适应实际工程问题求解中面临的新挑战，迫切需要开展能快速准确求解大规模、非线性、多约束的复杂优化问题方法的研究。

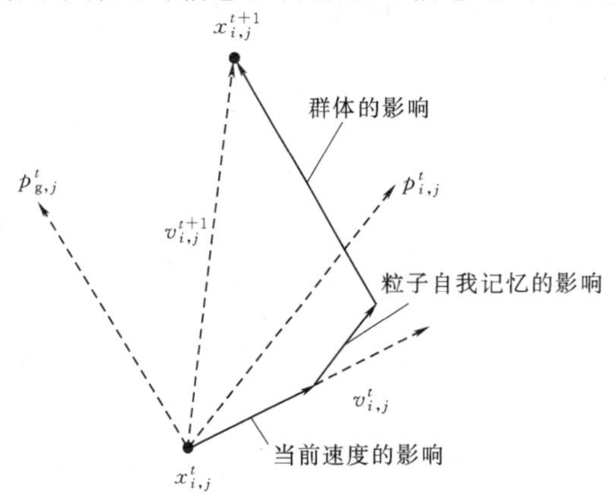

图 3.1 粒子群中微粒位置更新示意图

3.1.5.2 精英向导的粒子群算法

粒子群算法的进化和搜索是以个体最优解和群体最优解为启发，在解空间内不断进化搜索，具有较强的通用性和全局寻优特

点。然而，当面对求解问题复杂，非线性、约束条件众多，导致搜索空间不连续时，粒子进化容易陷入局部最优，特别是在进化后期，种群多样性显著下降，使粒子群体难以达到全局最优解，为克服原始粒子群算法粒子进化过程中缺乏交流与协作、迭代后期种群多样性降低而难于达到全局最优等缺陷，提出一种基于外部档案集的精英向导策略，通过引入外部档案集保存进化过程中的精英粒子，并在个体进化过程中随机选取精英向导，在加强个体和全体信息交流合作的同时，避免了因种群多样性降低而陷入局部最优。

1. 基于外部档案集的精英向导策略

外部档案集（Archive Set）最先由 Zitzler 提出并用于指导多目标进化算法的进化搜索，该方法通过保存种群变异过程中生成的非劣解，达到不断更新最优解集的目的。为此，研究在粒子群算法中引入外部档案集策略，将种群变异过程中的最优解不断添加到外部档案集中，为种群中粒子进化提供精英向导，从而提高种群中粒子进化的多样性和收敛精度。基于外部档案集的精英向导策略见图 3.2。

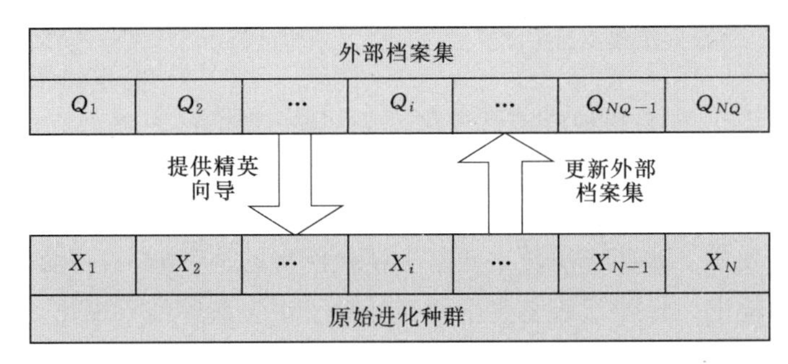

图 3.2　原始进化种群与外部档案集的响应机理

为保证外部档案集中精英粒子能有效指导原始种群进化，外部档案集的大小 N_Q 应小于 N。在原始种群位置更新时，单个微粒速度更新所需的群体最优粒子可从外部档案集中随机选取，由于外部档案集由多个精英解构成，在为粒子提供全体最优方向时也并非单一，从而避免因单一进化方向到导致种群多样性降低的问题，同时，排除选取的全体最优粒子后，单个微粒速度更新所需的个体最优粒子可从外部档案集中余下的精英向导中选取，实现了粒子个体之间、个体经验和群体知识库的信息共享，加强了局部搜索能力。原始种群进化的多精英向导策略可表述为

$$\begin{cases} p_g = Q_{\text{rand}_1} & \text{rand}_1 = \text{Random}[0, N_Q - 1] \\ p_i = Q_{\text{rand}_2} & \text{rand}_2 = \text{Random}[0, N_Q - 1], \quad \text{rand}_2 \neq \text{rand}_1 \end{cases} \tag{3.10}$$

为实现粒子群算法中粒子间信息的交流和合作，原始种群进化过程中的精英粒子应不断添加至外部档案集中，并将原有的适应度较差的粒子从档案集中剔除，从而达到提高收敛精度和计算效率的目的。对于某一变异生成的粒子 X_i，外部档案集的更新策略见图 3.3。

从而，引入外部档案集的精英向导粒子群算法更新公式为

$$\begin{cases} v_{i,j}^{t+1} = w \cdot v_{i,j}^t + c_1 \cdot r_1 \cdot (Q_{\text{rand}_2,j}^t - x_{i,j}^t) + c_2 \cdot r_2 \cdot (Q_{\text{rand}_1,j}^t - x_{i,j}^t) \\ x_{i,j}^{t+1} = x_{i,j}^t + v_{i,j}^t \end{cases} \tag{3.11}$$

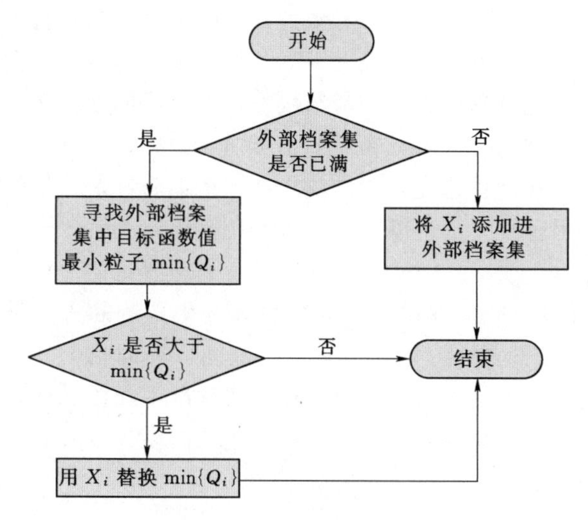

图 3.3 外部档案集更新策略

2. 算法流程

综上所述，提出基于精英向导粒子群优化（Elite Guide Particle Swarm Optimization，EGPSO）算法的计算步骤如下：

Step 1：原始种群 P 和外部档案集 Q 初始化，并为算法参数 w、c_1、c_2 赋值。

Step 2：外部档案集更新。比较原始种群与外部档案集粒子目标函数值，运用外部档案集更新策略对 Q 进行更新。

Step 3：原始种群进化。利用公式（3.9）从外部档案集中选取精英向导，并用公式（3.10）对原始种群进行进化。

Step 4：边界约束处理。当决策变量和计算中间变量违反模型约束条件时，按照约束特点将不可行解调整为可行解。

Step 5：算法迭代。若迭代次数未达最大迭代次数 G，返回 Step 2，否则转至 Step 6。

Step 6：结果输出。将外部档案集中的最好粒子作为最终结果输出。

3.2 基于大系统聚合分解的水库群供水调度理论

3.2.1 单一水库供水调度风险对冲规则研究

在满足用户最小需求的基础上，剩余水量可用于供水与蓄水之间分配，供水量为 D_h，水库时段末蓄水量为 S_1，其中竞争用水上限为 D_m-D_0，水库最大可蓄水为 min{S_{max}，$WA-D_0$}，如图 3.4 所示，其中可利用水量 WA 为水库初始库容与来水之和，即 $WA=S_0-S_{min}+I-E$。

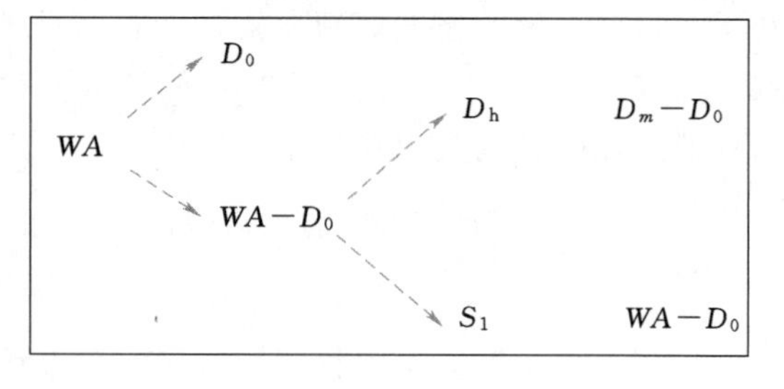

图 3.4 可利用水量分配示意图

供水总量 $D=D_0+D_h$，缺水量为（D_m-D），缺水指数为 $\left(\frac{D_m-D}{D_m-D_0}\right)^m$，调度目标为供水和蓄水缺水之和最小。

（1）当 $WA-D_0<S_{max}$，水库蓄水上限为（$WA-D_0$），优化模型为

$$\min\left(\frac{D_m-D}{D_m-D_0}\right)^m+\left(\frac{WA-D_0-S_1}{WA-D_0}\right)^m \tag{3.12}$$
$$\text{s.t.}\quad WA=D+S_1$$

拉格朗日方程为

$$f=\left(\frac{D_m-D}{D_m-D_0}\right)^m+\left(\frac{WA-D_0-S_1}{WA-D_0}\right)^m+\lambda(WA-D_0-S_1) \tag{3.13}$$

则

$$\frac{\partial f}{\partial D}=-m\cdot\left(\frac{1}{D_m-D_0}\right)^m(D_m-D)^{m-1}-\lambda \tag{3.14}$$

$$\frac{\partial f}{\partial S_1}=-m\cdot\left(\frac{1}{WA-D_0}\right)^m(WA-D_0-S_1)^{m-1}-\lambda \tag{3.15}$$

结合式（3.14）和式（3.15），可得

$$m\left(\frac{1}{D_m-D_0}\right)^m(D_m-D)^{m-1}=m\left(\frac{1}{WA-D_0}\right)^m(WA-D_0-S_1)^{m-1} \tag{3.16}$$

供水量的解析表达式为

$$D=\frac{D_m(WA-D_0)^{m/m-1}+D_0(D_m-D_0)^{m/m-1}}{(WA-D_0)^{m/m-1}+(D_m-D_0)^{m/m-1}} \tag{3.17}$$

由上式可知，供水量与可利用水量是非线性关系，该关系与参数 m、最小用水需求 D_0 相关，当 $WA=D_0$ 时，$D=D_0$，当 $WA=D_m$ 时，不管 m 取值多大，都有

$$D=\frac{D_m+D_0}{2} \tag{3.18}$$

即当参数 m 取值不同时，随 WA 的变化，多条供水决策曲线相交，且交点为 $(D_m，(D_m+D_0)/2)$。

（2）当 $WA-D_0\geqslant S_{max}$，水库蓄水上限为 S_{max}，优化模型为

$$\min\left(\frac{D_m-D}{D_m-D_0}\right)^m+\left(\frac{S_{max}-S_1}{S_{max}}\right)^m \tag{3.19}$$

$$\text{s.t.}\quad WA=D+S_1$$

类比 $WA-D_0<S_{max}$ 的推求过程，求解得到供水的解析表达式为

$$D=\frac{(WA-S_{max})(D_m-D_0)^{m/m-1}+D_m(S_{max})^{m/m-1}}{(D_m-D_0)^{m/m-1}+(S_{max})^{m/m-1}} \tag{3.20}$$

由式（3.20）可知，当 $WA-D_0>S_{max}$ 时，供水与可利用水量呈线性关系，且当可用水量达到需水量和水库兴利库容之和，即 $WA=S_{max}+D_m$ 时，泄流决策按用水需求供给，$D=D_{max}$，即 $WA=S_{max}+D_m$ 为对冲终点。

综上所述，供水决策为

$$D=\begin{cases}WA & WA<D_0\\ \dfrac{D_m(WA-D_0)^{m/m-1}+D_0(D_m-D_0)^{m/m-1}}{(WA-D_0)^{m/m-1}+D(D_m-D_0)^{m/m-1}} & WA-D_0<S_{max}\\ \dfrac{(WA-S_{max})(D_m-D_0)^{m/m-1}+D_m(S_{max})^{m/m-1}}{(D_m-D_0)^{m/m-1}+(S_{max})^{m/m-1}} & WA-D_0\geqslant S_{max}\end{cases} \tag{3.21}$$

对冲起点为 $WA=D_0$，对冲终点为 $WA=D_0+S_{max}$，且在对冲范围内，以 $WA-D_0=S_{max}$ 为分解，对冲形式包括非线性和线性两种情况。当 D_0 增大时，对冲起点 WA 增大，从而减少了对冲的范围；当 $D_0=D_m$ 时，对冲起点与终点在 $WA=D_m$，且当可利用

水量 $WA > D_0$ 时，$D = D_m$，即供水规则为标准调度策略（SOP）。

不同最小需水量 D_0 情况下供水量随可利用水量的变化关系如图3.5所示。由图可知，D_0 较大的曲线在上方，说明最小需水量越大时，可对冲的水量减小，从而越少的水可用于未来使用；各曲线之间的差距小于 D_0 之间的差距，说明对冲程度随着 D_0 的增大在减小，且各曲线之间的差距随着可利用水量的增大而减小，说明随着可利用水量的增大，最小需水量的影响减小。

由式（3.21）可知，供水与可利用水量的关系与参数 m 的取值有关，见图3.6。由图可知，当可利用水量小于一定值时（该值在不同 m 情况下均一致），在相同的 WA 条件下，m 参数越大，供水量小，即 m 越大，余留的水量越多；反之，当可利用水量大于一定值时，相同的 WA 下，m 越小，对应的供水量越小，即 m 越大，余留水量越少。这是因为当可用水量小于 D_m 时，m 增大导致的供水边际效益增加值大于蓄水边际效益增加值，反之，m 增大带来的供水边际效益增加值小于蓄水边际效益增加值。

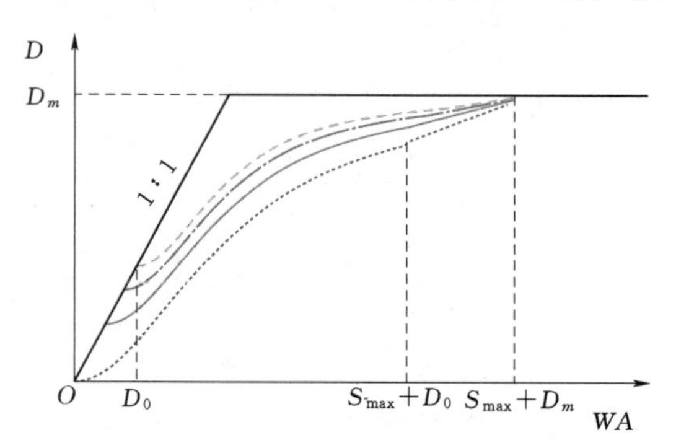

图3.5 不同最小需水量下的供水对冲规则

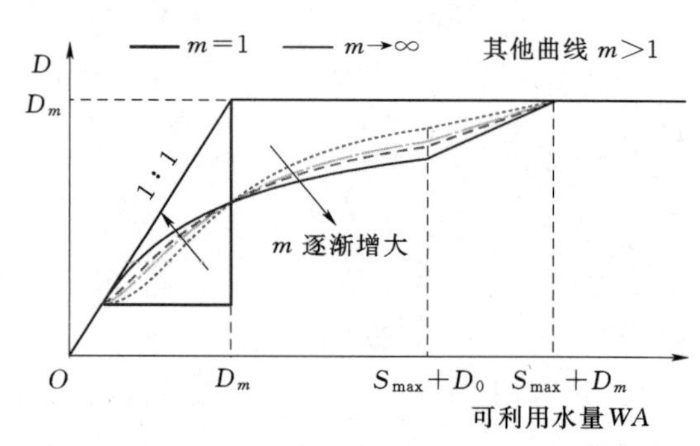

图3.6 不同参数取值下的供水对冲规则

3.2.2 聚合水库的构建

考虑一个由 N 座供水水库、M 个用水户构成的供水系统，利用流域地形及水文特征，将系统中串、并联水库群合并为一个等效的聚合水库，同样的将系统中的用水户也合并为一个等效的用水集合。虽然所构建的聚合水库本身并不存在，但它具有一定的物理意义，保留了原有水库群的基本特征，如聚合水库蓄水量上、下限等于各成员水库蓄水量上、下限之和，因此聚合水库可以看作实际供水调度的一部分。在聚合水库供水调度过程中，聚合水库的水量平衡方程为

$$V'_{t+1} = V'_t + I'_t - R'_t - QD'_t - L'_t \tag{3.22}$$

$$V'_t = \sum_{i=1}^{N} V_t^i \tag{3.23}$$

$$\sum_{i=1}^{N} V_{\min,t}^i \leqslant V'_t \leqslant \sum_{i=1}^{N} V_{\max,t}^i \tag{3.24}$$

式中：V'_t、V'_{t+1} 分别为 t 时段初、时段末聚合水库蓄水量；V_t^i 为 t 时段初水库 i 的蓄水量；I'_t 为聚合水库 t 时段的入库径流量；R'_t 为聚合水库 t 时段对用水集合的供水量；QD'_t 为聚合水库 t 时段的弃水量；L'_t 为聚合水库 t 时段的蒸发渗漏损失量；$V_{\min,t}^i$、$V_{\max,t}^i$ 分别

为 t 时段水库 i 的蓄水量上、下限。

其中聚合水库蓄水量与各成员水库蓄水量之间的联系如式（3.23）所示，同时聚合水库蓄水量还应满足蓄水量上、下限约束，约束条件如式（3.24）所示。聚合水库的入库径流量 I'_t 等于各成员水库入库径流量之和，需要注意的是成员水库入库径流量不包括串联水库群中上游水库泄入下游水库的泄流量。聚合水库的供水量 R'_t 等于各成员水库供水量之和，而成员水库供水量需要结合聚合水库时段初的蓄水状态以及所制定的聚合水库供水规则来确定，具体确定方式将在下一节进行深入研究。聚合水库的弃水量等于各成员水库弃水量之和，不包括串联水库群中上游水库的弃水量。聚合水库的蒸发渗漏损失量等于各成员水库蒸发渗漏损失量之和。当水库群在聚合过程中，如果存在水库下游区间径流对用水目标的补给关系时，应优先考虑区间径流与用水目标之间的水量平衡关系，在此基础上再对水库群进行聚合。

3.2.3 聚合水库供水规则的基本形式

3.2.3.1 供水规则Ⅰ

假设水库群有两个不同类型用水户 D_1 和 D_2，其中 D_1 的供水优先级高于 D_2，为满足不同类型用水户供水保证率的要求，本书制定了聚合水库供水调度图，如图 3.7 所示。可以看到，聚合水库供水调度图对每个类型用水户制定了一条供水限制线，两条供水限制线将聚合水库兴利蓄水量划分为 3 个区域，同时每个区域给出了不同类型用水户的限制供水系数，见表 3.1。水库群在运行过程中，根据聚合水库时段初蓄水量 V'_t 在供水调度图中所处的位置，确定如何对每个类型用水户进行供水，具体供水规则如下。

表 3.1 不同用水户对应不同分区的限制供水系数（规则Ⅰ）

用水类型	D_1	D_2
1 区	1	1
2 区	1	α_2
3 区	α_1	α_2

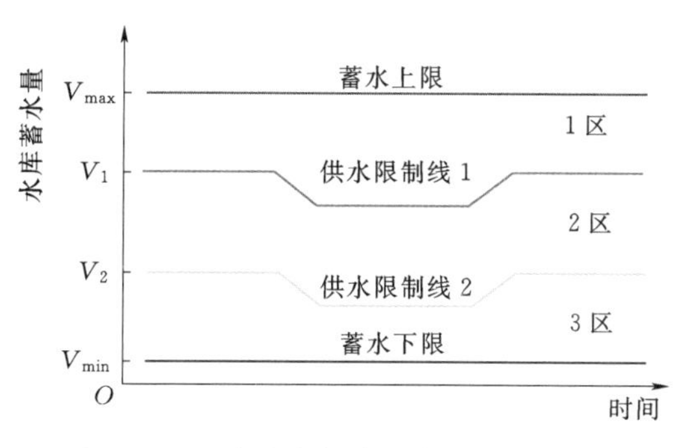

图 3.7 聚合水库供水调度图（规则Ⅰ）

（1）当 V'_t 位于供水 1 区时，D_1 和 D_2 均正常供水。

$$R'_t = D_{1,t} + D_{2,t} \tag{3.25}$$

（2）当 V'_t 位于供水 2 区时，D_2 限制供水，限制供水系数为 α_2；D_1 正常供水。

$$R'_t = D_{1,t} + \alpha_2 \cdot D_{2,t} \tag{3.26}$$

（3）当 V'_t 位于供水 3 区时，D_2 限制供水，限制供水系数为 α_2；D_1 限制供水，限制供水系数为 α_1。

$$R'_t = \alpha_1 \cdot D_{1,t} + \alpha_2 \cdot D_{2,t} \tag{3.27}$$

式中：α_1 和 α_2 分别为用水户 D_1 和 D_2 的限制供水系数，且 $0 \leqslant \alpha_1 \leqslant 1$ 和 $0 \leqslant \alpha_2 \leqslant 1$，这两个系数通常在规划阶段根据供水管理者的经验制定，也可以采用优化方法对水库群进行联合调节计算而获得；$D_{1,t}$ 和 $D_{2,t}$ 表示 2 个不同类型用水户 D_1 和 D_2 在 t 时段内的需水量，由于在聚合水库构建过程中，不同类型用水户 D_1 和 D_2 表示的是具有相同优先级用水户的用水集合，因此 $D_{1,t}$ 和 $D_{2,t}$ 可通过式（3.28）获得。

$$D_{1,t} = \sum_{k=1}^{NK} D_{1,t}^{k}, \quad D_{2,t} = \sum_{l=1}^{NL} D_{2,t}^{l} \tag{3.28}$$

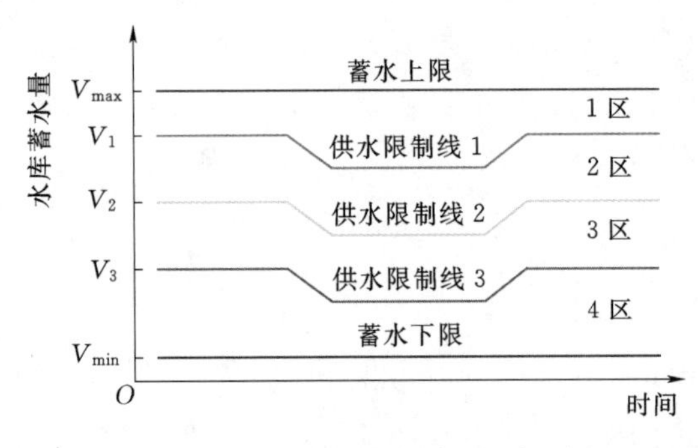

图 3.8 聚合水库供水调度图（规则Ⅱ）

式中：NK 和 NL 分别为第一优先级和第二优先级用水户的数量；$D_{1,t}^{k}$ 为第一优先级用水户 k 的需水量；$D_{2,t}^{l}$ 为第二优先级用水户 l 的需水量。

3.2.3.2 供水规则Ⅱ

当采用供水规则Ⅰ对水库群进行供水时，如果限制供水系数 α_2 的取值太大，可能会引起水库群在运行过程中频繁地限制供水并且会使用水户的供水保证率降低。相反，如果限制供水系数 α_2 的取值太小，可能会引起水库群在枯水年遭遇严重的缺水事件。为了避免上述情况出现，需要对上述供水规则进行调整，采用多级控制的方法，具体供水规则叙述如下（图 3.8 和表 3.2）。

表 3.2 不同用水户对应不同分区的限制供水系数（规则Ⅱ）

用水类型	D_1	D_2	用水类型	D_1	D_2
1 区	1	1	3 区	1	α_3
2 区	1	α_2	4 区	α_1	α_3

（1）当 V_t' 位于供水 1 区时，D_1 和 D_2 均正常供水，有

$$R_t' = D_{1,t} + D_{2,t} \tag{3.29}$$

（2）当 V_t' 位于供水 2 区时，D_2 限制供水，限制供水系数为 α_2；D_1 正常供水，有

$$R_t' = D_{1,t} + \alpha_2 \cdot D_{2,t} \tag{3.30}$$

（3）当 V_t' 位于供水 3 区时，D_2 限制供水，限制供水系数为 α_3；D_1 正常供水，有

$$R_t' = D_{1,t} + \alpha_3 \cdot D_{2,t} \tag{3.31}$$

（4）当 V_t' 位于供水 3 区时，D_2 限制供水，限制供水系数为 α_3；D_1 限制供水，限制供水系数为 α_1：

$$R_t' = \alpha_1 \cdot D_{1,t} + \alpha_3 \cdot D_{2,t} \tag{3.32}$$

式中：α_1 为用水户 D_1 的限制供水系数；α_2 和 α_3 为用水户 D_2 的限制供水系数，且 $0 \leqslant \alpha_1 \leqslant 1$ 和 $0 \leqslant \alpha_3 \leqslant \alpha_2 \leqslant 1$。

3.2.4 聚合水库对共同供水目标的供水分配方法

3.2.4.1 静态分水方法

当聚合水库采用静态分水方法对共同供水目标的供水量进行分配时，其基本形式为

$$R_{l,t}^{i}=\alpha_{i}\cdot R_{l,t}^{\prime} \tag{3.33}$$

$$\sum_{i=1}^{NL}\alpha_{i}=1 \tag{3.34}$$

式中：$R_{l,t}^{\prime}$为聚合水库在时段t对共同供水目标l的供水量；$R_{l,t}^{i}$为水库i在时段t对共同供水目标l的供水量；NL为对共同供水目标供水的水库总数；α_i为水库i的静态分水系数，该系数可以根据供水管理者的经验确定或者通过优化方法来推求。从式（3.34）可以看到α_i是不随时间发生变化的决策变量，该方法是最简单的供水分配方法，适用于规划设计阶段并联水库群对共同供水任务的分配。当并联水库群不含单独供水目标，仅对共同供水目标进行供水时，该方法的分水效果更优。

3.2.4.2 动态分水方法

当聚合水库采用动态分水方法对共同供水目标的供水量进行分配时，其基本形式为

$$R_{l,t}^{i}=\gamma_{i,t}\cdot R_{l,t}^{\prime} \tag{3.35}$$

$$\sum_{i=1}^{NL}\gamma_{i,t}=1 \tag{3.36}$$

式中：$\gamma_{i,t}$为水库i在t时段内的动态分水系数，是与时间t有关的决策变量。

动态分水系数的一般形式为

$$\gamma_{i,t}=\eta_{i,t}\frac{(SA_{i,t}+\varepsilon_{i,t}\cdot I_{i,t-1}+b_{i,t})/\beta_{i}^{2}}{\sum_{i=1}^{N}[(SA_{i,t}+\varepsilon_{i,t}\cdot I_{i,t-1}+b_{i,t})/\beta_{i}^{2}]} \tag{3.37}$$

$$SA_{i,t}=V_{i,t}-P_{i,t}-L_{i,t}-V_{i,\mathrm{dead}} \tag{3.38}$$

式中：$\eta_{i,t}$为水库i在t时段的分水系数修正因子，且$\eta_{i,t}>0$；$\varepsilon_{i,t}$为水库入库径流的线性回归系数；$b_{i,t}$为径流回归常数项；β_i为水库i的库容系数，反映了水库的兴利调节性能；$SA_{i,t}$为水库i在t时段的可供水量；$P_{i,t}$为水库i在t时段对较高供水优先级用水户以及单独供水目标的供水量；$L_{i,t}$为水库i在t时段的蒸发渗漏损失量；$V_{i,\mathrm{dead}}$为水库i的蓄水量下限。

式（3.37）给出了规划设计阶段求解水库群动态分水系数的一般形式，可以看到该系数与各水库面临时段的供水能力、水库特征参数、径流信息等因素相关。

为了保证动态分水系数能够有效地将共同供水目标的供水量分配到各成员水库之中，本书根据动态分水系数的一般形式，提出了以下三种动态分水系数确定方法。

（1）方法一：水库动态分水系数根据水库当前时段的可供水量$SA_{i,t}$以及分水系数修正因子$\eta_{i,t}$来确定，不考虑时段径流以及水库库容系数对动态分水系数的影响，因此在动态分水系数一般形式中，$\varepsilon_{i,t}$、$b_{i,t}$取值为0，β_i取值为1。动态分水系数转换形式为

$$\gamma_{i,t}=\eta_{i,t}\frac{SA_{i,t}}{\sum_{i=1}^{N}SA_{i,t}} \tag{3.39}$$

在该方法中，动态分水系数与水库当前时段的可供水量、分水系数修正因子成正比。该方法在一定程度上反映了水库间的库容补偿特性，却未能充分反映水库水文特性和水库的调节性能；但该方法体现出了水库对未来时段的供水压力响应能力，例如，当 $\eta_{i,t}$ 较小时，表示该水库需要预留较大的蓄水量用于未来时段供水目标的用水需求，因而减少对共同供水目标的供水量。在规划设计阶段以及实际运行调度中，各成员水库时段初的可供水量是一个确定值，因此在分水系数推求过程中，仅增加了供水系数修正因子这一个未知变量，相当于在系统中增加了 $(i-1)\times t$ 维决策变量。为了减少系统决策变量的数量，一些文献通常采用该方法的特殊形式，即不考虑分水系数修正因子 $\eta_{i,t}$ 对动态分水系数的影响，将 $\eta_{i,t}$ 取值为1。

(2) 方法二：水库分水系数根据水库当前时段的可供水量 $SA_{i,t}$ 和水库库容系数 β_i 来确定，不考虑时段径流以及分水系数修正因子对动态分水系数的影响，因此在动态分水系数一般形式中，$\varepsilon_{i,t}$、$b_{i,t}$ 取值为0，$\eta_{i,t}$ 取值为1。动态分水系数转换形式为

$$\gamma_{i,t}=\frac{SA_{i,t}/\beta_i^2}{\sum_{i=1}^{N}(SA_{i,t}/\beta_i^2)} \tag{3.40}$$

在该方法中，动态分水系数与水库当前时段的可供水量成正比，与水库库容系数成反比。由于该方法综合考虑了水库当前时段的蓄水量和水库调节性能，因而可以利用水库间调节性能的差异更好地发挥水库间的库容补偿作用。该方法在应用过程中，由于各成员水库的可供水量以及水库库容系数在时段初可以提前确定，因而决策变量的数量没有增加。

(3) 方法三：水库动态分水系数根据水库当前时段的可供水量 $SA_{i,t}$、径流回归系数 $\varepsilon_{i,t}$、径流回归常数项 $b_{i,t}$ 以及上一时段水库入库径流量来确定，不考虑分水系数修正因子以及水库库容系数对动态分水系数的影响，因此在动态分水系数一般形式中，$\eta_{i,t}$、β_i 均取值为1。动态分水系数转换形式为

$$\gamma_{i,t}=\frac{SA_{i,t}+\varepsilon_{i,t}\cdot I_{i,t-1}+b_{i,t}}{\sum_{i=1}^{n}(SA_{i,t}+\varepsilon_{i,t}\cdot I_{i,t-1}+b_{i,t})} \tag{3.41}$$

由于该方法综合利用了水库时段蓄水信息以及时段径流信息，因此可以更加有效地分配共同供水目标的供水量。该方法在应用过程中，各成员水库的可供水量在时段初可以提前确定，同时在应用径流信息过程中，采用线性回归模型来确定当前时段的径流量，因而增加了径流回归系数 $\varepsilon_{i,t}$、径流回归常数项 $b_{i,t}$ 这两个未知变量，这两个变量可根据历史径流资料采用最小二乘法进行推算。

3.2.5 聚合水库供水调度模型

对于供水水库群，联合调度的目的是制定合理有效的调度规则来指导水库群的调度运行以降低各用水户的缺水程度，因此，采用缺水指数（*MSI*）作为评价水库群调度性能的指标，*MSI* 越小表示供水质量越好。

修正缺水指数 *MSI* 定义为

$$MSI=\frac{100}{T}\sum_{t=1}^{T}\left(\frac{TS_t}{TD_t}\right)^2 \tag{3.42}$$

式中：TS_t 为用水户在 t 时段的总缺水量；TD_t 为用水户在 t 时段的总需水量；T 表示时段总数。

采用权重系数法将两个不同优先级用水类型的 MSI 合并为一个目标函数，目标函数基本形式为

$$\mathrm{Min}F = \omega_1 \sum_{k=1}^{NK} MSI^k + \omega_2 \sum_{l=1}^{NL} MSI^l \tag{3.43}$$

式中：F 为目标函数；MSI 分为两部分：MSI^k 和 MSI^l，MSI^k 为第一优先级用水户 k 的修正缺水指数，MSI^l 为第二优先级用水户 l 的修正缺水指数；ω_1 和 ω_2 为权重系数。

约束条件包括：①水量平衡方程；②水库蓄水量不允许高于水库蓄水上限，同时不低于蓄水下限；③用水户供水保证率不允许低于设计供水保证率。

模型决策变量包括：①供水调度图中供水限制线的位置坐标；②动态分水方法中的分水系数修正因子。

3.3 本章小结

本章介绍了水库群供水调度的基本概念、理论和方法，包括水库群供水调度基本概念和供水调度规则以及供水调度的目标、约束条件和求解方法。另外，本章还探究了流域供水需求的时间和空间特性的数学描述方法，提出了基于大系统聚合分解的水库群供水调度理论方法。研究内容从单一水库供水调度风险对冲规则扩展至聚合水库构建的理论方法，探讨了聚合水库供水任务分配方法，在适应多维度用水需求的水库群供水调度理论方法方面开展了相关研究工作。

第 4 章

适应长江中下游重点区域供水安全的水库群供水调度模型

长江中下游供水需要保障干流主要控制断面、重要引调水工程、两湖和长江口供水安全，需水结构呈现多属性、多层次等复杂特征。为适应中下游重点区域供水安全保障需求，需要考虑流域不同区间供用水的动态变化和竞争特性，分析上游控制性水库群联合调度方式对中下游地区水资源配置的动态影响，构建面向多属性（不同用水户类型）多层次（区域类型）用水需求的长江中上游水库群多维均衡供水调度模型，为开展中上游联合供水调度方案研究提供基础。

本章重点研究适应中下游重点区域供水安全的水库群供水调度模型构建方法，根据中下游用水需求提出不同时期长江上游水库群联合供水目标，确定中上游水库群联合供水调度的边界条件，研究流域一体化管理模式下水库群适应性供水优化调度建模技术，建立面向中下游不同重点区域取用水安全的水库群供水调度模型组，为开展适应多维度用水需求的供水调度方案编制提供模型工具。

4.1 面向长江流域重点区域取用水安全的中上游梯级水库群供水顺序决策模型

4.1.1 长江中上游梯级水库群顺序供水决策的评价指标

长江中上游梯级水库群顺序供水决策的评价指标包括发电效益、缺水量和汛末水库未蓄满指标，并分别按式（4.1）～式（4.3）计算。

（1）发电效益指标：

$$E=\sum_{k=1}^{K}\sum_{j=1}^{J}\sum_{i=1}^{I}f(Q_{i,j,k},h_{i,j,k},\eta_{i,j,k})\cdot\Delta t \tag{4.1}$$

（2）缺水量指标：

$$S=\sum_{k=1}^{K}(Q_k^{\mathrm{Need}}-Q_k^{\mathrm{ThreeGorges}})\cdot\Delta t\quad(Q_k^{\mathrm{Need}}>Q_k^{\mathrm{ThreeGorges}}) \tag{4.2}$$

（3）汛末水库未蓄满指标：

$$W=\sum_{i=1}^{I}\sum_{j=1}^{J}\Psi_{i,j}\quad\Psi_{i,j}=\begin{cases}0 & VM_{i,j,k}=0\\1 & VM_{i,j,k}>0\end{cases} \tag{4.3}$$

以上式中：$Q_{i,j,k}$，$h_{i,j,k}$，$\eta_{i,j,k}$为第i个流域第j个水库第k个时段的出库流量（m^3/s）、发电水头（m）和发电效率；$f(\cdot)$为电站出力与流量、水头和发电效率之间的关系式；Q_k^{Need}为第k个时段的长江中下游地区需水流量，m^3/s；$Q_k^{ThreeGorges}$为控制节点性水库（三峡水库）第k个时段的出库流量，m^3/s；$\Psi_{i,j}$为一个状态量，表示第i个流域第j个水库第k个时段（汛末）是否能蓄满，蓄满则为0，否则为1；$VM_{i,j,k}$为第i个流域第j个水库第k个时段的缺失库容，亿m^3。

4.1.2 长江中上游梯级水库群顺序供水决策的约束条件

（1）水量平衡约束条件：

$$V_{i,j,k+l}=V_{i,j,k}+(Q_{i,j,k}^{in}-Q_{i,j,k})\cdot\theta \tag{4.4}$$

其中

$$Q_{i,j,k}^{in}=Q_{i,j-1,k}+NQ_{i,j,k}$$

式中：$V_{i,j,k}$为第i个流域第j个水库第k个时段末的库容，亿m^3；$Q_{i,j,k}^{in}$为第i个流域第j个水库第k个时段末的入库流量，m^3/s；θ为流量与水量（亿m^3）间的转化系数；$NQ_{i,j,k}$为第i个流域第j个水库第k个时段的区间来流量，m^3/s。

（2）水库库水位约束：

$$H_{i,j,k}^{min}\leqslant H_{i,j,k}\leqslant H_{i,j,k}^{max} \tag{4.5}$$

式中：$H_{i,j,k}$为第i个流域第j个水库第k个时段的库水位，m；$H_{i,j,k}^{min}$和$H_{i,j,k}^{max}$分别为第i个流域第j个水库第k个时段的最小和最大允许水位，m。

（3）电站出力限制约束：

$$P_{i,j}^{min}\leqslant P_{i,j,k}\leqslant P_{i,j}^{max} \tag{4.6}$$

式中：$P_{i,j,k}$为第i个流域第j个水库第k个时段的出力，$P_{i,j}^{max}$、$P_{i,j}^{min}$分别为第i个流域第j个电站的最大和最小出力限制，万kW。

（4）水库下泄流量-尾水位关系约束：

$$Z_{i,j,k}^{tail}=f_1(Q_{i,j,k}) \tag{4.7}$$

式中：$Z_{i,j,k}^{tail}$为第i个流域第j个水库第k个时段的尾水位，m；$f_1(\cdot)$为下泄流量和尾水位之间的关系函数。

（5）库容-库水位关系约束：

$$Z_{i,j,k}=f_2(V_{i,j,k}) \tag{4.8}$$

式中：$Z_{i,j,k}$为第i个流域第j个水库第k个时段的库水位，m；$f_2(\cdot)$为库容和库水位之间的关系函数。

（6）水库泄流约束：

$$Q_{i,j,k}^{min}\leqslant Q_{i,j,k}\leqslant Q_{i,j,k}^{max} \tag{4.9}$$

式中：$Q_{i,j,k}^{max}$、$Q_{i,j,k}^{min}$为第i个流域第j个水库第k个时段的最大和最小允许下泄流量，m^3/s。

4.1.3 长江中上游梯级水库群顺序供水决策模型的边界参数

边界参数分别使用三次曲线拟合，拟合曲线表达式为

$$y=a_1x^3+a_2x^2+a_3x+a_4 \tag{4.10}$$

4.1.3.1 库容-库水位关系拟合

研究范围内29座水库的库容-库水位关系拟合参数见表4.1。

表4.1 库容-库水位关系拟合参数

水库	$p1$	$p2$	$p3$	$p4$
梨园	0.03341	−1.067	19.146	1511.924
阿海	0.20815	−3.944	28.483	1420.240
金安桥	0.04027	−1.169	15.911	1342.589
龙开口	0.06155	−1.252	14.579	1248.263
鲁地拉	0.00345	−0.172	4.599	1180.152
观音岩	0.00906	−0.447	9.436	1049.900
两河口	0.00005	−0.017	2.848	2701.954
锦屏一级	0.00040	−0.088	7.083	1665.555
二滩	0.00025	−0.041	3.411	1093.373
乌东德	0.00061	−0.108	6.445	843.201
白鹤滩	0.00004	−0.019	2.886	633.625
溪洛渡	0.00002	−0.008	1.900	462.209
向家坝	0.00009	−0.019	2.312	301.848
紫坪铺	−0.09813	2.020	−4.472	817.985
双江口	0.00373	−0.308	11.212	2346.998
瀑布沟	0.00023	−0.033	2.848	761.802
碧口	2.98326	−13.292	25.836	684.754
宝珠寺	0.01368	−0.691	12.505	500.560
亭子口	0.00019	−0.044	3.476	386.082
草街	0.68212	−14.758	99.921	0.000
洪家渡	0.00192	−0.223	9.072	999.875
东风	0.01925	−0.766	14.078	892.980
乌江渡	0.03341	−1.067	19.146	1511.924
构皮滩	0.20815	−3.944	28.483	1420.240
思林	0.04027	−1.169	15.911	1342.589
沙沱	0.06155	−1.252	14.579	1248.263
彭水	0.00345	−0.172	4.599	1180.152
三峡	0.00906	−0.447	9.436	1049.900
葛洲坝	0.00005	−0.017	2.848	2701.954

4.1.3.2 下泄流量-尾水位关系拟合

研究范围内29座水库的下泄流量-尾水位关系拟合参数见表4.2。

表 4.2　　下泄流量-尾水位关系拟合参数

水库	$q1$	$q2$	$q3$	$q4$
梨园	$1.10e^{-11}$	$-3.23e^{-07}$	0.0039	1496.21
阿海	$2.16e^{-11}$	$-4.25e^{-07}$	0.0039	1405.80
金安桥	$1.13e^{-12}$	$-7.31e^{-08}$	0.0024	1294.29
龙开口	$1.08e^{-11}$	$-4.28e^{-07}$	0.0056	1209.69
鲁地拉	$4.76e^{-12}$	$-1.88e^{-07}$	0.0031	1128.76
观音岩	$2.60e^{-12}$	$-1.20e^{-07}$	0.0027	1015.01
两河口	$1.34e^{-11}$	$-3.19e^{-07}$	0.0043	2601.40
锦屏一级	$6.88e^{-12}$	$-2.10e^{-07}$	0.0034	1633.58
二滩	$5.25e^{-11}$	$-4.73e^{-07}$	0.0032	1010.73
乌东德	$1.31e^{-12}$	$-8.55e^{-08}$	0.0026	812.92
白鹤滩	$2.60e^{-13}$	$-2.95e^{-08}$	0.0019	588.49
溪洛渡	$3.73e^{-13}$	$-4.08e^{-08}$	0.0021	368.03
向家坝	$2.61e^{-13}$	$-2.66e^{-08}$	0.0013	264.56
紫坪铺	$-1.89e^{-07}$	0.000206872	0.0000	744.00
双江口	$2.10e^{-11}$	$-4.21e^{-07}$	0.0042	2248.60
瀑布沟	$7.87e^{-12}$	$-2.16e^{-07}$	0.0026	666.55
碧口	$9.50e^{-12}$	0	0.0000	618.00
宝珠寺	$7.93e^{-10}$	$-2.72e^{-06}$	0.0041	486.07
亭子口	$3.86e^{-13}$	$-2.99e^{-08}$	0.0011	371.40
草街	$7.55e^{-14}$	0	0.0000	177.50
洪家渡	$4.20e^{-10}$	$-4.35e^{-06}$	0.0127	972.90
东风	$1.43e^{-11}$	$-4.26e^{-07}$	0.0051	838.79
乌江渡	$1.83e^{-12}$	$-1.04e^{-07}$	0.0035	626.64
构皮滩	$3.98e^{-11}$	$-7.68e^{-07}$	0.0072	429.23
思林	$7.00e^{-13}$	$-5.22e^{-08}$	0.0023	364.71
沙沱	$7.54e^{-11}$	$-1.24e^{-06}$	0.0074	281.19
彭水	$1.04e^{-12}$	$-8.39e^{-08}$	0.0031	211.35
三峡	$-3.02e^{-14}$	$4.07e^{-09}$	0.0000	65.97
葛洲坝	$1.79e^{-12}$	$-9.75e^{-08}$	0.0019	32.13

4.1.3.3 水库水位及出力限制参数

研究范围内 29 座水库的水位、流量及出力限制参数见表 4.3。

表 4.3　　水库水位、最小下泄流量及出力限制参数表

水库	非汛期最高水位/m	汛期最高水位/m	水库最低水位/m	最小流量/(m^3/s)	出力限制/万 kW
梨园	1618	1605	1603	150	228
阿海	1504	1493.3	1493	150	200
金安桥	1418	1410	1398	200	240
龙开口	1298	1289	1290	200	180

续表

水库	非汛期最高水位/m	汛期最高水位/m	水库最低水位/m	最小流量/(m^3/s)	出力限制/万 kW
鲁地拉	1223	1212	1216	300	216
观音岩	1134	1122.3	1122	300	300
两河口	2860	2860	2779	500	270
锦屏一级	1880	1859	1806	300	360
二滩	1200	1190	1155	400	330
乌东德	975	962.5	958	1300	1020
白鹤滩	825	790	765	1300	1600
溪洛渡	600	560	540	1500	1386
向家坝	380	370	370	1500	640
紫坪铺	877	850	817	150	76
双江口	2500	2425	2402	300	200
瀑布沟	850	836.2	790	200	360
碧口	704	697	660	100	30
宝珠寺	588	583	562	150	70
亭子口	458	447	434	200	110
草街	203	200	200	300	50
洪家渡	1140	1140	1077	150	60
东风	970	970	936	150	69.5
乌江渡	760	760	721	200	125
构皮滩	630	626.24	590	300	300
思林	440	435	431	300	100
沙沱	365	357	355	300	100
彭水	293	287	278	400	175
三峡	175	145	145	4500	1820
葛洲坝	66	66	63	4500	150

4.1.4 长江中上游梯级水库群顺序供水决策思路

4.1.4.1 决策实施原则

(1) 水库供水与蓄水：供水优先，蓄水其次。

(2) 补供顺序：按相对丰枯确定流域补供顺序，按调节库容大小确定流域内水库补供顺序。

(3) 调度过程：遵循各水库调度规程。

4.1.4.2 具体实施步骤

长江中上游梯级水库群供水顺序决策模块实施步骤如图4.1所示。按照长江中上游流域的月总来流量与中下游月总需水量的关系，同时考虑流域内梯级水库群的调蓄能力，分别制定流域间和流域内梯级水库间的供水顺序和供水量，具体步骤如下。

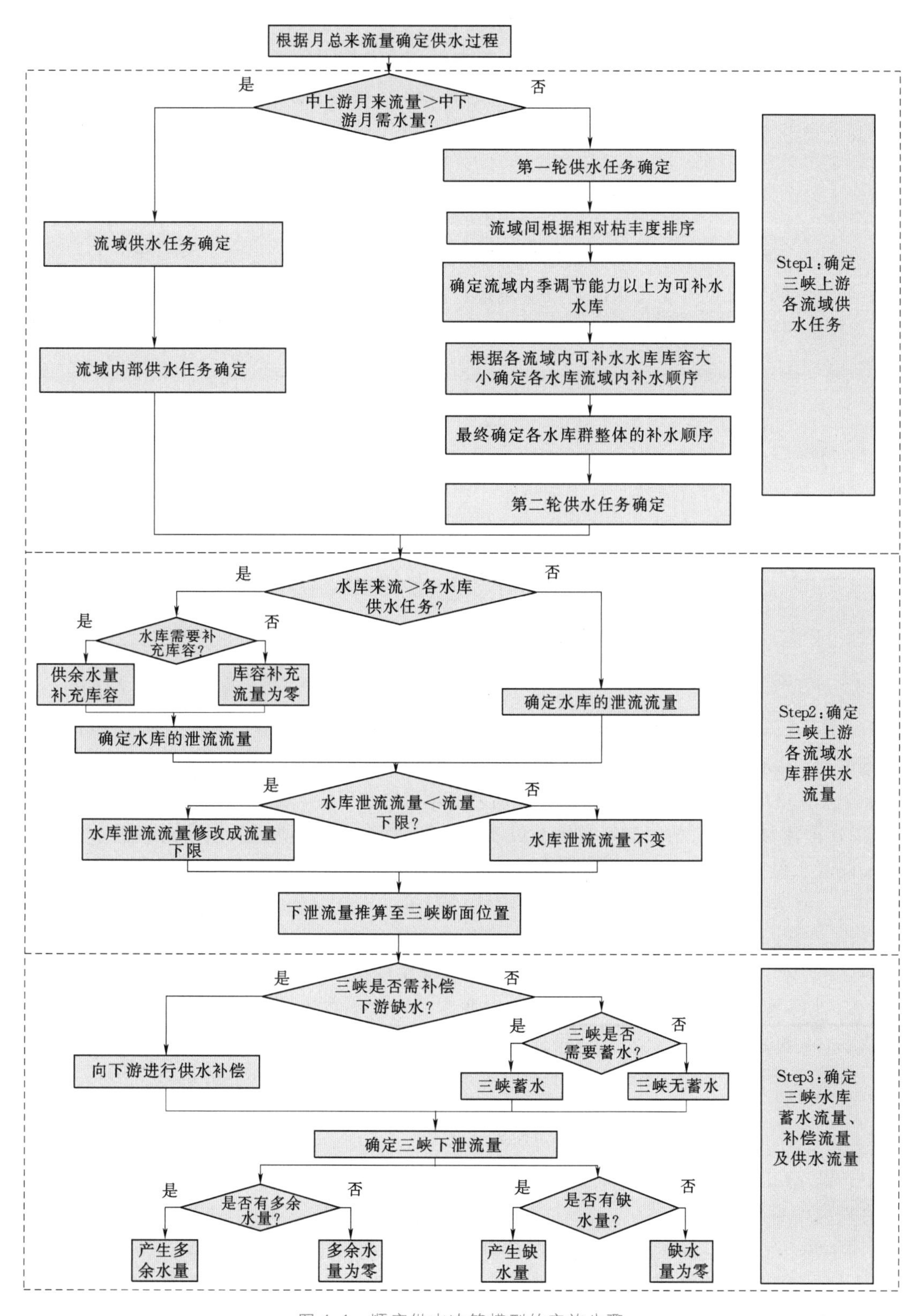

图4.1　顺序供水决策模型的实施步骤

1. Step1：确定三峡上游各流域的供水任务

（1）长江中上游流域的月总来流量大于中下游月总需水量情形。

1）按照各流域月来流量与月总来流量占比分配各流域供水任务。占比计算式为

$$Q_{i,k}^{\text{task}}=\frac{\sum_{j=1}^{J}NQ_{i,j,k}}{\sum_{i=1}^{I}\sum_{j=1}^{J}NQ_{i,j,k}}\cdot Q_{k}^{\text{Need}} \tag{4.11}$$

式中：$Q_{i,k}^{\text{task}}$为第i个流域第k个时段的供水任务，m^3/s；$NQ_{i,j,k}$为第i个流域第j个水库第k个时段的来流量（龙头水库是入库流量、其余水库是区间流量），m^3/s。

2）按照水库来流量与流域总来流量占比分配各水库供水任务。占比计算式为

$$Q_{i,j,k}^{\text{task}}=\frac{NQ_{i,j,k}}{\sum_{j=1}^{J}NQ_{i,j,k}}\cdot Q_{i,k}^{\text{task}} \tag{4.12}$$

式中：$Q_{i,j,k}^{\text{task}}$为第i个流域第j个水库第k个时段的供水任务，m^3/s。

（2）长江中上游流域的月总来流量小于中下游月总需水量情形。供水顺序链由流域相对丰枯度和水库调蓄库容大小共同决定。

1）流域相对丰枯度计算式为

$$RDA_{j}=\begin{cases}\dfrac{C_{j,a}(t)}{\max(f_{a}(C_{j}(t)))} & C_{j,a}(t)\geqslant 0\\[2ex] \dfrac{C_{j,a}(t)}{|\min(f_{a}(C_{j}(t)))|} & C_{j,a}(t)<0\end{cases} \tag{4.13}$$

式中：RDA_j为第j个流域的相对丰枯度；$C_{j,a}(t)$为第j个流域第a个主周期的年径流变化过程中所求年份t的小波系数；$f_a(\cdot)$为年径流小波主周期变化拟合函数；$\max(f_a(C_j(t)))$和$\min(f_a(C_j(t)))$分别为变化函数在年份t所在周期的极大值和极小值。

2）由流域相对丰枯度确定流域补供顺序，如式（4.14）所示。流域内部供水顺序由水库调蓄水量大小确定，如式（4.15）所示：

$$S1=\Gamma(RDA_{j}) \tag{4.14}$$

$$S2=\Phi\langle\Gamma(\mathrm{P}(V^{\text{ad}}))\rangle \tag{4.15}$$

式中：$S1$为流域间补供水顺序；Γ为由大到小排序操作；$S2$为流域内水库群补供水顺序链；V^{ad}为各水库的调节库容；$\Phi\langle\cdot\rangle$为按调蓄库容大小在流域内排序的水库与流域间补水顺序$S1$的映射关系；P是挑选操作，挑选季调节能力以上水库。

（3）水库供水流量为区间入流与补供流量之和，采取式（4.16）计算：

$$Q_{i,j,k}^{\text{task}}=NQ_{i,j,k}+\frac{V_{\text{adjustment}}\cdot\alpha}{\theta} \tag{4.16}$$

式中：$V_{\text{adjustment}}$为季调节能力以上水库的调节库容，亿m^3；α为水库补供比例系数（动用当前兴利库容的比例）。

2. Step2：确定三峡上游各流域水库群的供水流量

（1）长江中上游流域的月总来流量大于中下游月总需水量情形下的蓄水流量和下泄流量。

1）水库库容蓄水判断：

$$V_{i,j,k}^{S}=Q_{i,j,k}^{in}\cdot\Delta t-Q_{i,j,k}^{task}\cdot\Delta t-MV_{i,j,k}\tag{4.17}$$

$$Q_{i,j,k}^{in}=NQ_{i,j,k}+Q_{i,j-1,k}\tag{4.18}$$

式中：$V_{i,j,k}^{S}$为第i个流域第j个水库第k个时段的库容蓄水判断值，表征水库可补充水量，m^3；$MV_{i,j,k}$为第i个流域第j个水库第k个时段的可蓄库容值，m^3。

2）水库蓄水流量：

$$SV_{i,j,k}=\begin{cases}MV_{i,j,k} & V_{i,j,k}^{S}>0\\ MV_{i,j,k}+V_{i,j,k}^{S} & -MV_{i,j,k}<V_{i,j,k}^{S}<0\\ 0 & V_{i,j,k}^{S}<-MV_{i,j,k}\end{cases}\tag{4.19}$$

$$SQ_{i,j,k}=SV_{i,j,k}/\Delta t\tag{4.20}$$

式中：$SV_{i,j,k}$为第i个流域第j个水库第k个时段的蓄水量，m^3；$SQ_{i,j,k}$为第i个流域第j个水库第k个时段的蓄水流量，m^3/s。

3）消落至汛限水位时增泄流量：

$$DQ_{i,j,k}=\begin{cases}0 & k\neq 5\\ \dfrac{V_{i,j,k}-V_{i,j}^{flood}}{\Delta t} & V_{i,j,k}>V_{i,j}^{flood},k=5\end{cases}\tag{4.21}$$

式中：$DQ_{i,j,k}$为第i个流域第j个水库第k个时段的消落至汛限水位的增泄流量，m^3/s；$V_{i,j,k}$为第i个流域第j个水库第k个时段的水库库容，m^3；$V_{i,j}^{flood}$为第i个流域第j个水库汛限水位对应的库容，m^3。

4）水库下泄流量：

$$Q_{i,j,k}=Q_{i,j,k}^{in}-SQ_{i,j,k}+DQ_{i,j,k}\tag{4.22}$$

（2）长江中上游流域的月总来流量小于中下游月总需水量情形下的供水下泄流量。

1）水库供水任务：

$$Q_{i,j,k}^{task}=NQ_{i,j,k}+\frac{V_{adjustment}\cdot\alpha}{\theta}\quad \alpha\in(0,0.2)\tag{4.23}$$

式中：α为水库动用库容供水比例系数。因为供水期历时五个月，为保证水库在连续供水五个月不发生库容放空情形，α的上限值为0.2。

2）由供水任务确定水库下泄流量：

$$Q_{i,j,k}=\sum_{m=1}^{j}Q_{i,m,k}^{task}\tag{4.24}$$

3. Step3：确定三峡水库蓄水流量、补偿流量及供水流量

（1）三峡水库蓄水流量的确定。如果三峡水库上游下泄流量总和与三峡水库区间来流满足中下游需水流量要求，则可蓄水，否则不蓄水，即

$$SQ_{k}^{ThreeGorges}=\begin{cases}\dfrac{MV_{k}^{ThreeGorges}}{\Delta t}, & \left(\sum_{i=1}^{I}Q_{i,k}^{Outlet}+NQ_{k}^{ThreeGorges}\right)>\left(\dfrac{MV_{k}^{ThreeGorges}}{\Delta t}+Q_{k}^{Need}\right)\\ \sum_{i=1}^{I}Q_{i,k}^{Outlet}+NQ_{k}^{ThreeGorges}-Q_{k}^{Need}, & Q_{k}^{Need}<\left(\sum_{i=1}^{I}Q_{i,k}^{Outlet}+NQ_{k}^{ThreeGorges}\right)<\left(\dfrac{MV_{k}^{ThreeGorges}}{\Delta t}+Q_{k}^{Need}\right)\\ 0, & \left(\sum_{i=1}^{I}Q_{i,k}^{Outlet}+NQ_{k}^{ThreeGorges}\right)<Q_{k}^{Need}\end{cases}\tag{4.25}$$

式中：Q_k^{Need} 为第 k 个时段的长江中下游地区需水对应的三峡水库下游控制断面的流量，m^3/s；$Q_{i,k}^{Outlet}$ 为第 i 个流域第 k 个时段的出口断面流量，m^3/s；$NQ_k^{ThreeGorges}$ 为三峡水库第 k 个时段的区间来流量，m^3/s；$SQ_k^{ThreeGorges}$ 为三峡水库第 k 个时段的蓄水流量，m^3/s，$MV_k^{ThreeGorges}$ 为三峡水库第 k 个时段的可蓄库容，m^3。

（2）三峡水库补偿流量确定：

$$CQ_k^{ThreeGorges}=\begin{cases}Q_k^{Need}-\sum_{i=1}^{I}Q_{i,k}^{Outlet}-NQ_k^{ThreeGorges}, & \sum_{i=1}^{I}Q_{i,k}^{Outlet}+NQ_k^{ThreeGorges}<Q_k^{Need}\\ 0, & \sum_{i=1}^{I}Q_{i,k}^{Outlet}+NQ_k^{ThreeGorges}>Q_k^{Need}\end{cases}\tag{4.26}$$

式中：$CQ_k^{ThreeGorges}$ 为三峡水库第 k 个时段的补偿供水流量，m^3/s。

（3）三峡水库供水下泄流量确定：

$$Q_k^{ThreeGorges}=\sum_{i=1}^{I}Q_{i,k}^{Outlet}+NQ_k^{ThreeGorges}-SQ_k^{ThreeGorges}+CQ_k^{ThreeGorges}\tag{4.27}$$

4.2 面向长江流域重点区域取用水安全的水库群联合优化调度模型

长江中上游水库地区河流交汇复杂，水库群分布密集。本节界定了保障两湖湿地生态安全的水库群优化调控模型系统范围，如图 4.2 所示，建立了三峡-葛洲坝联合调度模型。

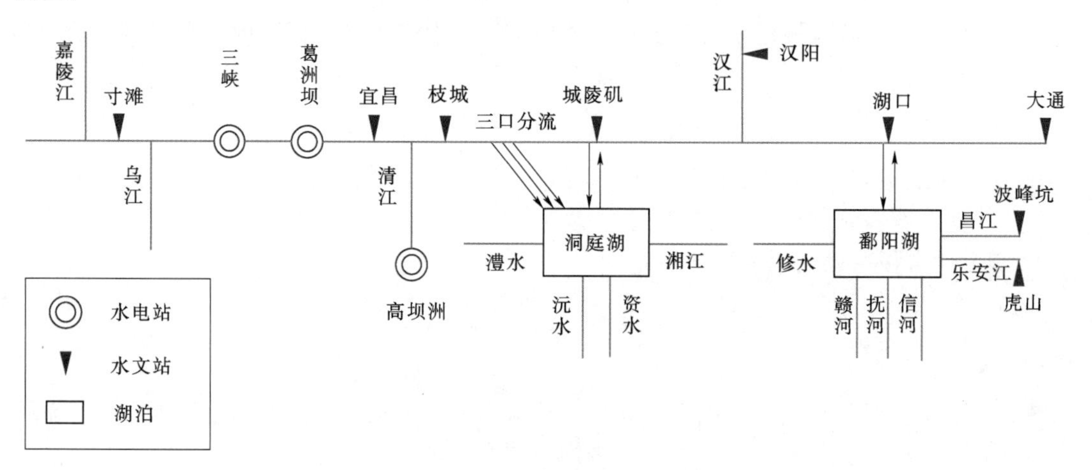

图 4.2 三峡-葛洲坝联合调度模型示意图

4.2.1 目标函数

本次调度模型为多目标优化调度模型，以梯级发电量最大和综合用水缺水量最小为目标。

梯级发电量目标：

$$\max E = \sum_{t=1}^{T} (E_{s,t} + E_{g,t}) \tag{4.28}$$

综合用水缺水量：

$$\min B = \sum_{t=1}^{T} (W_{d,t} + W_{s,t}) \tag{4.29}$$

式中：E 为调度期内梯级水库总发电量；t 和 T 分别为调度期内的时段编号和总时段数；$E_{s,t}$ 和 $E_{g,t}$ 分别为 t 时段内三峡水库的发电量和葛洲坝水库的发电量；B 为调度期内梯级水库综合用水的总缺水量；$W_{d,t}$、$W_{s,t}$ 分别为 t 时段内梯级水库的供水量和受水区的需水量。

4.2.2 约束条件

模型约束条件包括水量平衡约束、水位-库容约束、出力约束、下泄流量约束等。

水量平衡约束：

$$V_i(t+1) = V_i(t) + [Q_i(t) - q_i(t) - q_i^{\text{loss}}(t)]\Delta t \tag{4.30}$$

水位-库容约束：

$$Z_{i,\min}(t) \leqslant Z_i(t) \leqslant Z_{i,\max}(t) \tag{4.31}$$

$$V_{i,\min}(t) \leqslant V_i(t) \leqslant V_{i,\max}(t) \tag{4.32}$$

出力约束：

$$N_{i,\min}(t) \leqslant N_i(t) \leqslant N_{i,\max}(t) \tag{4.33}$$

下泄流量约束：

$$q_{i,\min}(t) \leqslant q_i(t) \leqslant q_{i,\max}(t) \tag{4.34}$$

式中：$V_i(t)$、$V_i(t+1)$ 分别为 i 水库在 t 时段初、末的水位；$Q_i(t)$、$q_i(t)$、$q_i^{\text{loss}}(t)$ 分别为 i 水库在 t 时段的入流量、泄流量和损失流量；$Z_i(t)$、$Z_{i,\min}(t)$、$Z_{i,\max}(t)$ 分别为 i 水库在 t 时段的实际水位、水位下限、水位上限；$V_{i,\min}(t)$、$V_{i,\max}(t)$ 分别为 i 水库在 t 时段的库容下限、库容上限；$N_i(t)$、$N_{i,\min}(t)$、$N_{i,\max}(t)$ 分别为 i 水库在 t 时段的实际出力、出力下限、出力上限；$q_{i,\min}(t)$、$q_{i,\max}(t)$ 分别为 i 水库在 t 时段的泄流量下限、泄流量上限。

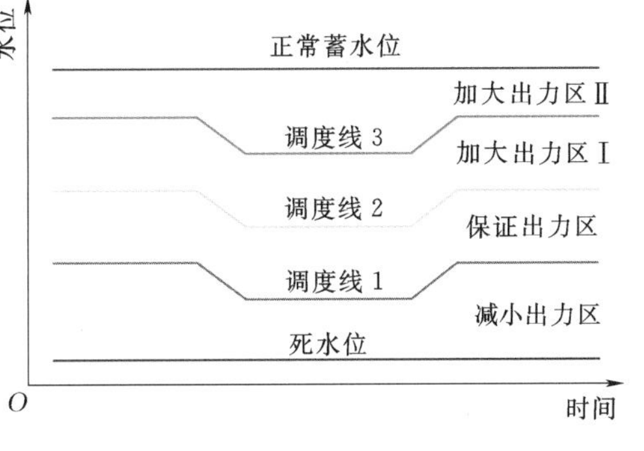

图 4.3 调度图示意图

优化模型的决策变量为调度规则中各线的水位控制值以及加大出力系数，减小出力系数，调度规则示意图如 4.3 所示。调度规则包含 4 个出力区：减小出力区、保证出力区、加大出力区Ⅰ、加大出力区Ⅱ。采用 ε-NSGAⅡ的多目标优化算法对模型进行求解。

4.2.3 模型优化结果

以三峡水库 1956—2012 年共 57 年的月尺度径流数据以及《三峡-葛洲坝水利枢纽梯

级调度规程》中下泄流量要求驱动模型，采用ε-NSGAⅡ优化算法对模型进行求解。来水过程及需水过程如图4.4所示。

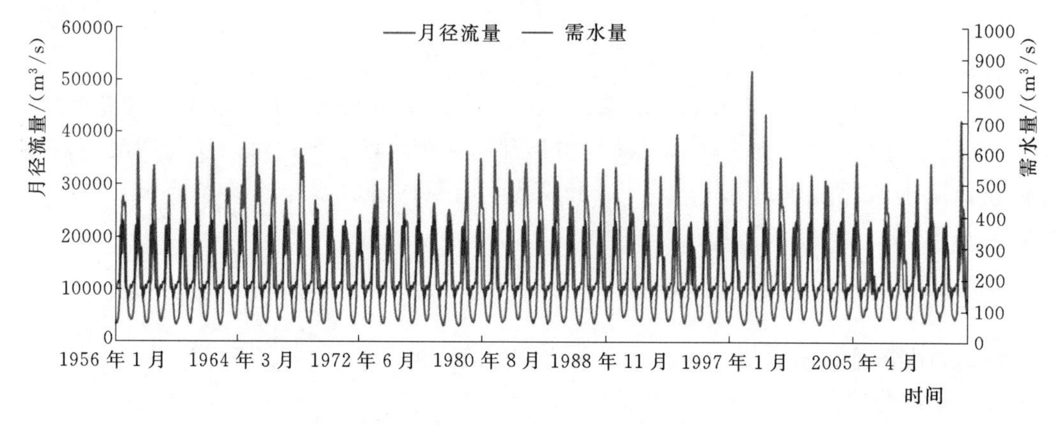

图4.4 三峡-葛洲坝联合调度模型径流及需水数据

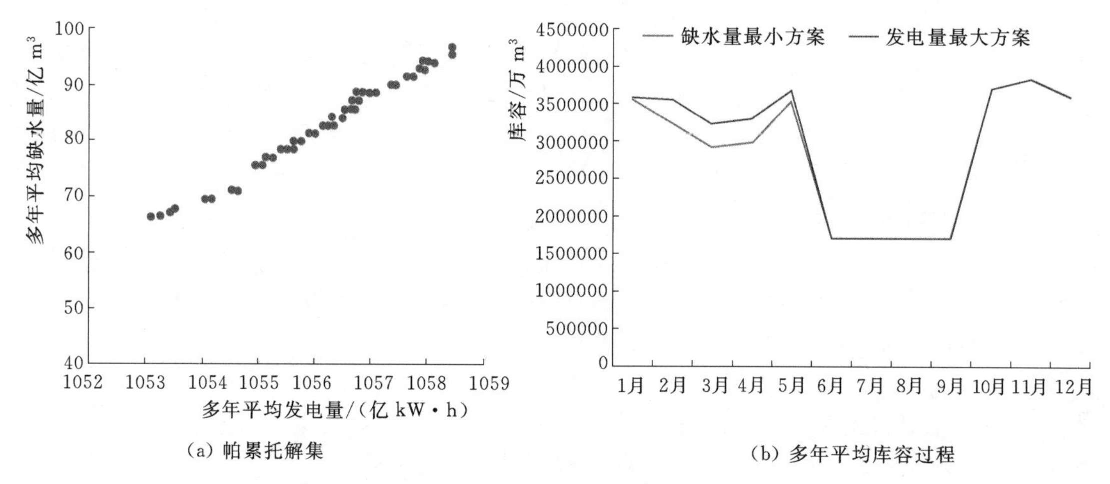

图4.5 三峡-葛洲坝联合优化调度结果

图4.5(a)为多年平均缺水量和多年平均发电量的帕累托解集。由图可知，发电量与缺水量存在明显的竞争关系，当发电量越大时，缺水量也越大。不同方案下的多年平均发电量差异较小，在1053亿～1059亿kW·h的区间内波动，但多年平均缺水量的差异较大，浮动范围在60亿～100亿 m^3。由图4.5(b)中发电量最大和缺水量最大两个方案的月平均库容过程可知，不同方案之间汛期的库容差别很小，非汛期库容的消落过程不一致，发电量最大方案的非汛期水位高于缺水量最小方案的非汛期水位。非汛期水位消落过程导致缺水量差异，但由于总水量一致，发电量很接近。

为对比不同来水水平下库容变化，分别选取丰、平、枯水年三个年份进行对比分析。图4.6和图4.7展示的是1998年、2000年、2006年的库容和泄流变化过程。由图可知，丰水年和平水年下不同方案非汛期泄流过程及库容变化差异较大，而枯水年来水量不足，不同方案下的泄流过程及库容过程没有区别，即两目标不存在竞争关系。

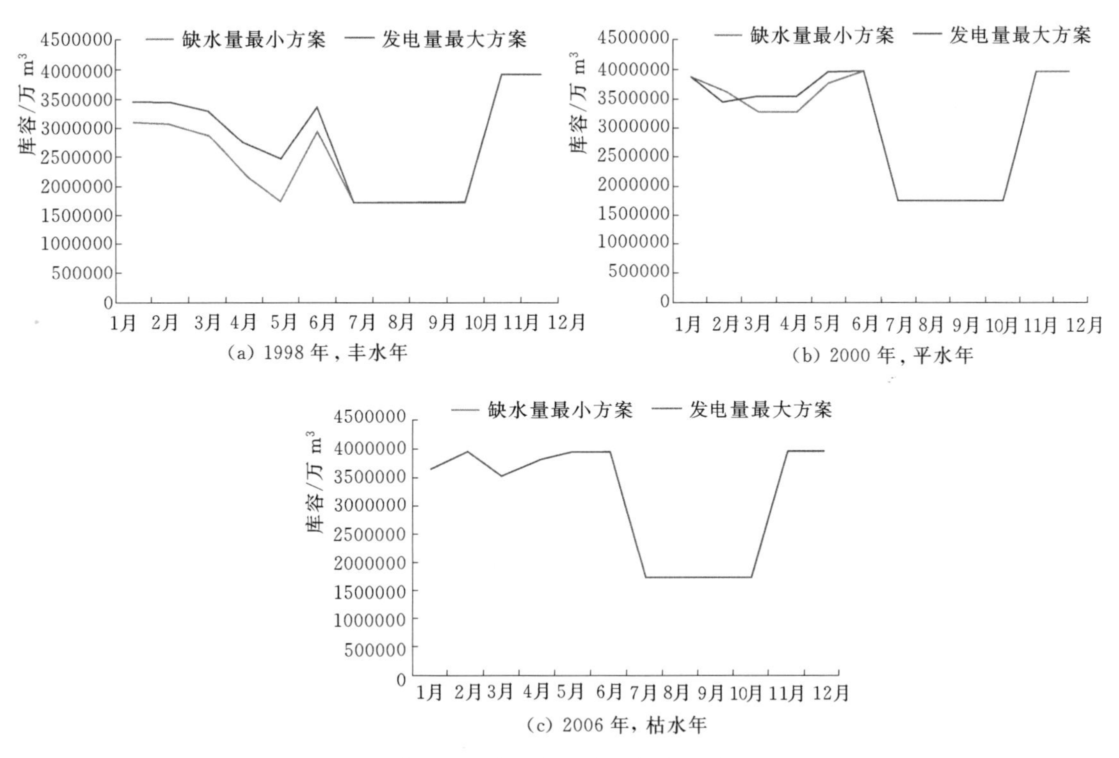

图 4.6 典型年的库容变化过程

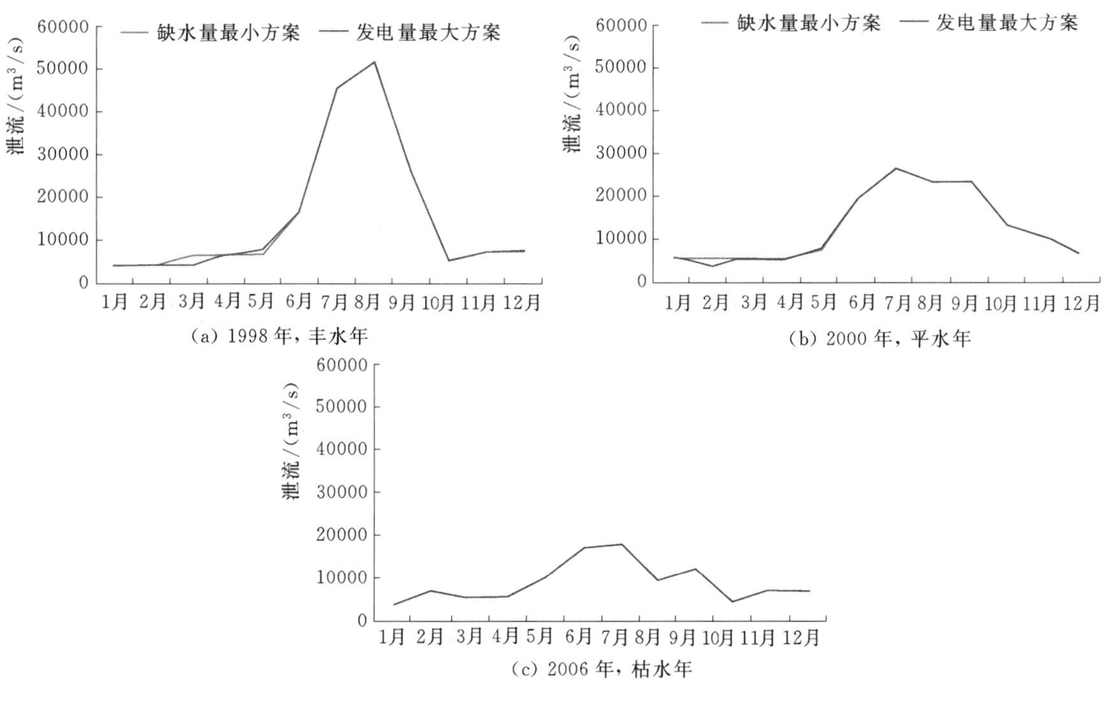

图 4.7 典型年的泄流过程

4.2.4 供水特性评估

通过对三峡-葛洲坝联合优化调度的帕累托解集分析发现，虽然蓄水期内有较大的入库流量，但诸多解集下的调度过程均在 9 月中下旬出现了明显的缺水甚至发生供水深度破坏。同时在三峡水利工程需水对两湖的影响下：洞庭湖三口地区在 9 月、10 月分流比明显减少，四口水系自 9 月开始断流，并一直持续至来年 4 月、5 月，断流时间明显延长，甚至出现春旱；鄱阳湖的枯水期提前且枯水期延长明显，非汛期特别是 9 月、11 月间水位降幅明显，最大降幅出现在 10 月，降幅达到 1.28～2.33m。基于以上两方面原因，拟在三峡-葛洲坝联合优化调度中适当加大 9 月、10 月的供水需求，缓解下游供水和生态缺水情况。

为此，考虑加大三峡水库 9 月、10 月的最小泄流约束，并建立三组对比方案。各方案 9 月、10 月的最小流量约束分别为 $10000m^3/s$ 和 $8000m^3/s$、$11000m^3/s$ 和 $9000m^3/s$、$12000m^3/s$ 和 $10000m^3/s$。

图 4.8 为三组对比方案下多年平均缺水量和多年平均发电量的帕累托解集。由图所示，随着 9 月、10 月最小流量约束的增加，多年平均发电量相同的情形下，多年平均缺水量依次递增；在缺水量相同的情况下，多年平均发电量随 9 月、10 月的最小流量需求的增大而减小。运用发电保证率、供水保证率等特征指标对各方案进一步分析可发现，虽然各方案下帕累托解集的发电保证率较高，均在 84.93%以上，且最高可达到 95.79%，但供水保证率较低，仅为 55.97%～64.01%，详见表 4.4。

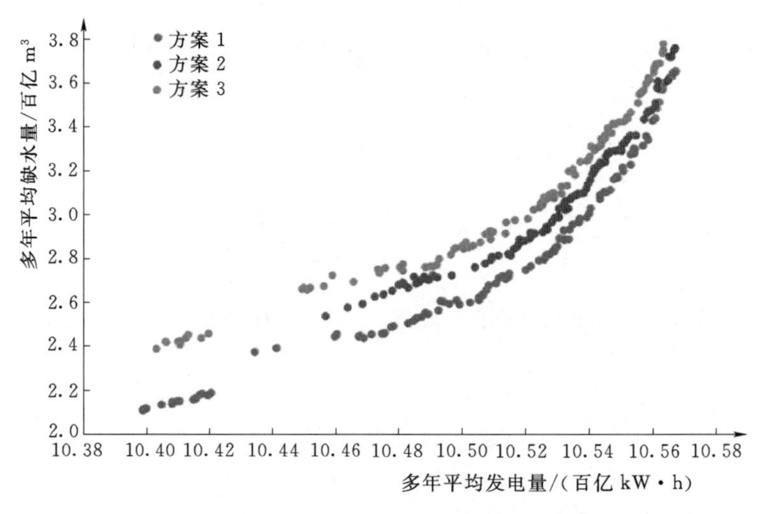

图 4.8 不同方案的三峡-葛洲坝联合优化调度结果

表 4.4 不同方案的非劣解集保证率区间表

项目	方案 1	方案 2	方案 3
9 月最小流量约束/(m^3/s)	10000	11000	12000
10 月最小流量约束/(m^3/s)	8000	9000	10000
发电保证率最大值/%	95.69	91.32	95.79

续表

项　　目	方案 1	方案 2	方案 3
发电保证率最小值/%	84.93	84.98	85.08
供水保证率最大值/%	64.01	63.41	63.46
供水保证率最小值/%	56.02	55.97	56.22

针对三峡-葛洲坝联合优化调度结果供水保证率水平较低的现象，考虑排除发电目标与供水目标的竞争关系对供水目标的影响，以供水保证率最大或缺水量最小为供水调度目标，以添加惩罚的方式考虑供水破坏对供水目标优化的影响，对比不同供水目标及惩罚设置下的关键指标变化规律，探究三峡-葛洲坝联合优化调度供水保证率的变化。表 4.5 为三峡-葛洲坝供水单目标优化方案目标和惩罚设置。表 4.6 为四组供水单目标优化方案下的供水保证率、供水深度破坏率、发电保证率等 3 项关键指标特征。

表 4.5　　三峡-葛洲坝供水单目标优化方案目标和惩罚设置

方　　案	供 水 目 标	惩罚设置	方　　案	供 水 目 标	惩罚设置
方案 1	供水保证率最大	无	方案 3	供水保证率最大	供水深度破坏惩罚
方案 2	缺水量最小	无	方案 4	缺水量最小	供水深度破坏惩罚

表 4.6　　三峡-葛洲坝供水单目标优化方案关键指标特征

方　　案	供水保证率	供水深度破坏率	发电保证率
方案 1	64.85%	15.12%	88.75%
方案 2	60.29%	9.07%	95.39%
方案 3	60.88%	7.78%	91.22%
方案 4	59.00%	8.53%	96.13%

由表 4.6 中可知，以供水保证率为供水目标进行优化时供水保证率会相对较高，但发电保证率有所降低；添加供水深度破坏惩罚后，能够有效降低供水深度破坏率、提升发电保证率，但供水保证率会有所降低。综合四组供水单目标优化方案结果，与三峡-葛洲坝联合优化调度结果相比，供水目标的选取与惩罚设置与否都未能够使供水保证率有整体上的提升，仍保留着低供水保证率、高发电保证率的特征，且供水深度破坏率也相对较高。这一结果表明，三峡-葛洲坝联合优化调度结果供水保证率水平较低并不是由水库群发电目标竞争关系引起，极为可能是由于三峡水库入流较少、下游供水目标相对较大，入流水量难以保证下游供水需求造成的。

为验证以上猜想，统计不同 9 月、10 月的最小流量约束方案的时段缺水频次，对各方案的三峡-葛洲坝联合优化调度结果进行过程分析。由表 4.7 可知，三峡水库在汛期（即 6 月上旬至 9 月中旬），根据调度规则，库水位保持在汛限水位 145m，水库下泄流量等于入库流量，由于汛期水库入流水量较多，除个别年份在 8 月中旬无法满足供水需求外，汛期内的供水需求均可以得到满足；在 9 月中旬，由于汛期刚刚结束，水库以兴利蓄水为主要目标，按照调度图发电需求进行水量下泄，由于发电水量小于下游供水需求，因此该时段往往无法满足供水需求，因此缺水频次较多；9 月下旬后，水库逐渐达到正常蓄水位，按照入库流量进行下泄供水，由于三峡水库入库流量依然较大，能够满足下游供水需求，因此包括 10 月在内，水库缺水频次逐渐减少；11 月上旬以后，三峡水库进入枯水期，入库流量逐渐减少，难以满足下游供水需求，因此进行库容补偿，但由于补偿水量较多，三峡水库逐渐到达死水位，无法再补充供水需求，因此自 11 月上旬至次年 3 月，缺水频次逐渐增加，直至全部优化年份均为缺水状态；来年 4 月上旬后，三峡水库进入春汛期，入库流量逐渐增加，在补充三峡水库库容的同时，逐渐能够满足下游供水需求，因此直至 6 月上旬，各时段缺水频次逐渐减少。

表 4.7　不同方案的时段缺水频次统计

月份	旬序号	方案 1	方案 2	方案 3	月份	旬序号	方案 1	方案 2	方案 3
1	1	56	56	56	7	19	0	0	0
	2	56	56	56		20	0	0	0
	3	56	56	56		21	0	0	0
2	4	56	56	56	8	22	0	0	0
	5	56	56	56		23	3	3	3
	6	56	56	56		24	0	0	0
3	7	56	56	56	9	25	0	0	0
	8	56	56	56		26	52	52	52
	9	56	56	56		27	15	18	21
4	10	56	56	56	10	28	3	3	5
	11	48	55	54		29	3	3	3
	12	35	29	52		30	3	3	3
5	13	18	23	9	11	31	3	0	3
	14	8	8	3		32	7	7	7
	15	5	5	3		33	24	24	24
6	16	3	0	0	12	34	45	45	45
	17	0	0	0		35	56	56	56
	18	0	0	0		36	56	56	56

注　每个方案的优化时段为 1956—2012 年，共计 57 年。

综合以上分析结果可知，在长江中上游梯级水库群未进行供水优化调度时，仅依靠三峡水库入库水量和三峡-葛洲坝优化调度，难以满足下游供水需求，特别是在 12 月至次年 4 月，缺水尤为严重，部分时段缺水频率趋近或等于 100%，需要长江中上游梯级水库群动用调蓄库容对下游进行补充供水，以满足下游需水用户对长江流域提出的供水需求。

4.3 本章小结

在该部分的研究工作中，针对长江中下游地区供水需求，首先提出了长江中上游梯级水库群供水顺序调度决策模型，并依据三个指标反映模型的一些具体实施情况；其次是提出了供水的约束及边界条件，将水库模型数据化，能反映实际调度运行情况所需的约束和边界；最后得到顺序补供水的整体思路和具体实施的细节，为实际供水调度提供基本思路。另外，研究工作界定了保障两湖湿地生态安全的水库群优化调控模型系统范围，建立了三峡-葛洲坝联合调度模型。以三峡水库1956—2012年共57年的月尺度径流数据、需水过程以及《三峡-葛洲坝水利枢纽梯级调度规程》中下泄流量要求驱动模型，采用ε-NSGAⅡ优化算法对模型进行求解，选取丰、平、枯水年三个年份进行对比分析，丰水年和平水年下不同方案非汛期泄流过程及库容变化差异较大，而枯水年来水量不足，不同方案下的泄流过程及库容过程没有区别，即两目标不存在竞争关系。

第 5 章

长江中上游水库群供水调度模式和方案

5.1 长江中上游流域径流特性

5.1.1 长江中上游流域径流年内和年际分布特征

5.1.1.1 年内分配特征

采用径流年内分配不均匀系数 C_y 表征径流年内分配特征。C_y 越大，表明径流年内分配越不均匀。C_y 计算式为

$$C_y = \sqrt{\sum_{i-1}^{12} \frac{(K_i/\overline{K}-1)^2}{12}} \tag{5.1}$$

式中：K_i 为每月径流量；$\overline{K}$ 为年平均径流量。

长江中上游流域主要测站的年内分配百分比和径流年内分配不均匀系数 C_y 见表 5.1，流域及其内水库均按照从上游至下游的顺序编号。

因集水面积不同，长江中上游干支流流域多年平均径流量有差别。长江中上游雅砻江流域多年平均径流量接近 482 亿 m^3，岷江流域达到 400 亿 m^3；嘉陵江流域达 600 亿 m^3；乌江流域达到 390 亿 m^3；考虑支流汇入流量，长江上游金沙江出口断面、长江上游干流出口断面、中游干流出口断面的多年平均径流量分别达 500 亿 m^3、1440 亿 m^3 和 4250 亿 m^3。因同受季风气候影响，各流域来流存在同枯同丰现象。

所有流域的年内分配不均匀系数均达到 0.9 以上，充分说明径流年内分配不均匀，其中：金沙江流域、雅砻江流域、长江上游干流流域、嘉陵江流域、乌江流域来流、长江中游干流流域集中在 7—9 月，来流量可占全年一半以上；岷江流域来流集中在 6—8 月，来流量可占全年一半以上。

5.1.1.2 年际变化特征

采用各水文站点的径流极值比（历年最大年平均流量和最小年平均流量之比）和变差系数 C_v 描述径流的年际变化。采取偏态系数 C_s 描述径流分配不对称程度。径流极值比和 C_v 值越大表明径流年际变化越大。变差系数 C_v 和偏态系数 C_s 的计算式为

$$C_v = \frac{\sigma}{\overline{X}} \tag{5.2}$$

$$C_s = \frac{\sum_{i=1}^{n}(x_i-\overline{x})^3}{n \cdot \overline{x}^3 C_v^3} \tag{5.3}$$

表 5.1　　长江中上游流域主要测站径流年内分配统计表（1956—2012 年）

流域及编号	水库编号	多年平均径流/亿 m³	年径流各月分配/%												径流年内分配不均匀系数 C_y
			6	7	8	9	10	11	12	1	2	3	4	5	
一、金沙江流域	1	492.49	9.74	17.28	19.08	17.39	10.52	5.58	3.65	2.86	2.58	2.59	3.39	5.35	0.9187
	2	500.75	9.66	17.27	19.14	17.42	10.53	5.60	3.66	2.87	2.58	2.58	3.37	5.31	0.9187
	3	508.46	9.61	17.25	19.17	17.46	10.54	5.61	3.67	2.88	2.59	2.58	3.35	5.28	0.9188
	4	518.63	9.53	17.23	19.22	17.51	10.56	5.62	3.69	2.89	2.59	2.58	3.34	5.24	0.9188
	5	544.61	9.37	17.16	19.33	17.67	10.64	5.65	3.70	2.89	2.59	2.56	3.28	5.14	0.9188
	6	566.41	9.27	17.09	19.41	17.85	10.76	5.69	3.69	2.87	2.56	2.52	3.22	5.07	0.9188
二、雅砻江流域	7	209.89	13.47	19.45	15.72	16.13	10.46	5.27	3.04	2.18	2.09	2.33	3.72	6.13	0.9188
	8	424.77	10.80	18.52	17.47	17.73	11.44	5.76	3.62	2.66	2.37	2.33	2.88	4.43	0.9189
	9	481.90	10.78	18.48	17.46	17.75	11.45	5.76	3.63	2.67	2.37	2.34	2.88	4.42	0.9189
三、长江上游干流流域	10	1201.54	9.31	17.41	18.43	18.10	11.80	5.98	3.79	2.91	2.52	2.44	2.90	4.42	0.9188
	11	1286.61	9.25	17.34	18.37	18.04	11.91	6.05	3.83	2.95	2.55	2.46	2.88	4.38	0.9188
	12	1417.74	9.20	17.25	18.20	17.80	11.92	6.21	3.97	3.05	2.64	2.52	2.88	4.35	0.9187
	13	1440.42	9.20	17.23	18.18	17.77	11.92	6.23	3.99	3.07	2.66	2.53	2.88	4.35	0.9187
四、岷江流域	14	142.78	13.65	17.74	16.41	12.84	8.92	5.36	3.67	3.04	2.53	2.99	4.29	8.58	0.9182
	15	160.15	15.74	18.56	13.06	14.95	10.90	5.27	3.14	2.23	2.05	2.35	3.95	7.79	0.9185
	16	402.06	14.09	17.98	14.32	14.70	11.20	5.88	3.72	2.79	2.41	2.54	3.53	6.85	0.9183
五、嘉陵江流域	17	85.00	10.88	14.90	13.30	13.52	10.35	6.27	4.58	3.99	3.54	4.01	5.52	9.15	0.9176
	18	92.85	10.88	14.90	13.30	13.52	10.35	6.27	4.58	3.99	3.54	4.01	5.51	9.15	0.9176
	19	185.99	9.62	17.95	14.98	16.42	10.50	5.50	3.57	2.94	2.59	3.09	4.90	7.93	0.9184
	20	653.47	10.49	21.61	15.43	17.21	10.30	5.06	2.68	1.93	1.60	2.02	3.93	7.74	0.9190
六、乌江流域	21	44.45	7.60	16.24	18.31	14.82	11.83	8.48	5.07	3.67	3.38	3.30	3.23	4.08	0.9183
	22	99.40	7.66	18.02	19.78	14.30	11.45	8.52	4.85	3.34	2.99	2.82	2.77	3.51	0.9186
	23	144.43	8.64	18.09	19.64	13.53	10.78	8.14	5.06	3.52	3.00	2.83	2.96	3.82	0.9185
	24	212.46	9.77	18.68	18.75	12.59	9.98	8.00	5.34	3.72	3.03	2.88	2.88	4.36	0.9184
	25	255.55	10.85	18.89	18.09	11.75	9.32	7.74	5.43	3.67	3.07	3.04	3.07	5.07	0.9183
	26	280.09	11.12	19.15	18.19	11.72	9.19	7.77	5.35	3.50	2.94	2.89	3.00	5.18	0.9184
	27	390.40	12.34	19.00	17.58	10.98	8.86	7.67	5.50	3.29	2.64	2.72	3.21	6.20	0.9183
七、长江中游干流流域	28	4249.67	11.20	18.25	16.21	14.98	10.61	6.01	3.59	2.71	2.46	2.78	4.10	7.08	0.9183
	29	4249.67	11.20	18.25	16.21	14.98	10.61	6.01	3.59	2.71	2.46	2.78	4.10	7.08	0.9183

长江中上游主要水文测站的径流特征值和相关系数计算见表 5.2。

金沙江流域、雅砻江流域、长江上游干流流域、长江中游干流流域年际间径流变化相对较小，变差系数均在 0.2 以下；嘉陵江流域、乌江流域来流年际间径流变化较大，均在 0.2 以上，特别是嘉陵江流域，不均匀程度比较明显。

表 5.2　　长江中上游流域主要测站年径流特征值统计表（1956—2012 年）

流域及编号	水库编号	变差系数 C_v	偏态系数 C_s	最大值		最小值		$\frac{W_{最大}}{W_{最小}}$
				径流量/亿 m^3	年份	径流量/亿 m^3	年份	
一、金沙江流域	1	0.175	0.109	659.01	1965	319.35	1994	2.064
	2	0.166	−0.020	659.01	1965	319.35	1994	2.064
	3	0.166	−0.019	669.75	1965	323.26	1994	2.072
	4	0.166	−0.016	684.07	1965	328.45	1994	2.083
	5	0.167	−0.005	718.78	1965	346.20	1994	2.076
	6	0.168	0.008	743.91	1965	363.17	1959	2.048
二、雅砻江流域	7	0.205	0.241	313.46	1965	133.27	1973	2.352
	8	0.188	0.307	643.28	1965	268.70	2011	2.394
	9	0.185	0.381	730.12	1965	324.52	2006	2.250
三、长江上游干流流域	10	0.171	0.288	1678.36	1998	845.94	2011	1.984
	11	0.172	0.315	1788.77	1965	898.08	2011	1.992
	12	0.166	0.328	1962.44	1998	958.12	2011	2.048
	13	0.166	0.334	1998.26	1998	969.01	2011	2.062
四、岷江流域	14	0.312	1.590	307.16	2008	79.23	1997	3.877
	15	0.173	−0.016	222.10	2012	87.28	2002	2.545
	16	0.130	0.087	510.42	1960	306.53	2006	1.665
五、嘉陵江流域	17	0.245	0.314	131.48	1961	44.25	1997	2.971
	18	0.245	0.314	143.59	1961	48.35	1997	2.970
	19	0.340	0.493	336.76	1961	75.18	2002	4.479
	20	0.258	−0.053	1036.88	1981	291.60	1997	3.556
六、乌江流域	21	0.213	−0.075	66.26	1983	25.33	2006	2.615
	22	0.232	−0.367	141.43	1983	47.07	2006	3.005
	23	0.217	−0.334	198.67	1976	69.69	2006	2.851
	24	0.221	−0.216	306.88	1996	97.83	2006	3.137
	25	0.199	−0.136	371.64	1996	136.41	2011	2.724
	26	0.206	−0.113	415.19	1996	155.82	2011	2.664
	27	0.205	0.084	598.60	1996	227.31	2011	2.633
七、长江中游干流流域	28	0.108	−0.467	5150.88	1999	2977.00	2006	1.730
	29	0.108	−0.467	5150.88	1999	2977.00	2006	1.730

雅砻江流域以及长江上游干流流域的偏态系数均大于零，说明来流整体偏丰；乌江流域以及长江中游干流流域偏态系数均小于零，说明来流整体偏枯；而金沙江流域、岷江流域和嘉陵江流域偏态系数在流域内有正有负，说明流域内来流分配不均匀。

各流域不同测站最大年径流和最小年径流的出现年份不完全统一。最大年径流和最小年径流比值均超过1.665，其中嘉陵江流域内亭子口水库的比值最大，达到4.479。

5.1.2 长江中上游流域径流丰枯遭遇

5.1.2.1 长江中上游流域径流连续丰枯情形分析

丰水年定义为$Q_i > Q + 0.33\sigma$，枯水年定义为$Q_i < Q - 0.33\sigma$（Q_i为第i年径流，Q为均值，σ为均方差），根据定义识别出年径流序列中的丰水年、平水年和枯水年，采用频次统计分析法统计各控制站点的连丰期和连枯期的持续时间及频次，结果见表5.3和图5.1。

表5.3 各测站连续丰枯年数目统计表

流域及编号	水库编号	连续丰水年数				连续枯水年数			
		2	3	4	5	2	3	4	5
一、金沙江流域	1	0	2	1	0	4	3	0	0
	2	0	2	1	0	5	2	0	0
	3	0	2	1	0	5	2	0	0
	4	0	2	1	0	5	2	0	0
	5	0	2	1	0	4	3	0	0
	6	1	1	0	0	3	2	0	0
二、雅砻江流域	7	2	3	0	0	5	2	0	0
	8	0	3	1	0	4	2	0	0
	9	0	3	0	0	3	3	0	0
三、长江上游干流流域	10	0	3	1	0	3	3	0	0
	11	0	3	1	0	3	2	1	0
	12	0	3	1	0	3	2	1	0
	13	0	3	1	0	3	2	1	0
四、岷江流域	14	3	0	0	0	0	1	0	0
	15	3	1	1	0	5	1	1	0
	16	1	2	2	0	4	0	1	0
五、嘉陵江流域	17	2	2	0	1	1	1	2	1
	18	2	2	0	1	1	1	2	1
	19	2	2	1	0	1	0	2	1
	20	0	3	2	0	2	1	2	0
六、乌江流域	21	6	0	0	0	2	1	1	1
	22	6	1	0	1	2	0	1	1
	23	4	3	0	0	1	0	1	1
	24	3	2	1	0	2	1	0	1
	25	3	2	1	0	3	3	0	0
	26	4	2	0	0	1	2	1	0
	27	3	1	0	1	3	1	0	0
七、长江中游干流流域	28	1	2	0	0	1	1	1	0
	29	1	2	0	0	1	1	1	0

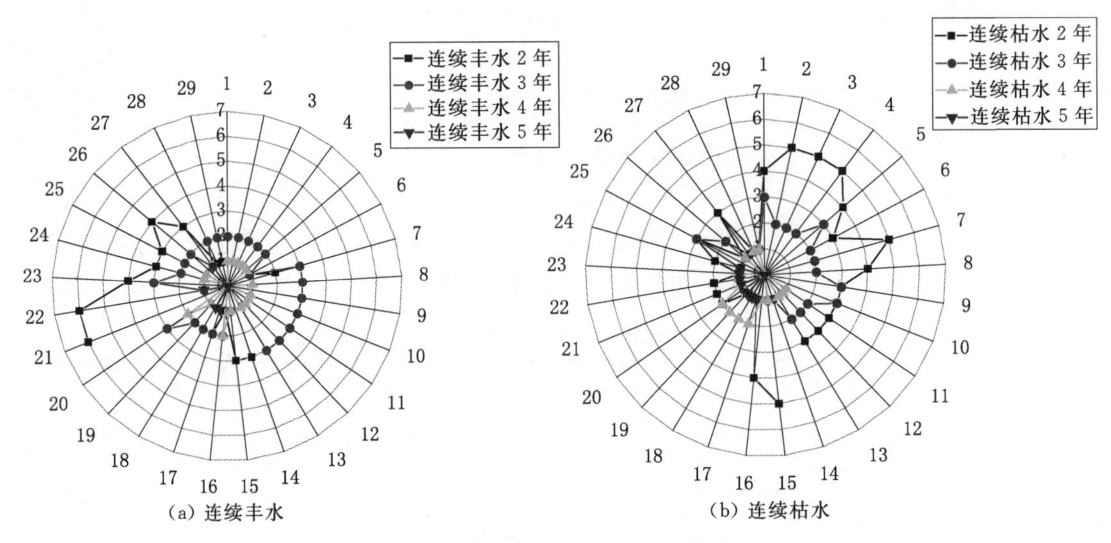

图 5.1 连续丰水年及连续枯水年数目雷达图

统计结果显示，连续丰水 2 年或 3 年的频次最高，其中连续丰水 2 年主要集中于 21～27 号测站，对应乌江流域；连续丰水 3 年主要集中于 7～13 号测站，对应雅砻江流域、长江上游干流流域；连续丰水 4 年或 5 年在各流域最多出现过两次。同样，连续枯水 2 年频次最高，其中连续枯水 2 年或 3 年主要集中于 1～16 号测站，对应金沙江流域、雅砻江流域、长江上游干流流域；连续枯水 3 年及其以上年份出现频次较低。

5.1.2.2 长江中上游径流同枯丰遭遇分析

长江中上游流域 29 个水库在 1956—2012 年的丰平枯测站数目统计如图 5.2 所示。整体呈现周期变化特点，同丰测站数与同枯测站数存在“增多减少再增多”的变化。

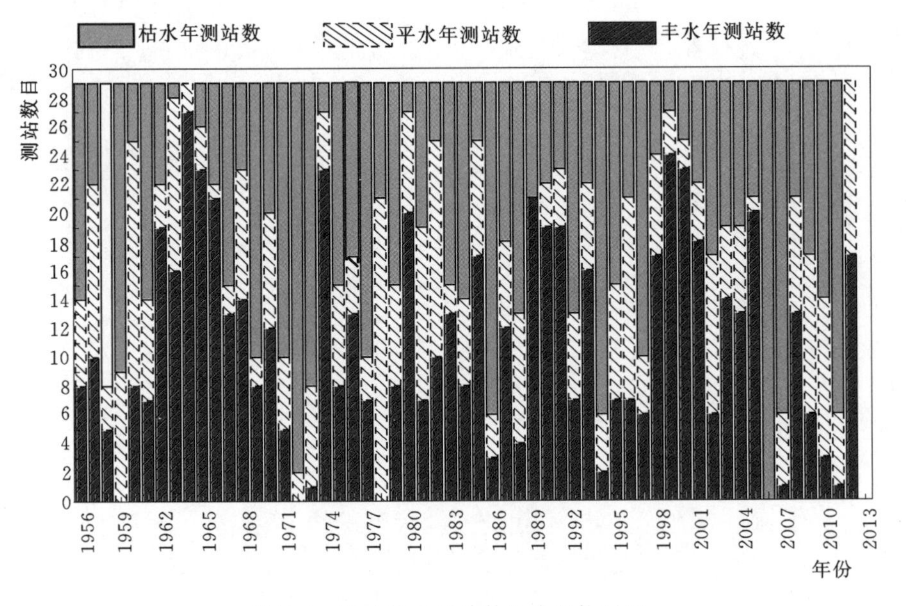

图 5.2 同枯平丰测站数目堆积柱形图

从统计数据中选取典型同枯丰遭遇年份，见表5.4。

表5.4　　典型同枯丰遭遇年份表

情形	同丰遭遇			丰平遭遇			同平遭遇			平枯遭遇			同枯遭遇		
年份	1964			2012			1978			1959			2006		
丰、平、枯水年计数	27	2	0	17	12	0	0	21	8	0	9	20	0	0	29

5.1.3 长江中上游流域径流变化周期

运用小波分析方法，计算小波变换系数和小波方差，绘制小波变换系数实部时频分布图，识别流域出口测站的年径流主要周期成分来代表流域径流变化周期。各流域的小波方差如图5.3所示。七个流域的主要周期见表5.5。

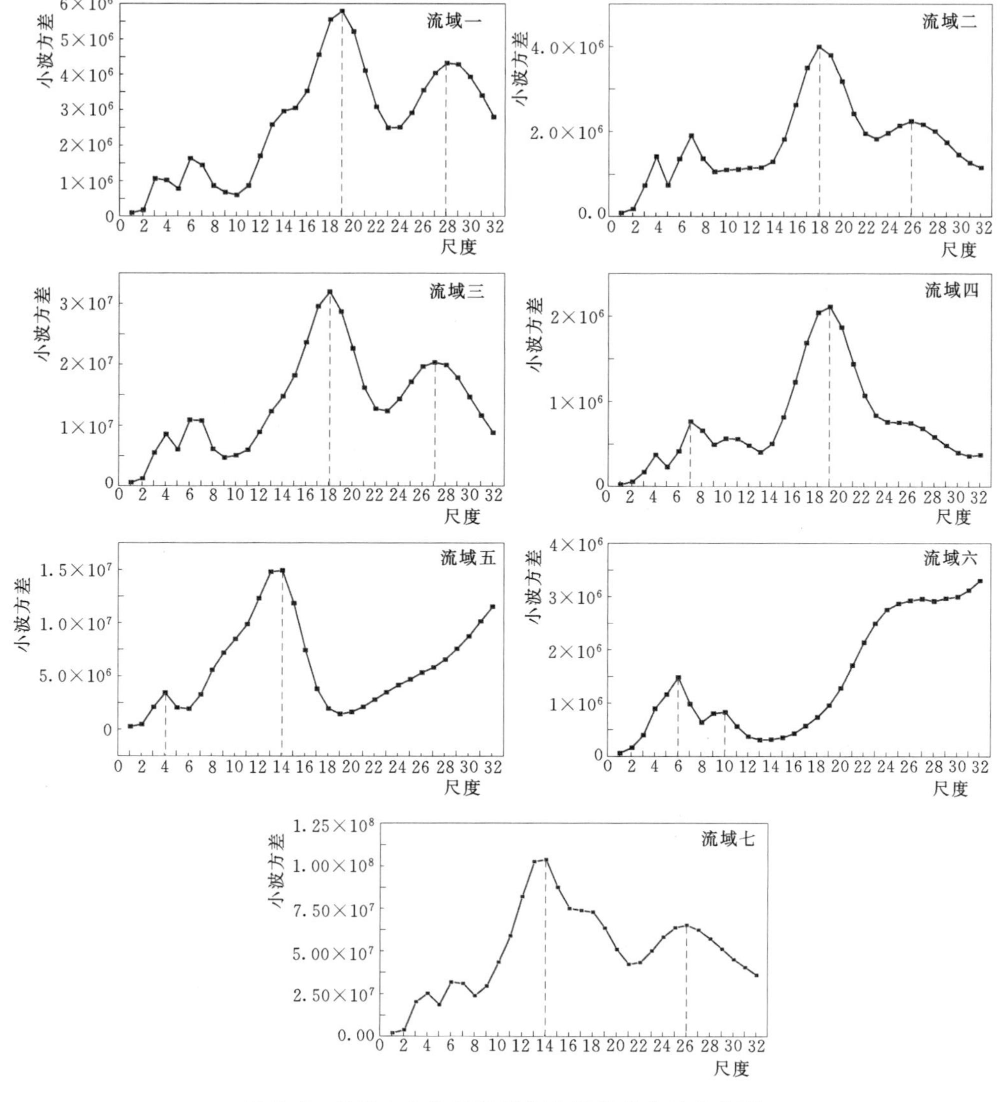

图5.3　长江中上游各流域年均径流的小波方差图

表 5.5 长江中上游各流域年均径流的主要周期表

流域编号	一	二	三	四	五	六	七
第一主周期	13a	13a	12a	6a	28a	19a	14a
第二主周期	4a	4a	4a	10a	2a	2a	26a

根据第一主周期，应用小波分析得出流域径流小波系数实部变化过程，如图 5.4 所示。

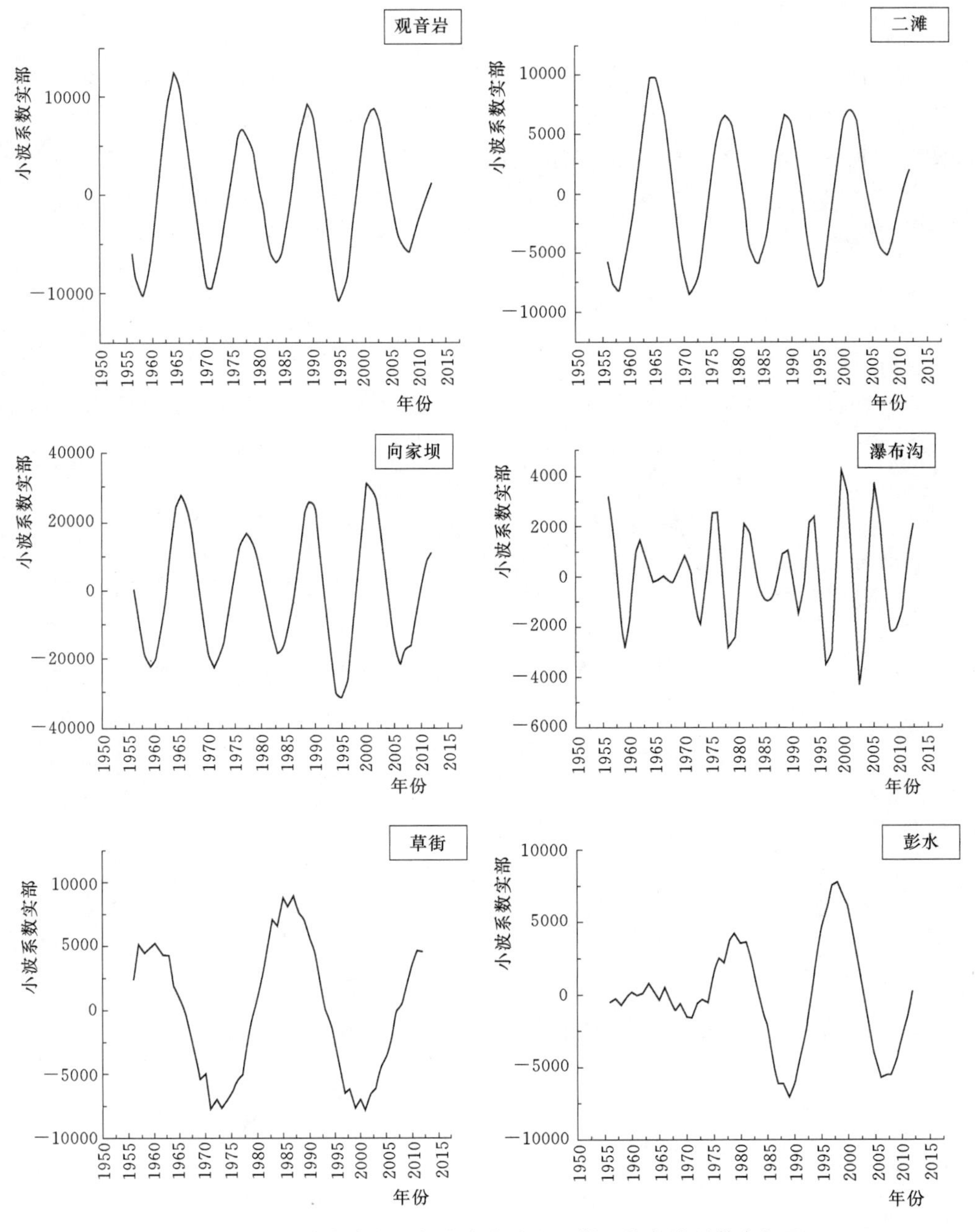

图 5.4 各流域水库年均径流在小波主周期下的小波系数实部图

依据主周期及相关小波系数，采取正弦函数拟合得到流域丰枯变化计算公式（5.4），拟合值见表5.6。

$$y=a_1\sin(b_1x+c_1)+a_2\sin(b_2x+c_2) \tag{5.4}$$

表5.6 流域丰枯变化周期表

流域	参数					
	a_1	b_1	c_1	a_2	b_2	c_2
一、金沙江流域	8787	0.5077	−46.72	1826	0.3053	111.8
二、雅砻江流域	7034	0.506	−43.74	2076	0.3679	−11.23
三、长江上游干流流域	24140	0.5319	−95	3905	0.6721	−136.7
四、岷江流域	2019	1.033	110	1213	1.311	38.37
五、嘉陵江流域	284	0.6829	−20.31	244.4	0.251	−50.61
六、乌江流域	3498	0.3718	−18.67	3546	0.2855	−84.96

5.2 长江中上游水库群顺序供水决策方案

5.2.1 长江中上游流域典型来流情景

根据长江中上游流域的径流丰枯遭遇分析成果，设定同丰、丰平、同平、平枯、同枯5种典型遭遇情景，对应流域出口处的径流总量见表5.7和图5.5。

表5.7 典型来流情景的径流信息表

来流情景	典型年份	各流域出口处径流总量/亿 m^3						
		一、金沙江流域	二、雅砻江流域	三、长江上游干流流域	四、岷江流域	五、嘉陵江流域	六、乌江流域	七、长江中游干流流域
同丰遭遇	1964	621.4	526.3	1530.4	432.9	906.8	510.4	4650.8
丰平遭遇	2012	617.2	569.0	1563.3	509.0	735.2	372.1	4436.3
同平遭遇	1978	564.9	489.8	1411.4	386.1	487.3	335.4	3882.6
平枯遭遇	1959	363.2	389	1119.9	319.5	419.5	345	4237.4
同枯遭遇	2006	434.9	324.5	1023.1	306.5	306.6	232.5	2977.0

5种典型遭遇情景下长江中上游各流域的月均径流过程如图5.6所示。

5.2.2 长江中下游典型需水情景

根据前述研究成果得出三峡枢纽下游控制断面的需水过程，如图5.7所示。

5.2.3 典型情景下长江中上游水库群供水顺序决策方案

5.2.3.1 同丰遭遇情景下的供水顺序决策方案

同丰遭遇情景下，供水期的1—4月和蓄水期的12月，均存在来流不满足下游供水需

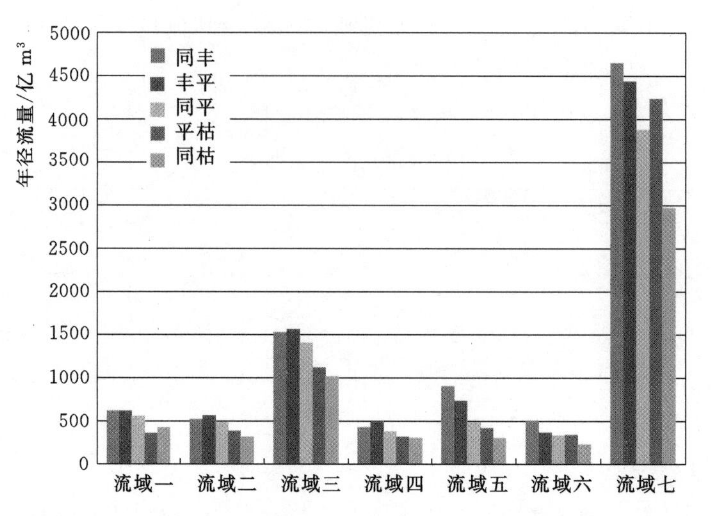

图5.5 典型遭遇情景下长江中上游流域的年径流量

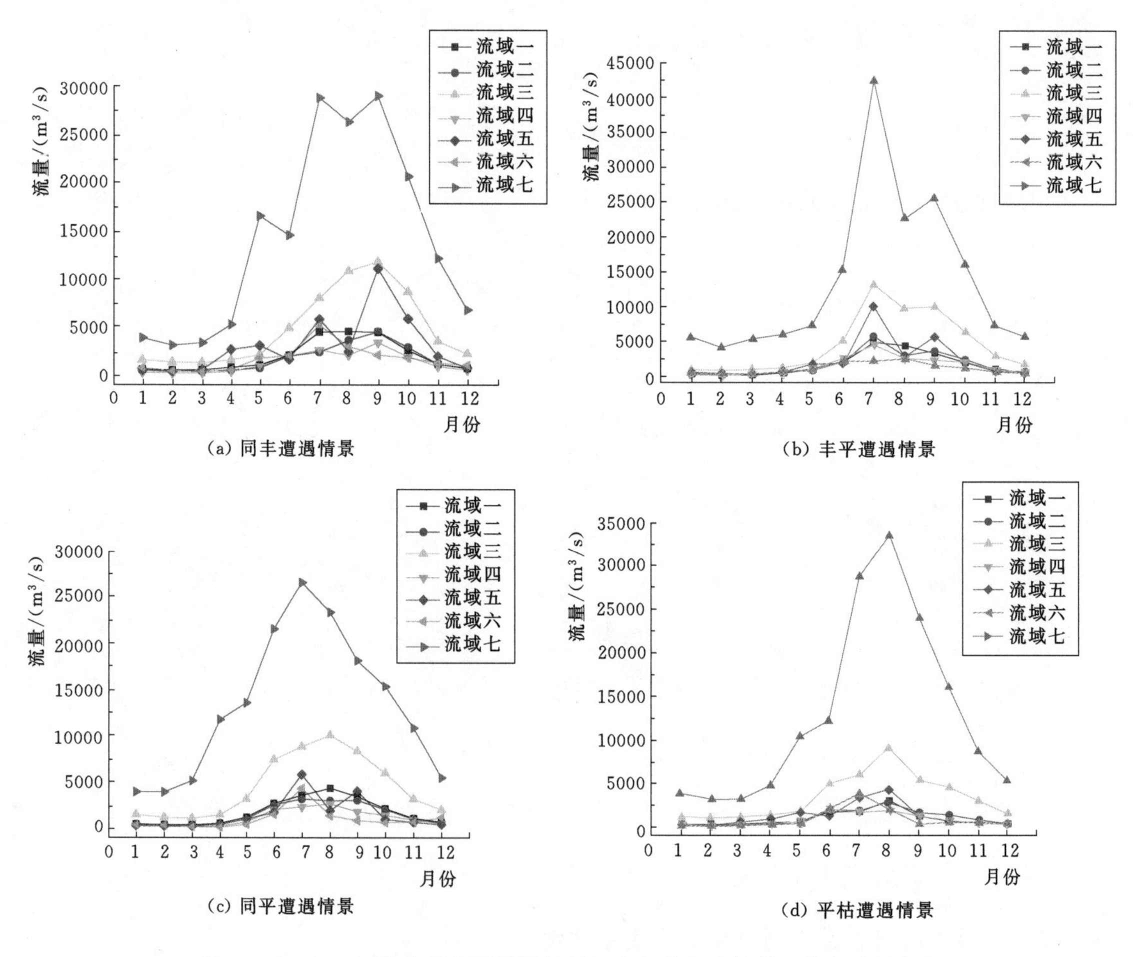

图5.6(一) 5种典型遭遇情景的长江中上游各流域的月均径流过程图

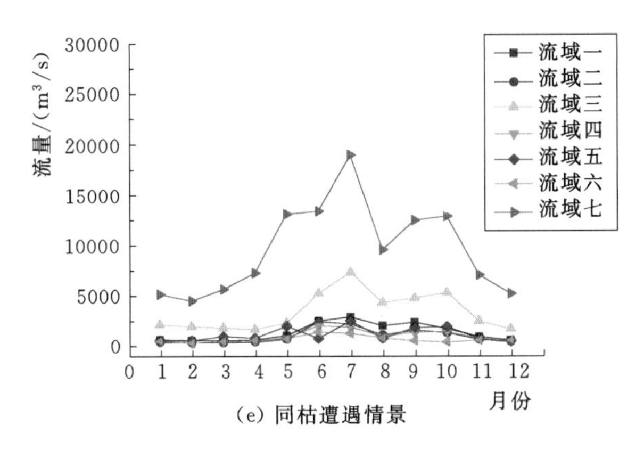

图 5.6（二） 5 种典型遭遇情景的长江中上游各流域的月均径流过程图

求情况，需要长江中上游梯级水库群动用调蓄库容进行补充供水。供水期的 5 月、洪水期的 6—9 月和蓄水期 10—11 月，来流能够满足中下游供水需求，不需要补供。同丰遭遇情景下，各流域的 RDA 计算结果见表 5.8，流域补水顺序为：金沙江流域→嘉陵江流域→雅砻江流域→长江上游干流流域→岷江流域→乌江流域。三峡作为流域节点性水库对其上游梯级水库群供水进行补偿和调蓄。

表 5.8 同丰遭遇情景丰枯度判断表

流　　域	RDA	年径流量/亿 m³	多年平均径流量/亿 m³
一、金沙江流域	0.999	621	566
二、雅砻江流域	0.9616	526	482
三、长江上游干流流域	0.8732	1530	1440
四、岷江流域	0.4149	433	402
五、嘉陵江流域	0.995	907	653
六、乌江流域	0.1868	510	390

同丰遭遇情景下，各流域典型水库供水流量和运行方案如图 5.8 和图 5.9 所示。

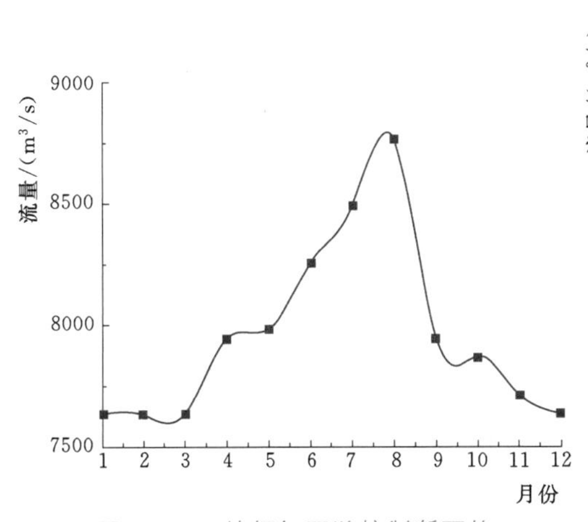

图 5.7 三峡枢纽下游控制断面的需水流量过程图

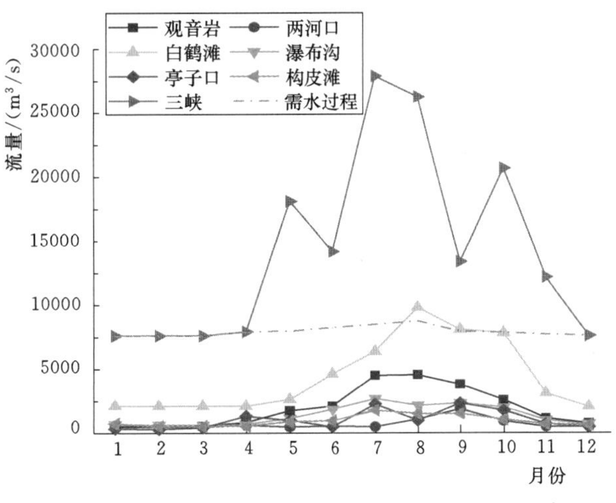

图 5.8 同丰遭遇情景各流域典型水库供水流量过程

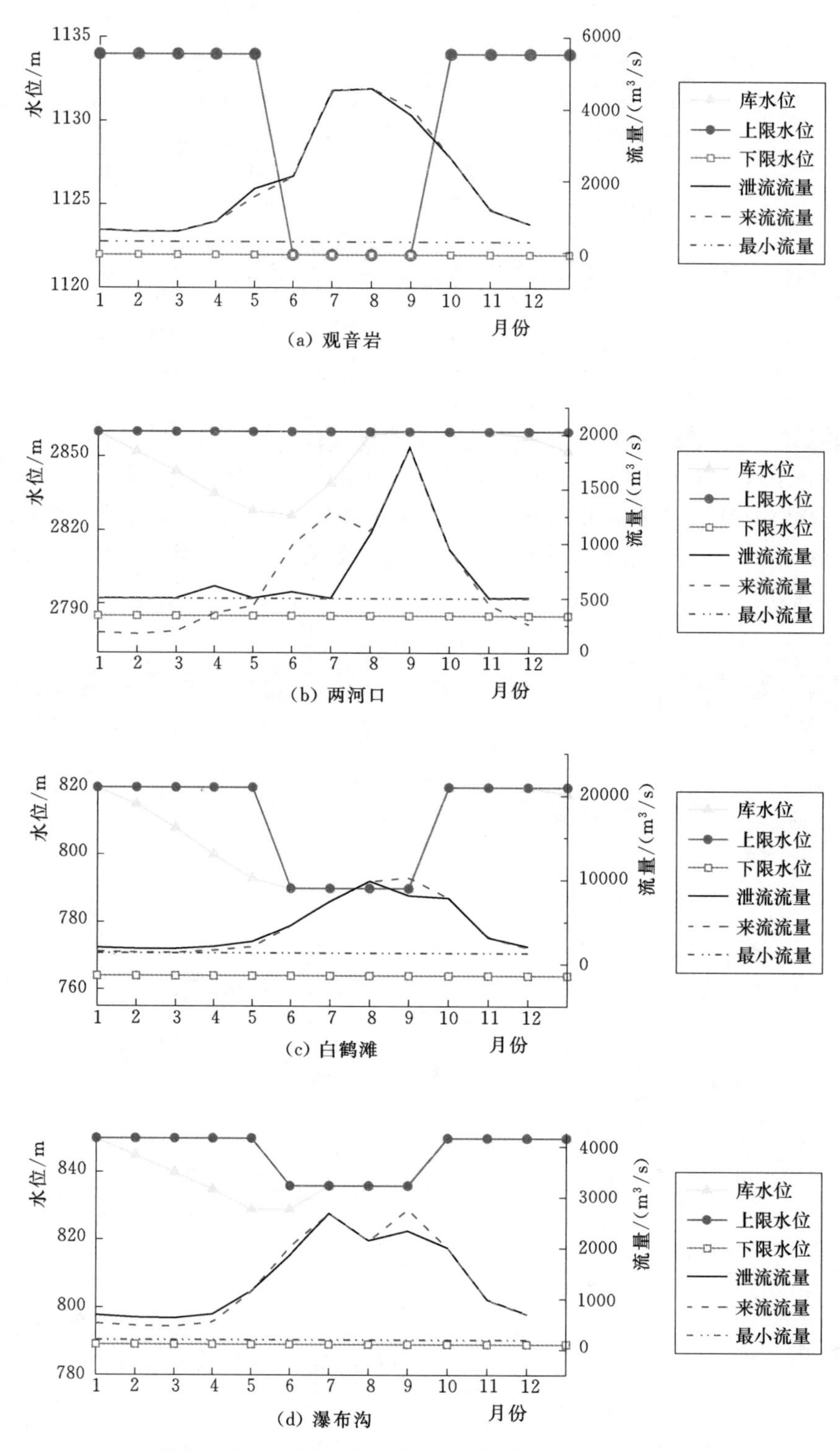

图5.9(一) 同丰遭遇情景各流域典型水库水位过程

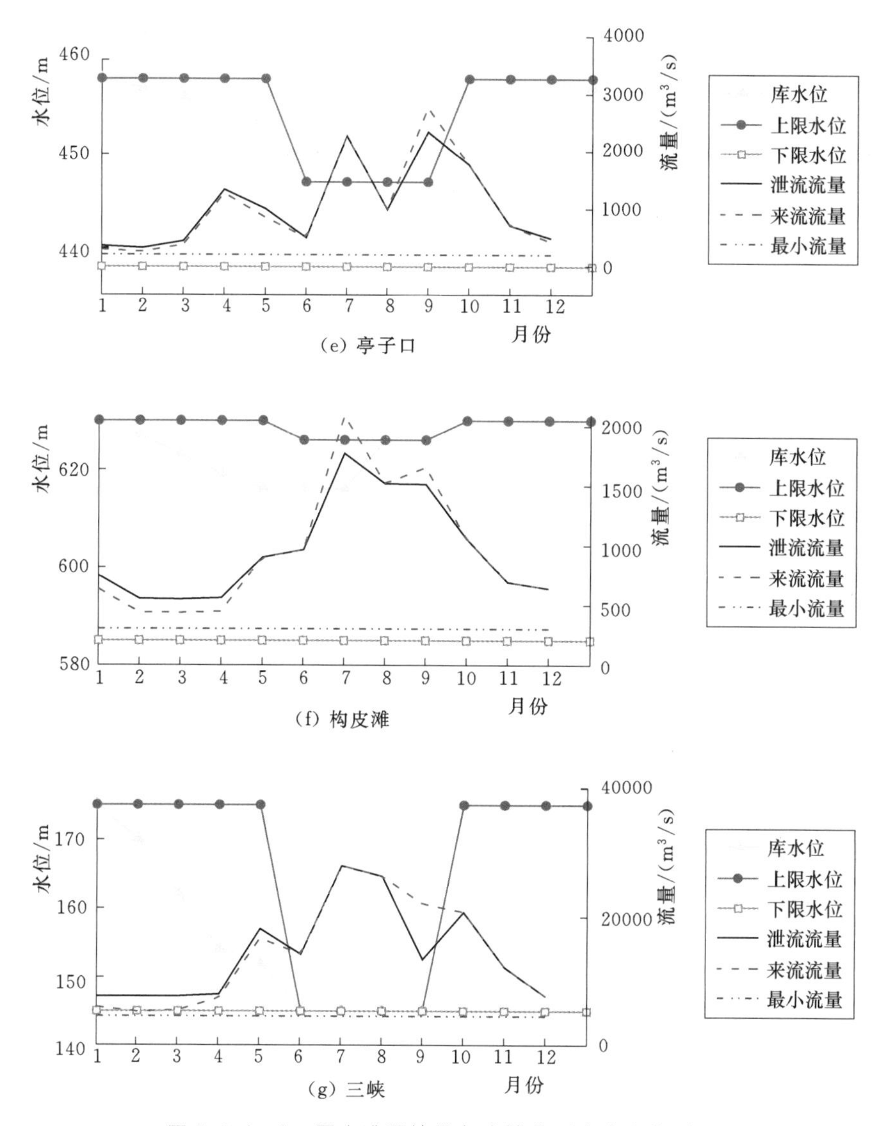

图 5.9（二） 同丰遭遇情景各流域典型水库水位过程

供水期的 5 月、洪水期的 6—9 月和蓄水期的 10—11 月，中上游流域来流大于中下游需水，不存在补供。依照供需平衡原则和顺序供水决策思路确定流域间和流域内水库群的供水任务，具体值见附表 2。在供水期的 1—4 月和蓄水期的 12 月，中上游流域来流小于中下游需水，水库群首先依据各月计算来流量与供水需求量差值，将缺少部分按照补供顺序（附表 1，同丰遭遇情景）调用库容依次补供直至满足，补供流量见附表 7；各水库供水流量等于水库来流与补供流量叠加，具体值见附表 2。

5.2.3.2 丰平遭遇情景下的供水顺序决策方案

丰平遭遇情景下，供水期的 1—3 月、5 月和蓄水期的 11—12 月，均存在来流不满足下游供水需求情况，需要长江中上游梯级水库群动用调蓄库容进行补充供水；供水期的 4 月、洪水期的 6—9 月和蓄水期的 10 月，来流能够满足中下游供水需求，无需补供。此情景下，各流域的 RDA 计算结果见表 5.9，流域补水顺序为：长江上游干流流域→岷江流域→金沙江流域→嘉陵江流域→雅砻江流域→乌江流域。三峡作为流域节点性水库对其上游梯级水库群供水进行补偿和调蓄。

表 5.9 丰平遭遇情景丰枯度判断表

流　　域	RDA	年径流量/亿 m^3	多年平均径流量/亿 m^3
金沙江流域	0.8118	617	566
雅砻江流域	0.3719	569	482
长江上游干流流域	0.9969	1563	1440
岷江流域	0.846	509	402
嘉陵江流域	0.5982	735	653
乌江流域	−0.0401	372	390

丰平遭遇情景下，各流域典型水库供水流量和运行方案如图 5.10 和图 5.11 所示。

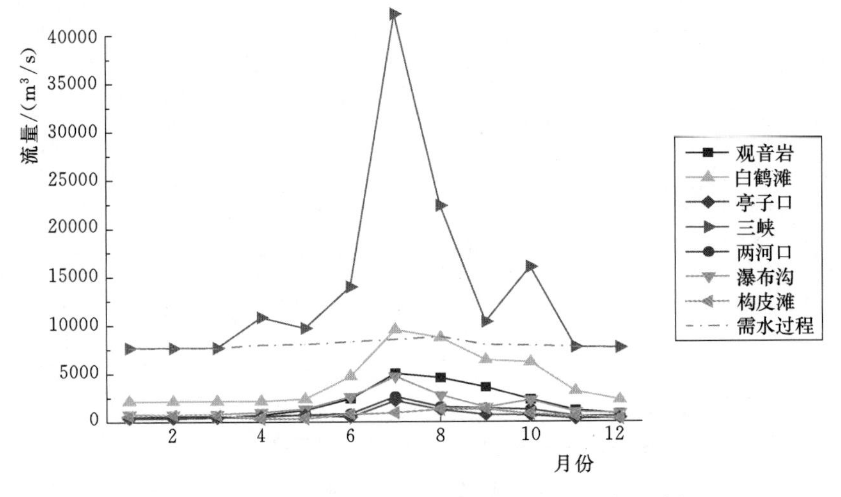

图 5.10 丰平遭遇情景各流域典型水库供水流量过程

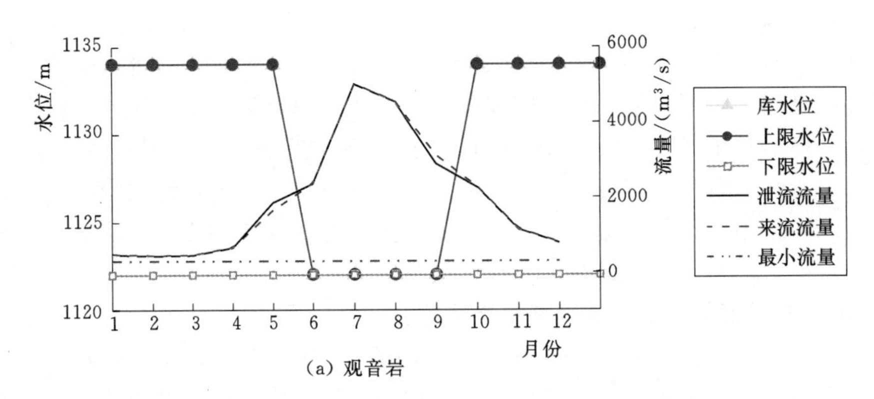

图 5.11（一） 丰平遭遇情景各流域典型水库水位过程

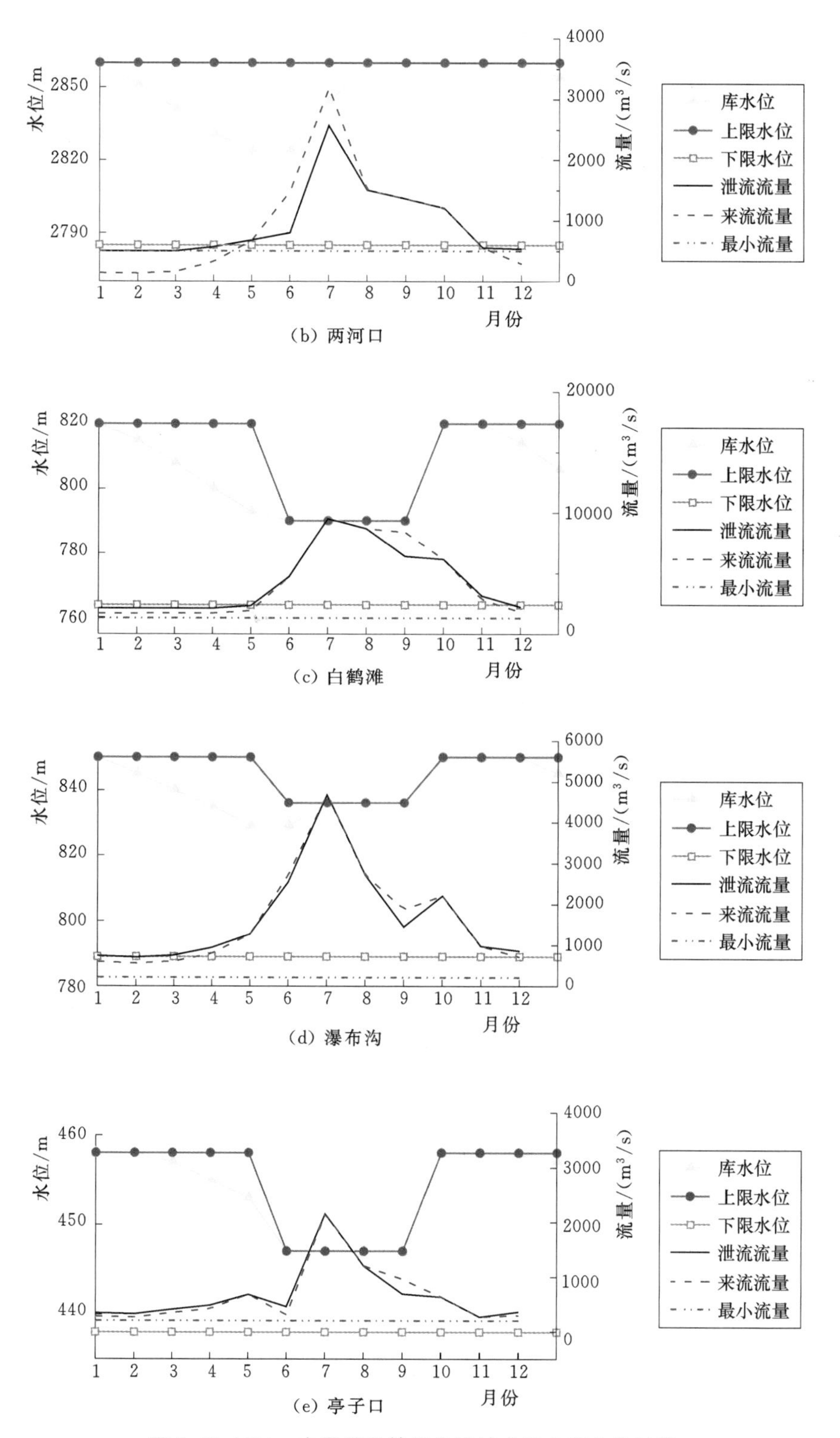

图 5.11（二） 丰平遭遇情景各流域典型水库水位过程

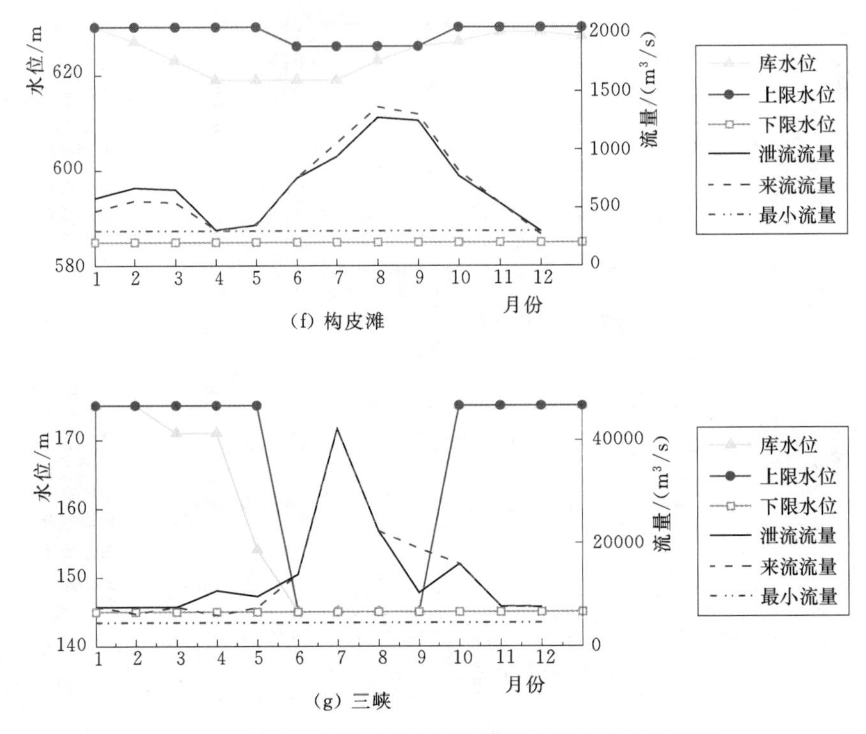

图5.11（三） 丰平遭遇情景各流域典型水库水位过程

供水期的4月、洪水期的6—9月和蓄水期的10月，中上游流域来流大于中下游需水，不存在补供。依照供需平衡原则和顺序供水决策思路确定流域间和流域内水库群的供水任务，具体值见附表3。供水期的1—3月、5月和蓄水期的11—12月，中上游流域来流小于中下游需水，水库群首先依据各月计算来流量与供水需求量差值，将缺少部分按照补供顺序（附表1，丰平遭遇情景）调用库容依次补供直至满足，补供流量见附表8；其各水库供水流量等于水库来流与补供流量叠加，具体值见附表3。

5.2.3.3 同平遭遇情景下的供水顺序决策方案

同平遭遇情景下，供水期的1—3月和蓄水期的12月，均存在来流不满足下游供水需求情况，此时需要水库群调用调蓄库容进行补充供水；供水期的4月、洪水期的6—9月和蓄水期的10月，来流能够满足中下游供水需求，无需补供。此情景下，各流域的RDA计算结果见表5.10，流域补水顺序为：雅砻江流域→乌江流域→长江上游干流流域→金沙江流域→嘉陵江流域→岷江流域。三峡作为流域节点性水库对其上游梯级水库群供水进行补偿和调蓄。

表5.10 同平遭遇情景丰枯度判断表

流　域	RDA	年径流量/亿 m^3	多年平均径流量/亿 m^3
金沙江流域	0.6247	565	566
雅砻江流域	0.9566	490	482

续表

流　　域	RDA	年径流量/亿 m³	多年平均径流量/亿 m³
长江上游干流流域	0.8832	1411	1440
岷江流域	−0.9997	386	402
嘉陵江流域	−0.9627	487	653
乌江流域	0.9359	335	390

同平遭遇情景下，各流域典型水库供水流量和运行方案如图 5.12 和图 5.13 所示。

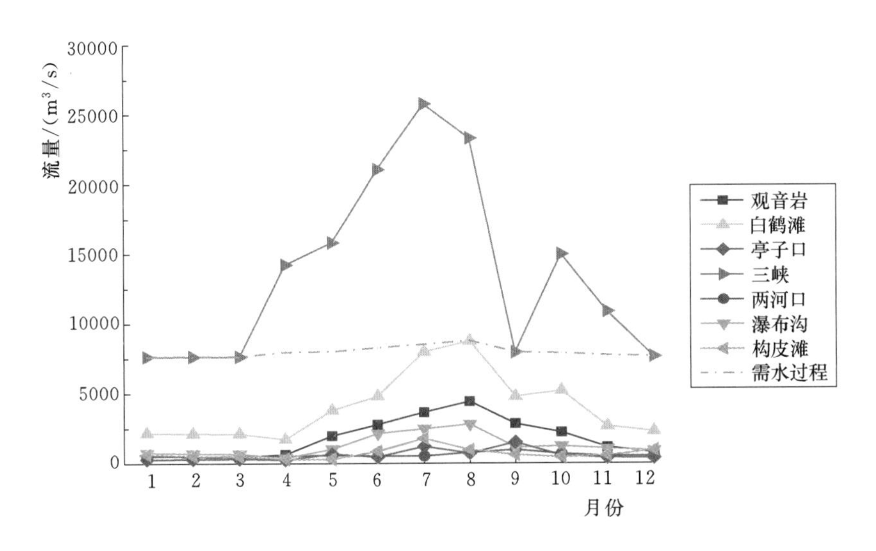

图 5.12　同平遭遇情景各流域典型水供水流量过程

供水期的 4—5 月、洪水期的 6—9 月和蓄水期的 10—11 月，中上游流域来流大于需水，不存在补供。依照供需平衡原则和顺序供水决策思路确定流域间和流域内水库群的供水任务，具体值见附表 4。供水期的 1—3 月和蓄水期的 12 月，中上游流域来流小于中下游需水，水库群首先依据各月计算来流量与供水需求量差值，将缺少部分按照补供顺序（附表 1，同平遭遇情景）调用库容依次补供直至满足，补供流量见表附表 9；其各水

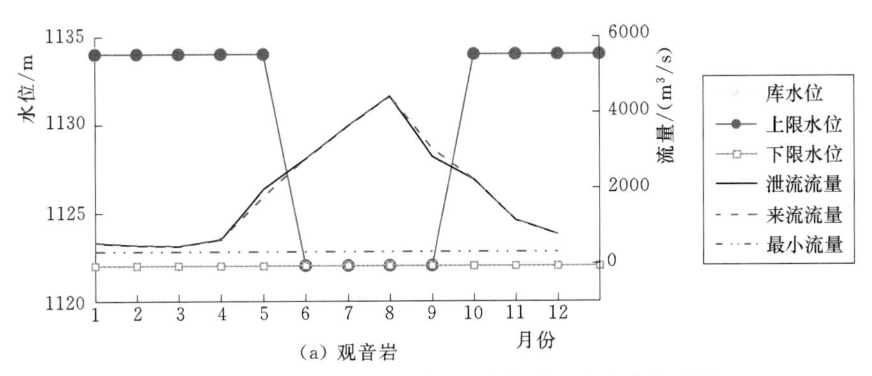

图 5.13（一）　同平遭遇情景各流域典型水库水位过程

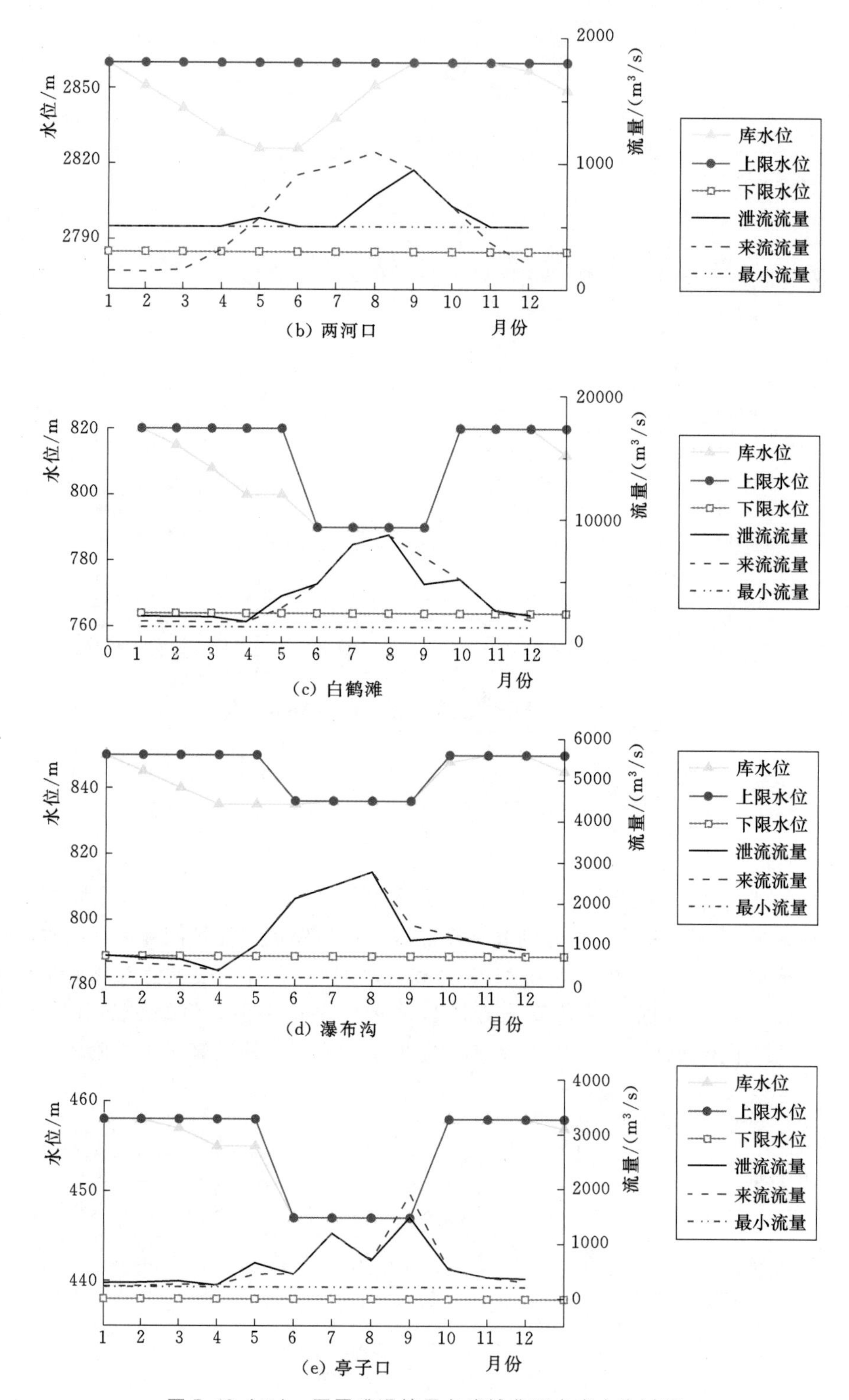

图 5.13（二） 同平遭遇情景各流域典型水库水位过程

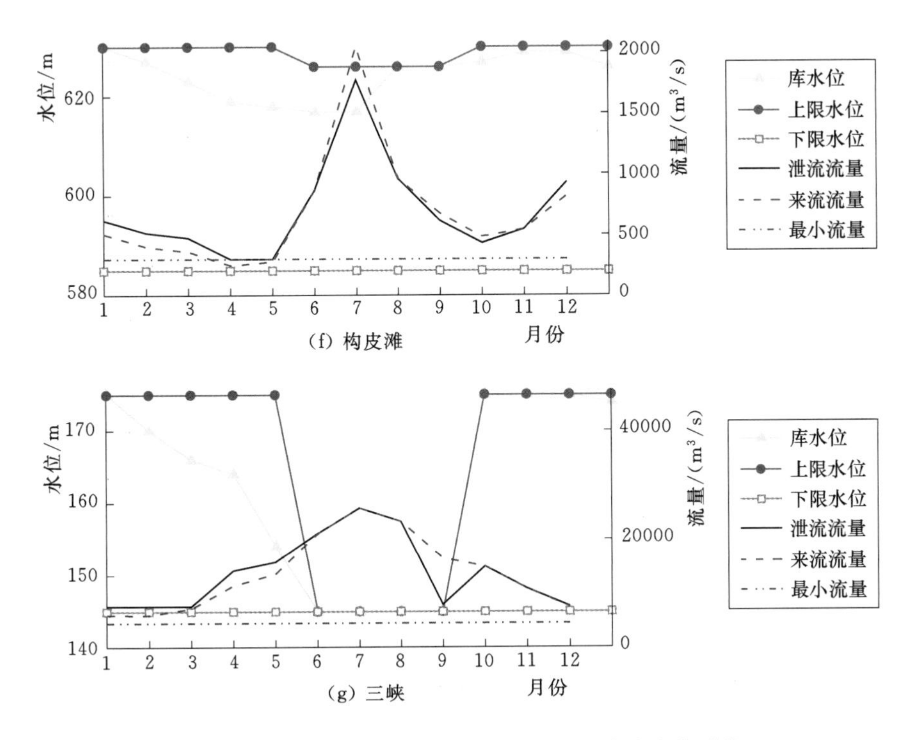

图 5.13（三） 同平遭遇情景各流域典型水库水位过程

库供水流量等于水库来流与补供流量叠加，具体值见附表 4。

5.2.3.4 平枯遭遇情景下的供水顺序决策方案

平枯遭遇情景下，供水期的 1—4 月和蓄水期的 12 月，均存在来流不满足下游供水需求情况，此时需要水库群调用调蓄库容进行补充供水；供水期的 5 月、洪水期的 6—9 月和蓄水期的 10—11 月，来流能够满足中下游供水需求，无需补供。此情景下，各流域的 RDA 计算结果如表 5.11 所示，流域补水顺序为：嘉陵江流域→金沙江流域→乌江流域→雅砻江流域→岷江流域→长江上游干流流域。三峡作为流域节点性水库对其上游梯级水库群供水进行补偿和调蓄。

表 5.11 平枯遭遇情景丰枯度判断表

流　域	RDA	年径流量/亿 m³	多年平均径流量/亿 m³
金沙江流域	−0.7261	363	566
雅砻江流域	−0.9018	389	482
长江上游干流流域	−0.9929	1120	1440
岷江流域	−0.9361	319	402
嘉陵江流域	−0.6538	419	653
乌江流域	−0.8597	345	390

平枯遭遇情景下，各流域典型水库供水流量和运行方案如图 5.14 和图 5.15 所示。

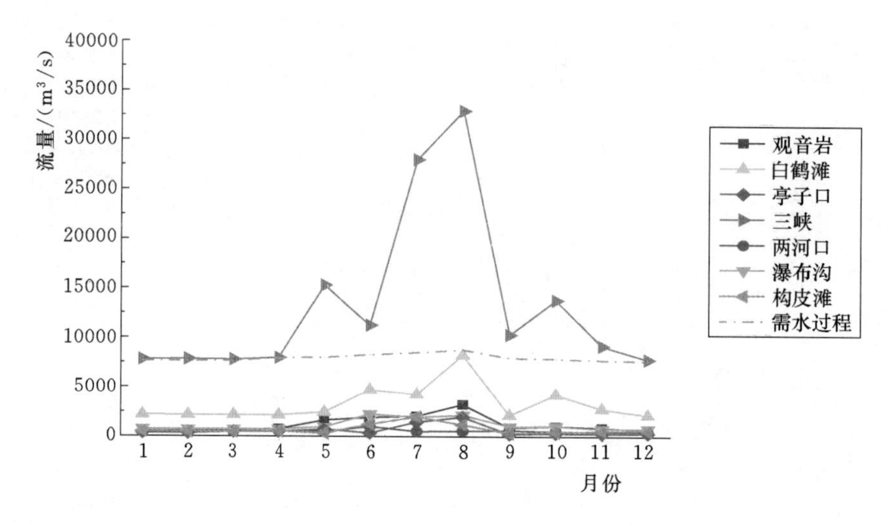

图 5.14 平枯遭遇情景各流域典型水供水流量过程

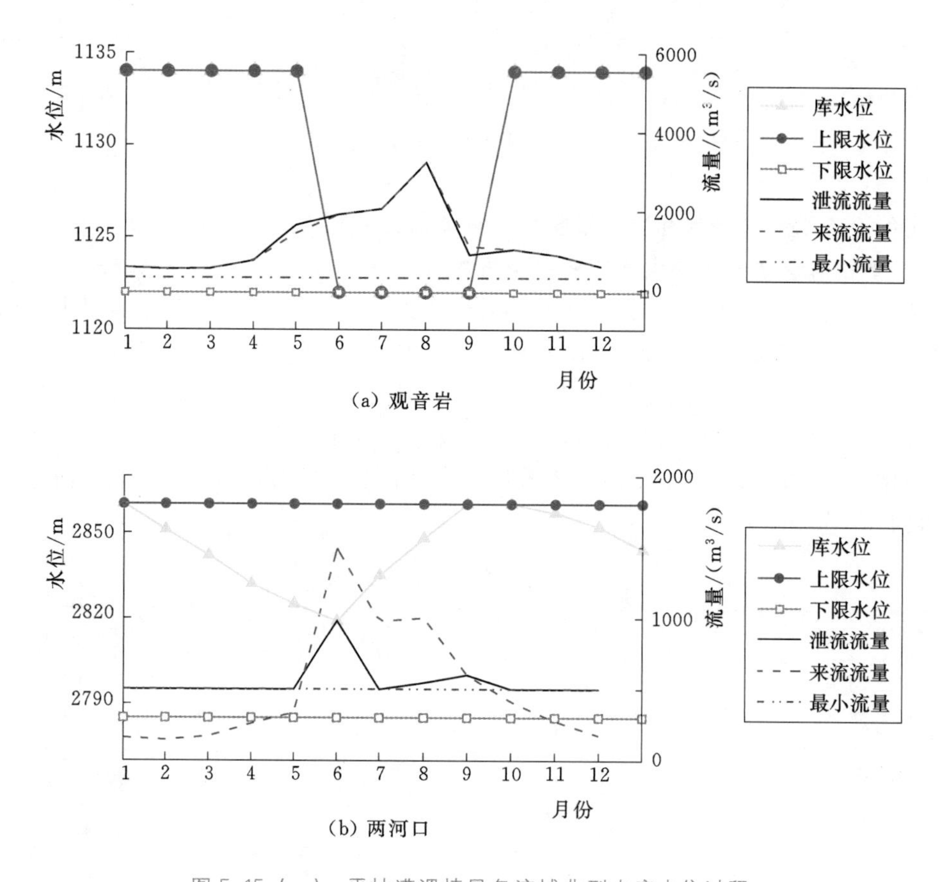

图 5.15 (一) 平枯遭遇情景各流域典型水库水位过程

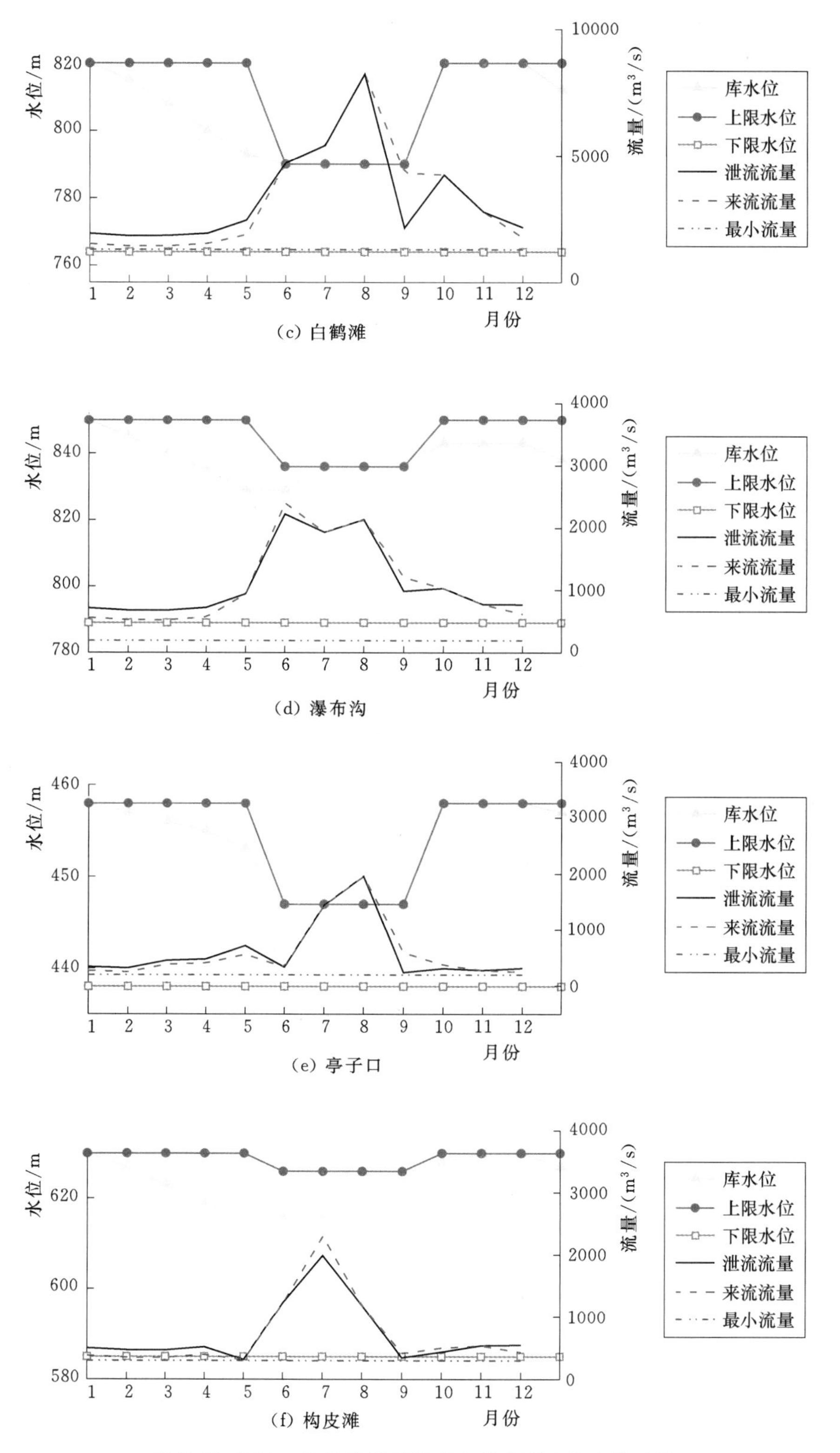

图 5.15（二） 平枯遭遇情景各流域典型水库水位过程

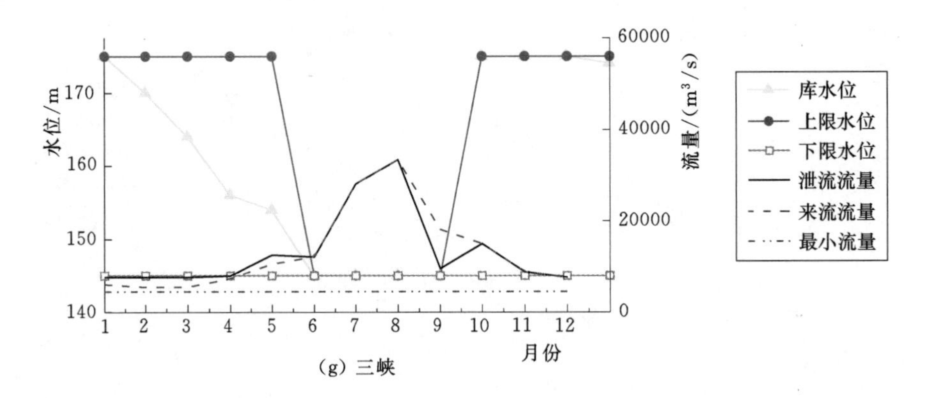

图 5.15（三） 平枯遭遇情景各流域典型水库水位过程

供水期的 4—5 月、洪水期的 6—9 月和蓄水期的 10—11 月，中上游流域来流大于需水，不存在补供。依照供需平衡原则和顺序供水决策思路确定流域间和流域内水库群的供水任务，具体值见附表 5。供水期的 1—3 月和蓄水期的 12 月，中上游流域来流大于需水，水库群首先对各月计算来流量与供水需求量差值，将缺少部分按照顺序补供顺序（附表 1，平枯遭遇情景）调用库容依次补供直至满足，补供流量见附表 10；其各水库供水流量等于水库来流与补供流量叠加，具体值见附表 5。

5.2.3.5 同枯遭遇情景下的供水顺序决策方案

同枯遭遇情景下，供水期的 1—3 月和蓄水期的 11—12 月，均存在来流不满足下游供水需求情况，此时需要水库群调用调蓄库容进行补充供水；供水期的 4—5 月、洪水期的 6—9 月和蓄水期的 10 月，来流能够满足中下游供水需求，无需补供。此情景下，各流域的 RDA 计算结果如表 5.12 所示，流域补水顺序为：岷江流域→雅砻江流域→金沙江流域→嘉陵江流域→乌江流域→长江上游干流流域。三峡作为流域节点性水库对其上游梯级水库群供水进行补偿和调蓄。

表 5.12　　同枯遭遇情景丰枯度判断表

流　域	RDA	年径流量/亿 m³	多年平均径流量/亿 m³
金沙江流域	−0.7613	435	566
雅砻江流域	−0.6029	325	482
长江上游干流流域	−0.9788	1023	1440
岷江流域	−0.4402	307	402
嘉陵江流域	−0.7741	307	653
乌江流域	−0.9216	233	390

同枯遭遇情景下，各流域典型水库供水流量和运行方案如图 5.16 和图 5.17 所示。

供水期的 4—5 月、洪水期的 6—9 月和蓄水期的 10 月，中上游流域来流大于需水，不存在补供。依照供需平衡原则和顺序供水决策思路确定流域间和流域内水库群的供水任务，具体值见附表 6。供水期的 1—3 月和蓄水期的 11—12 月，中上游流域来流小于需水，水库群首先对各月计算来流量与供水需求量差值，将缺少部分按照顺序补供顺序（附表 1，同枯遭遇情景）调用库容依次补供直至满足，补供流量见附表 11；其各水库供水流量等于水库来流与补供流量叠加，具体值见附表 6。

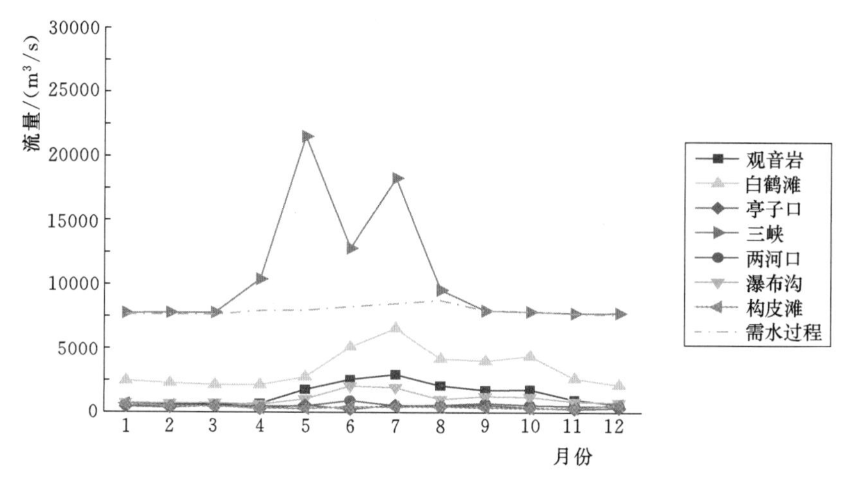

图 5.16　同枯遭遇情景各流域典型水供水流量过程

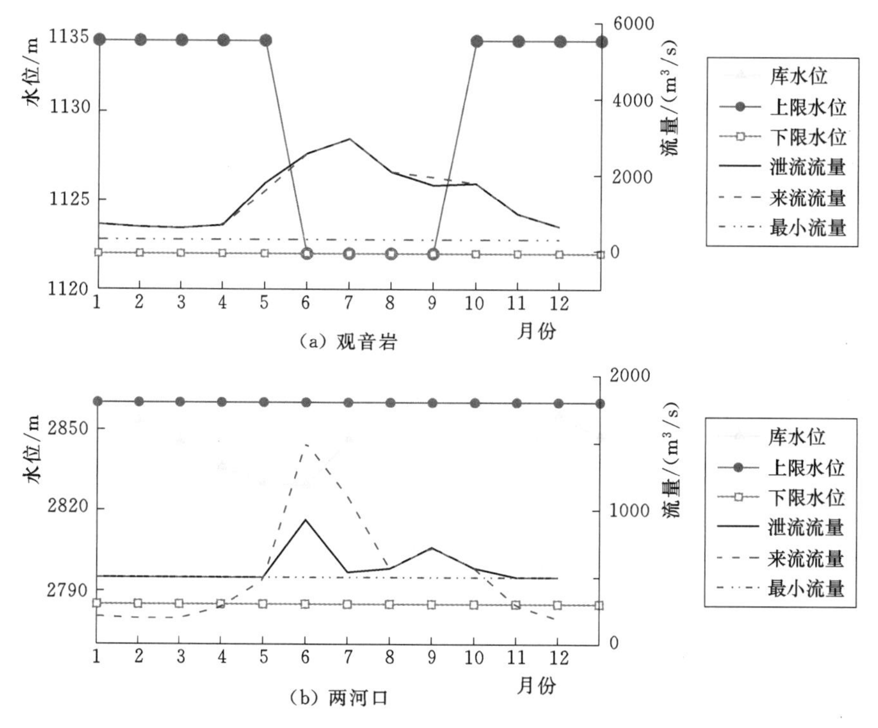

图 5.17（一）　同枯遭遇情景各流域典型水库水位过程

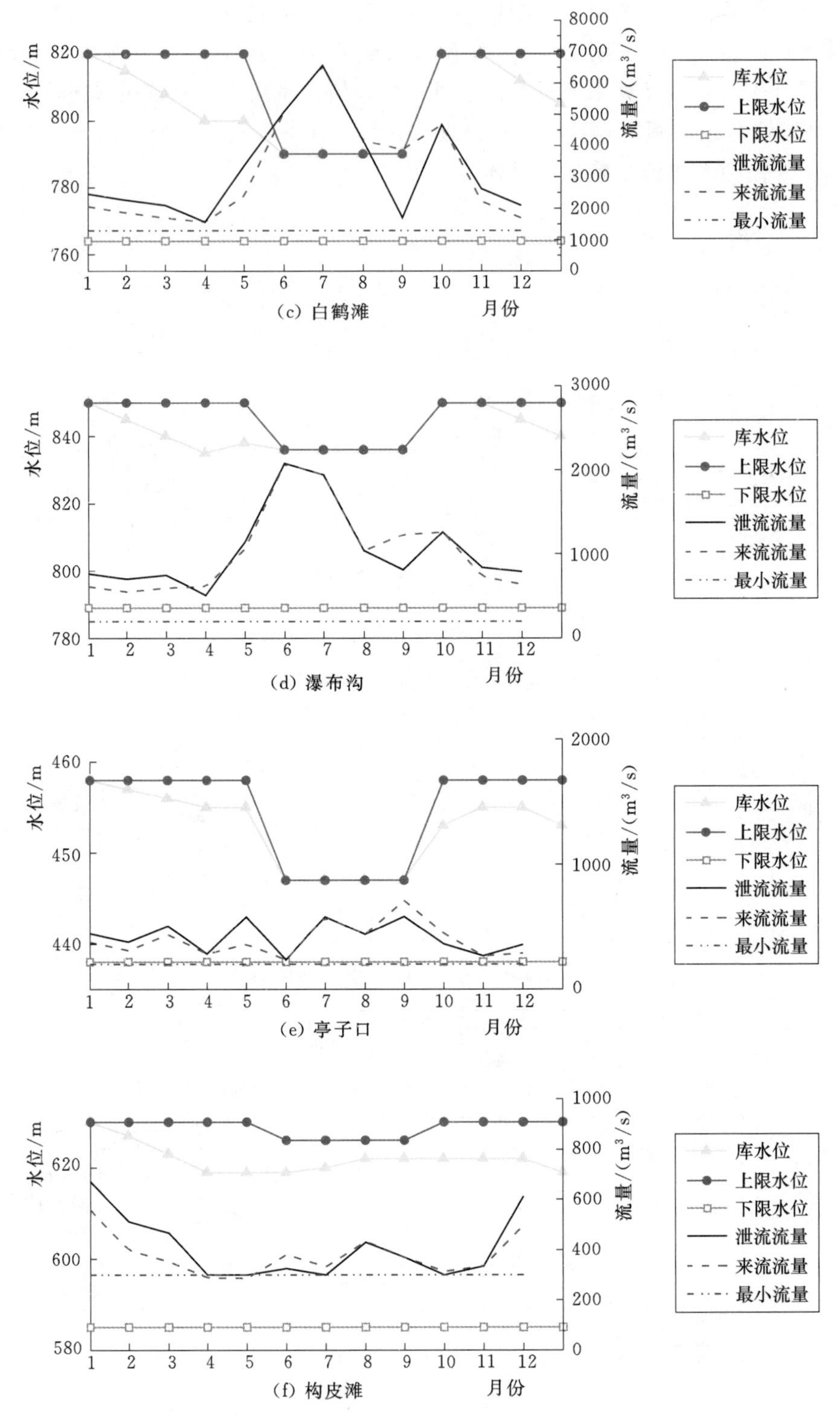

图 5.17（二） 同枯遭遇情景各流域典型水库水位过程

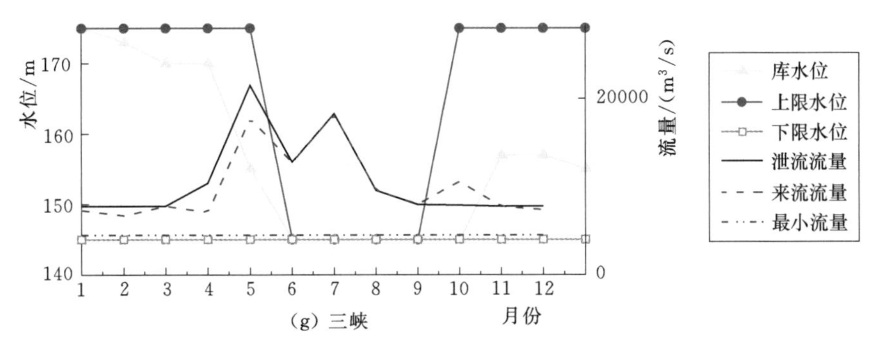

图 5.17(三) 同枯遭遇情景各流域典型水库水位过程

5.2.3.6 供水顺序调度决策分析

根据上节计算结果，得到各情景下的流域补供顺序（表 5.13）、流域补供水量（表 5.14）、顺序供水流域发电量（表 5.15）、顺序供水汛末未蓄满水库数量（表 5.16）以及顺序供水年指标值（表 5.17）。

表 5.13 各情景下流域的补供顺序表

情景	补供顺序					
	一	二	三	四	五	六
同丰	金沙江流域	嘉陵江流域	雅砻江流域	长江上游干流流域	岷江流域	乌江流域
丰平	长江上游干流流域	岷江流域	金沙江流域	嘉陵江流域	雅砻江流域	乌江流域
同平	雅砻江流域	乌江流域	长江上游干流流域	金沙江流域	嘉陵江流域	岷江流域
平枯	嘉陵江流域	金沙江流域	乌江流域	雅砻江流域	岷江流域	长江上游干流流域
同枯	岷江流域	雅砻江流域	金沙江流域	嘉陵江流域	乌江流域	长江上游干流流域

表 5.14 流域补供水量表

情景	补供水量/亿 m^3							
	金沙江流域	雅砻江流域	长江上游干流流域	岷江流域	嘉陵江流域	乌江流域	长江中游干流流域	总量
同丰	0	79	119	39	19	31	221	508
丰平	0	72	144	44	19	31	221	531
同平	0	77	137	34	19	34	245	546
平枯	0	93	134	48	19	44	223	561
同枯	0	81	146	49	19	44	231	570

表 5.15 顺序供水流域发电量表

情景	发电量/(亿 kW·h)							
	金沙江流域	雅砻江流域	长江上游干流流域	岷江流域	嘉陵江流域	乌江流域	长江中游干流流域	总量
同丰	658	510	2084	276	153	435	1051	5167
丰平	629	519	1968	312	130	337	972	4867
同平	635	520	1965	243	124	313	998	4798

续表

情景	发电量/(亿kW·h)							
	金沙江流域	雅砻江流域	长江上游干流流域	岷江流域	嘉陵江流域	乌江流域	长江中游干流流域	总量
平枯	472	453	1625	220	132	309	959	4170
同枯	528	414	1584	223	108	234	803	3894

表5.16　顺序供水汛末未蓄满水库数量表

情景	水库数量							
	金沙江流域	雅砻江流域	长江上游干流流域	岷江流域	嘉陵江流域	乌江流域	长江中游干流流域	总量
同丰	0	0	2	0	0	2	0	4
丰平	0	0	1	1	0	2	1	5
同平	1	1	1	1	0	1	1	6
平枯	1	0	4	1	1	5	0	12
同枯	0	0	3	0	2	7	1	13

表5.17　顺序供水年指标值表

情景	发电量/(亿kW·h)	未蓄满水库数	缺水量/亿m³	情景	发电量/(亿kW·h)	未蓄满水库数	缺水量/亿m³
同丰	5167	4	0	平枯	4170	12	0
丰平	4867	5	0	同枯	3894	13	0
同平	4798	6	0				

分析计算结果可得：顺序补水量随着上游来流减少而依次增大。流域梯级水库群的发电量指标受到补供流量和来流量共同影响；虽然各遭遇情景下的缺水量均为零，但未蓄满水库数则随来流量减少而依次增加，这表明，动用水库库存水量可以保障中下游需水，但是将对部分水库运行带来影响。

5.3 本章小结

在该部分的研究工作中，分析得出了长江中上游流域干支流径流特征，包括径流年内分配和年际变化特征、流域同丰枯可能性以及流域周期性。通过流域年尺度径流序列丰枯遭遇分析，得到五种典型遭遇情景；采用小波分析方法揭示径流序列周期变化规律，得到流域的主周期及小波实部变化过程。在此基础上提出了面向长江流域重点区域取用水安全的中上游水库群供水顺序决策模型，得到了不同来流遭遇和典型中下游需水过程组合情景下的长江中上游水库群供水顺序方案，对应的供水过程，以及水位调度过程。结果表明，依据流域年相对丰枯度和水库调蓄能力决定的供水顺序，采取长江中上游梯级水库群的统一调度决策，能够保障中下游区域的取用水安全；但在来水偏少年份，水库群补供水调度将对自身运行产生影响。本章针对具有丰枯代表的典型年进行模拟求解，结果具有一般性，可作为水库群参考调度规则进行调度。

第 6 章

面向两湖和长江口地区供水需求的水库群供水调度

近年来受极端气候的影响，洞庭湖、鄱阳湖地区旱情多发。在降雨偏少，长江上游及湖区水系来水偏少以及河床明显下切等因素作用下，洞庭湖、鄱阳湖枯水期持续出现历史最低水位，严重影响两湖地区的供水安全。此外，长江口咸潮入侵在长江口水域枯水期频繁出现，成为影响和制约上海市原水供应的重要因素之一，近年来随着长江上游大型水利工程的建设和投运，加上长江流域气候变化影响，使长江口咸潮入侵出现了一些新的特点，不仅咸潮入侵时间提前，入侵的持续时间也有延长的趋势。为了保障两湖和长江口地区的供水安全，需要从水资源管理和长江流域水量统一调配等方面，多角度、多层面入手，充分发挥上游水库群工程供水能力，通过科学合理的水资源调配方案，满足两湖和长江口地区的供水需求。

本章重点研究面向两湖和长江口地区供水需求的水库群供水调度方案，探究库群调度方案调整与江湖关系、长江口压咸补淡之间的相互影响关系，建立长江中下游大型江湖及长江口的河湖嵌套水动力模型，评估上游水库群供水调度模式对江湖关系和长江口咸潮变化的影响程度，提出满足两湖和长江口地区供水需求的水库群联合供水调度方案。

6.1 长江中下游河湖嵌套水流演进模型

6.1.1 模型构建思路

采用水动力学方法进行葛洲坝—大通段河道流量过程演进模拟及分析。根据本河段地形特点及堤防、道路等线状工程布置情况，河道采用一维水动力学模型进行模拟。

综合考虑葛洲坝—大通段河道特性、洪水传播、前期资料收集等情况，采用水动力学模型 MIKE ZERO 系列洪水模拟软件中 MIKE11 模块模拟河道流量演进过程。在模型构建时，分前处理、数值计算以及后处理三个过程。其中，前处理过程主要是处理河道断面资料、地形资料以及上、下游边界资料等，以供数值计算过程使用；对于两湖（洞庭湖、鄱阳湖），利用断面文件对两湖所在断面设置附加蓄水面积，结合洞庭湖水位-面积曲线、鄱阳湖水位-面积曲线，将两湖分别嵌套在长江支流断面上以反映湖区调蓄影响。数值计算过程主要涉及模型初始条件、时间步长的设置以及模型参数率定与验证等。后处理过程主要是提取模型计算结果及展示，并分析结果的可靠性和精确性等。研究区域为葛洲坝—

大通河段。下面将从基础数据收集与整理、模型构建与结果分析、模型率定与验证等方面展示河湖嵌套水流演进模型构建流程。

6.1.2 基础资料收集与整理

从模型构建的角度来讲，需要收集研究区域范围内的基础地理资料、水文资料、河道横断面、涉水工程等数据，并进行相应前处理工作以满足 MIKE11 模型构建与计算需要。其中，MIKE11 模型模拟河道洪水演进过程需要大量河道横断面数据，包括河道主河槽、堤防、河漫滩、河州小岛等的地形高程值等来描述河道断面实际形状；水文资料包括河道上游输入的控制流量过程及下游出口控制断面的水位或者水位-流量关系曲线。

1. 基础地理资料收集

基于全国三级以上河流 shp 文件，使用 ArcGIS 软件进行处理分析，获取到葛洲坝—大通段河流的 shp 文件，将洞庭湖、鄱阳湖概化为两点，将三口、四水、五河均概化为一条河流，如图 6.1 所示。

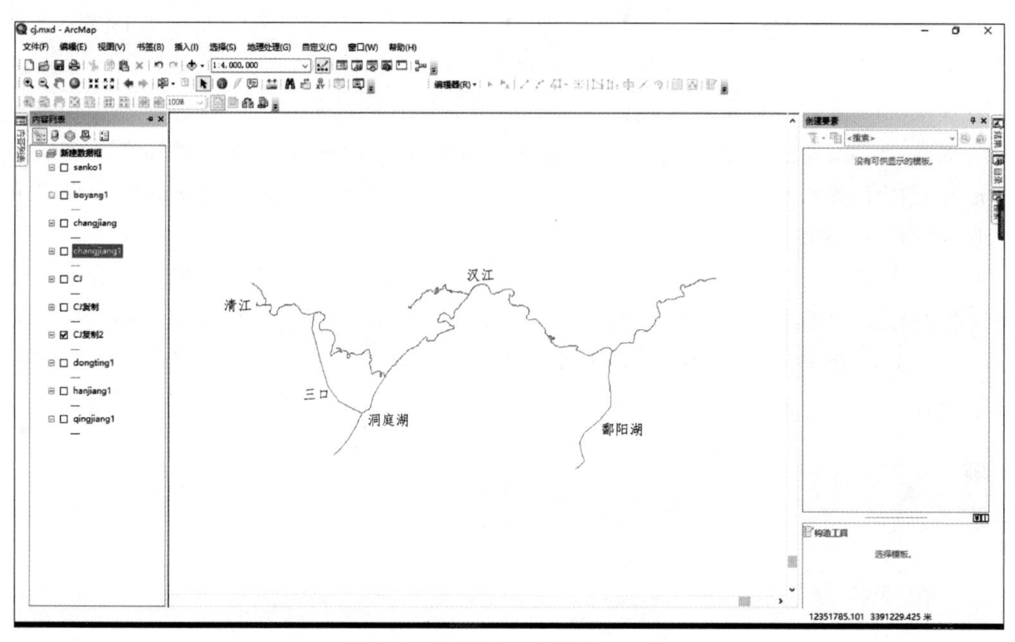

图 6.1 葛洲坝—大通段 shp 图

2. 河道断面

根据已有的河道断面数据，筛选出长江干流葛洲坝—大通之间 65 个断面。

3. 水位流量数据

收集到长江干流宜昌、枝城、沙市、监利、螺山、汉口、大通共 7 个水文站 2011—2012 年水位流量数据；清江高坝洲水库 2011—2012 年实测下泄流量；三口区域新江口、沙道观、弥陀寺、管家铺、康家岗共 5 个水文站 2011—2012 年流量数据；洞庭湖四水石门、桃源、桃江、湘潭共 4 个水文站 2011—2012 年流量数据；鄱阳湖五河永修、外洲、李家渡、梅港、渡峰坑、虎山共 6 个水文站 2011—2012 年流量数据；汉江仙桃水文站 2011—2012 年水位流量数据。

6.1.3 河湖嵌套水动力模型构建

6.1.3.1 MIKE一维模型简介

1. 基本方程

MIKE11中描述河道洪水运动的基本方程为圣维南（Saint - Venant）方程组，公式形式为

连续方程：
$$\frac{\partial Q}{\partial x}+\frac{\partial A}{\partial t}=q \tag{6.1}$$

动量方程：
$$\frac{\partial Q}{\partial t}+\frac{\partial}{\partial x}\left(\alpha\frac{Q^2}{A}\right)+gA\frac{\partial h}{\partial x}+g\frac{Q|Q|}{C^2AR}=0 \tag{6.2}$$

式中：Q为断面流量，m^3/s；A为过水断面面积，m^2；q为源汇的单宽流量，m^2/s；x、t分别为距离坐标和时间坐标；h为水深，m；C为谢才系数；R为水力半径，m；g为重力加速度；α为动量校正系数。

2. 求解方法

MIKE11采用的离散方法是Abbott - Ionescu六点有限差分格式，计算时在网格点按顺序交替计算流量和水位，如图6.2所示h点和Q点，以其为中心对控制方程进行离散。

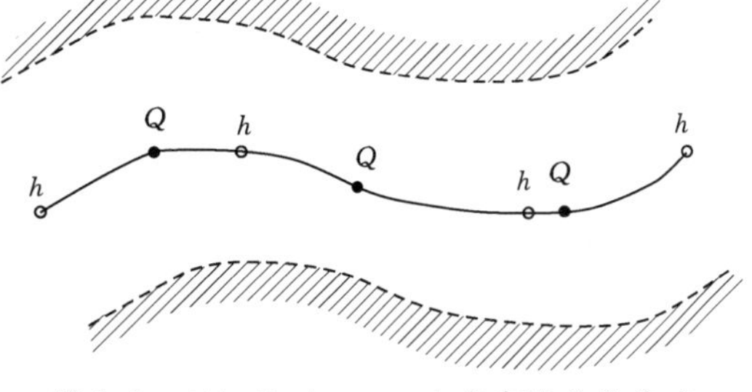

图6.2 Abbott - Ionescu六点有限差分格式水位点、流量点交替布置图

连续性方程形式为

$$\frac{\partial Q}{\partial x}+\frac{\partial A}{\partial t}=q \tag{6.3}$$

连续性方程中各项可采用如下差分形式：

$$\frac{\partial Q}{\partial x}=\frac{\dfrac{Q_{j+1}^{n+1}+Q_{j+1}^{n}}{2}-\dfrac{Q_{j-1}^{n+1}+Q_{j-1}^{n}}{2}}{\Delta x_j+\Delta x_{j+1}} \tag{6.4}$$

$$B_s=\frac{\Delta A_j+\Delta A_{j+1}}{\Delta x_j+\Delta x_{j+1}} \tag{6.5}$$

$$\frac{\partial h}{\partial t}=\frac{h_j^{n+1}-h_j^n}{\Delta t} \tag{6.6}$$

式中：B_s为蓄存宽度；ΔA_j、ΔA_{j+1}分别为网格点$j-1$与j、j与$j+1$之间的水面面积；Δt为时间步长；上标n、$n+1$分别表示在$t=n\Delta t$、$t=(n+1)\Delta t$时刻取值；下标$j-1$、j、$j+1$分别表示在网格点$j-1$、j、$j+1$处取值，见图6.3。

根据上述连续性方程和动量方程离散后的差分形式，河道内任一网格点与相邻网格点的水力参数Z（水位h或流量Q）可表示为

$$\alpha_j Z_{j-1}^{n+1}+\beta_j Z_j^{n+1}+\gamma_j Z_{j+1}^{n+1}=\delta_j \tag{6.7}$$

3. 边界条件

在计算过程中，上下游边界可分为三种类型：水位过程、流量过程和水位流量关系，下面分这三种情况处理边界。

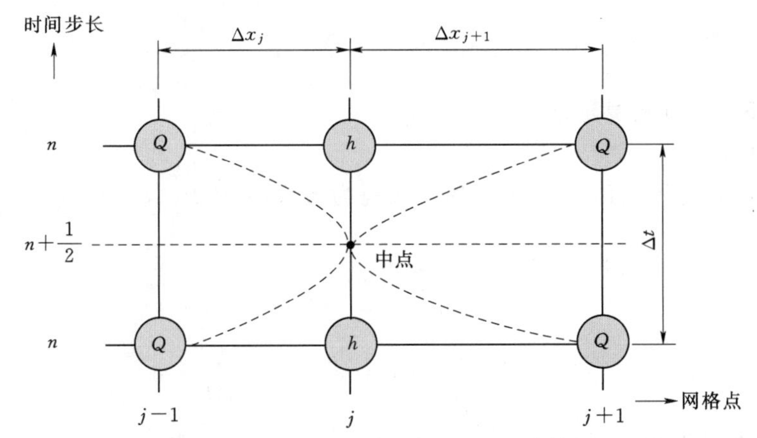

图 6.3 Abbott - Ionescu 六点有限差分格式计算方法示意图

(1) 边界为定水位过程：

水位随时间的变化过程用 $h=h(t)$ 表示，则上下游边界表达式为

$$h_1^{n+1}=H_u^{n+1}, h_n^{n+1}=H_d^{n+1} \tag{6.8}$$

(2) 边界为定流量过程：

流量过程用 $Q=Q(t)$ 表示，根据连续性方程可得

$$\frac{H^{n+1}-H^n}{\Delta t}A=\frac{1}{2}(Q_0^n-Q_2^n)+\frac{1}{2}(Q_0^{n+1}-Q_2^{n+1}) \tag{6.9}$$

式中：Q_0 为边界流量。

式 (6.9) 可表示为

$$\frac{H^{n+1}-H^n}{\Delta t}A=\frac{1}{2}(Q_0^n-Q_2^n)+\frac{1}{2}[Q_0^{n+1}-(c_2-a_2H^{n+1}-b_2H_d^{n+1})] \tag{6.10}$$

(3) 边界为定水位流量关系：

水位流量关系用 $Q=Q(h)$ 表示，边界处理方法与上述已知流量过程一样。

6.1.3.2 MIKE一维河道模型构建

根据收集整理的河道横断面数据、边界条件数据及河道糙率等数据，建立 MIKE11 模型所需的河网文件、断面文件、边界条件文件、参数文件，模拟河道内洪水演进过程。其中，两湖（鄱阳湖、洞庭湖）采用各自水位面积关系进行概化，并嵌套至一维河道模型。

1. 河网文件

研究区域的河网文件为长江主河道葛洲坝—大通段，河道长约 1213km。沿程的主要支流有清江、三口、汉江。

2. 断面文件

选取长江干流 65 个断面，典型横断面如图 6.4 所示，图中横坐标 x 表示每个断面至左岸的距离，纵坐标 z 表示河床的高程。支流断面均为自定义断面。在一维水动力学模型河道横断面中，明堤、护岸、路堤结合等均作为堤防，并通过河道横断面的左、右岸标记点来定义左岸（标记点 1）、右岸（标记点 2）堤防，且标记点 1、2 范围内的横断面为有效过水面积，标记点 3 表示河道最低高程，即主河道底部高程。

研究区域中包含洞庭湖、鄱阳湖两个湖区，本书将洞庭湖和鄱阳湖两湖概化为蓄水

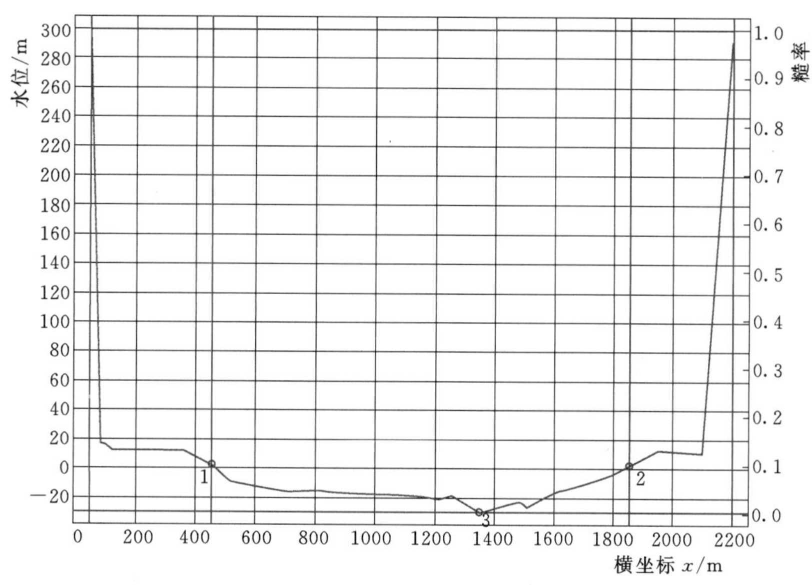

图 6.4 河道左右岸标记及断面设置情况示意图

区，嵌入到长江干流的一维水动力模型中，以此实现长江干流与两湖之间的交互。依据东洞庭湖、西洞庭湖、南洞庭湖的水位面积曲线，得到洞庭湖水位-面积关系曲线（图 6.5）。鄱阳湖的水位-面积关系曲线如图 6.6 所示。

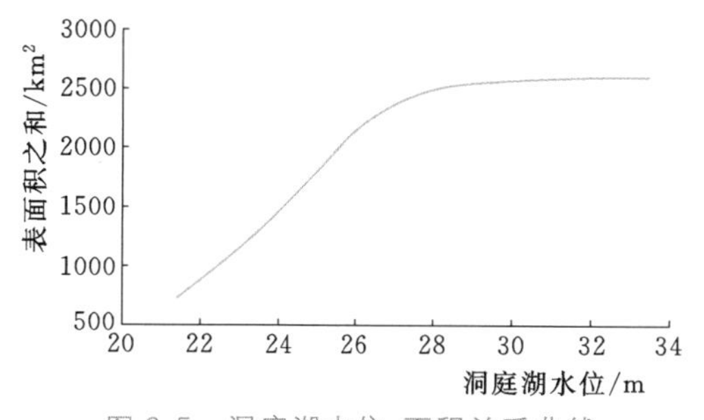

图 6.5 洞庭湖水位-面积关系曲线

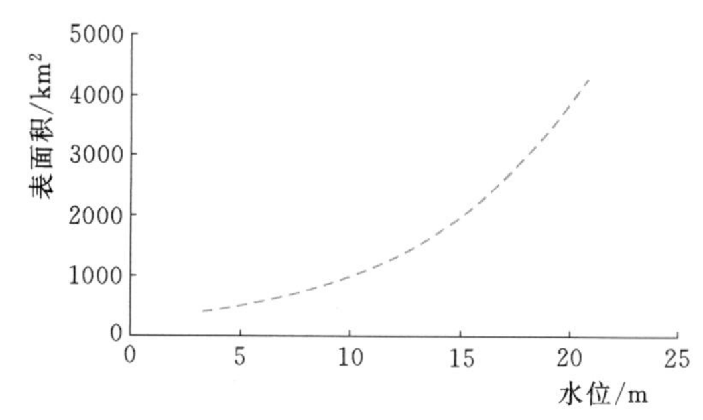

图 6.6 鄱阳湖水位-面积关系曲线

3. 边界条件文件

模型上边界位于葛洲坝水库，采用其 2011 年、2012 年的三峡工程蓄水期间的葛洲坝水库的实测下泄流量过程作为上边界条件。清江上边界采用高坝洲水库 2011 年、2012 年的实测下泄流量，汉江上边界采用仙桃水文站 2011 年、2012 年的实测流量。

模型下边界位于大通水文站，下边界控制条件采用水位流量关系线，根据该断面处河道比降、糙率、横断面形状等数据，采用曼宁公式推求得到：

$$V=\frac{1}{n}R^{\frac{2}{3}}S^{\frac{1}{2}} \tag{6.11}$$

$$Q=AV \tag{6.12}$$

式中：Q 为流量，m^3/s；A 为断面面积，m^2；V 为断面平均流速，m/s；n 为河床糙率，无量纲；R 为水力半径，m；S 为河道比降。

4. 模型参数文件

河道一维水动力模型的主要参数是糙率，该值反映河道内不同床质、不同植被类型对河道洪水演进的阻滞大小。本书采用河道糙率分段设定原则，根据河段河床形态与床面的特征类型、岸壁特征等，对不同河段设置不同的糙率。研究区域共设置 29 个河段，其中包括枝城 4 个河段、沙市 3 个河段、监利 4 个河段、城陵矶 3 个河段、螺山 2 个河段、洞庭湖 4 个河段、鄱阳湖 3 个河段、大通 3 个河段以及三口 3 个河段。

6.1.4 模型率定与验证

利用 2012 年长江干流及主要支流关键水文站的实测流量资料、洞庭湖三口与四水实测流量、鄱阳湖五河实测流量以及洞庭湖、鄱阳湖平均水位等资料进行参数率定，利用 2011 年资料对模型进行验证。以相关性系数最大为目标，确定糙率值。各控制站点水位、流量率定期与验证期的相关性系数见表 6.1，糙率值见表 6.2。

表 6.1 各控制站点水位、流量率定期与验证期相关性系数

项目		枝城	沙市	监利	螺山	洞庭湖	鄱阳湖	大通
率定期	水位					0.984	0.985	
	流量	0.991	0.992	0.977	0.978			0.973
验证期	水位					0.968	0.933	
	流量	0.991	0.987	0.976	0.981			0.928

表 6.2 不同河段糙率率定值

河段	河流	断面里程/m	糙率	河段	河流	断面里程/m	糙率
1	长江	0	0.04	16	长江	447100	0.035
2	长江	30000	0.04	17	洞庭湖	0	0.03
3	长江	56000	0.04	18	洞庭湖	75062	0.03
4	长江	63800	0.04	19	洞庭湖	100000	0.03
5	长江	80000	0.03	20	洞庭湖	121633	0.03
6	长江	110000	0.03	21	鄱阳湖	0	0.03
7	长江	125000	0.03	22	鄱阳湖	115377	0.03
8	长江	140000	0.05	23	鄱阳湖	191817	0.03
9	长江	150000	0.05	24	长江	653730	0.016
10	长江	300000	0.05	25	长江	982789	0.016
11	长江	327452	0.05	26	长江	1213065	0.016
12	长江	360000	0.03	27	三口	0	0.151
13	长江	400000	0.03	28	三口	50000	0.151
14	长江	411672	0.03	29	三口	118048	0.151
15	长江	425000	0.035				

由表 6.1 可知，各水文站在率定期和验证期的相关性系数均在 0.928 以上，模型率定效果好。上游枝城站、沙市站的模拟效果更优，下游监利站、螺山站、洞庭湖站、鄱阳湖站、大通站模拟结果稍差。一方面是因为下游存在误差累积，另一方面是因为三口、洞庭湖、鄱阳湖区域真实地理过程复杂，采用概化的方式存在一定误差。

图 6.7～图 6.13 所示为枝城、沙市、监利、螺山、大通的流量过程以及洞庭湖、鄱阳湖的水位过程，由图可知模拟效果均较好。

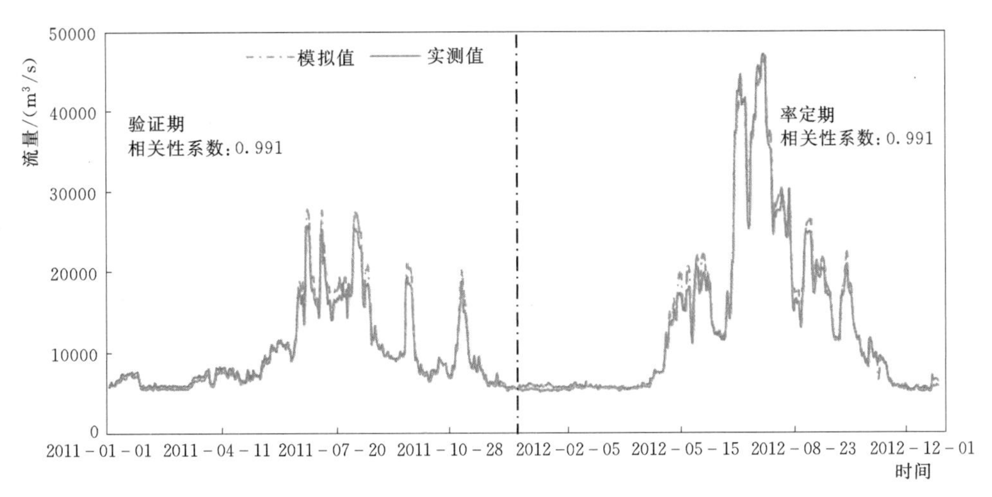

图6.7 枝城站流量模拟结果

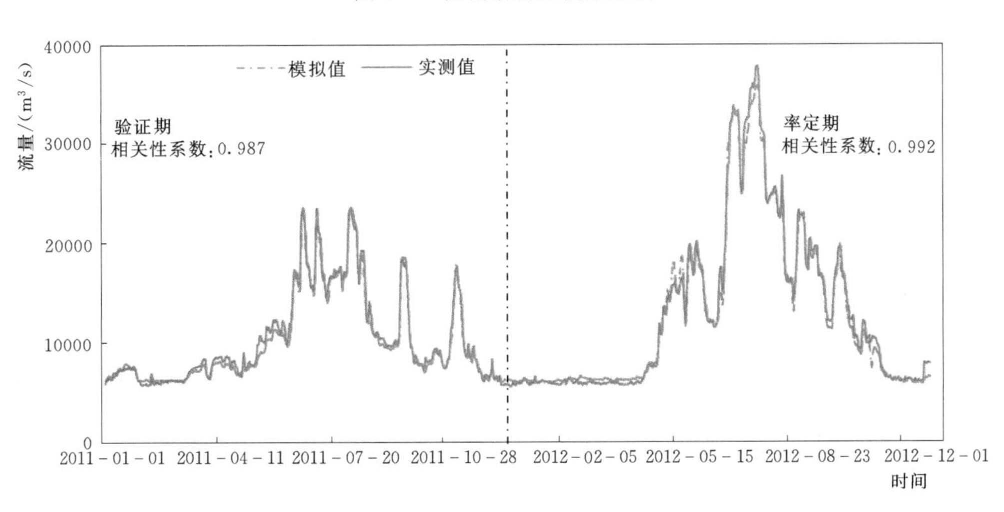

图6.8 沙市站流量模拟结果

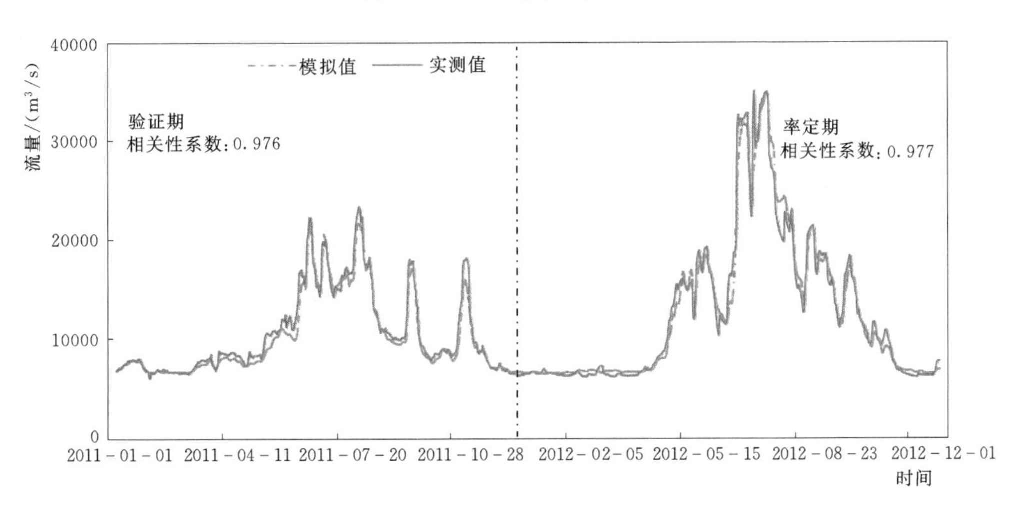

图6.9 监利站流量模拟结果

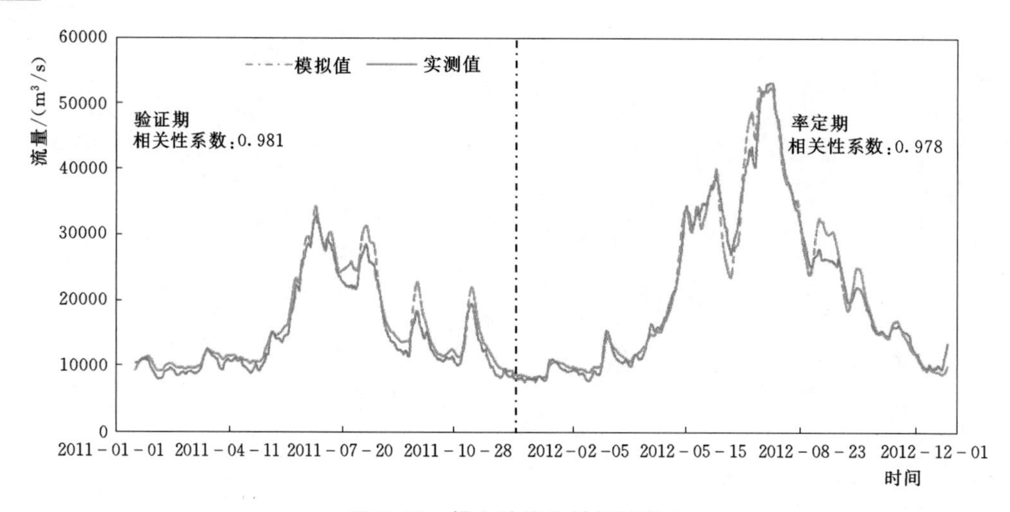

图 6.10 螺山站流量模拟结果

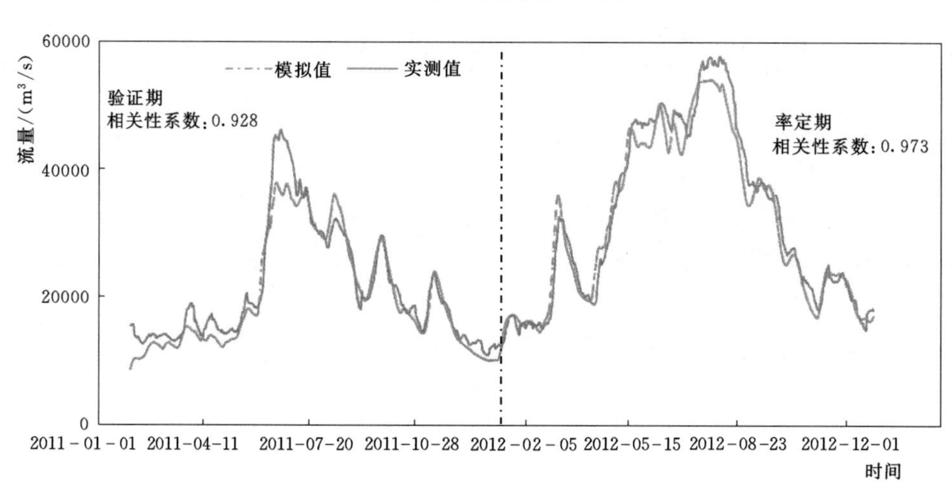

图 6.11 大通站流量模拟结果

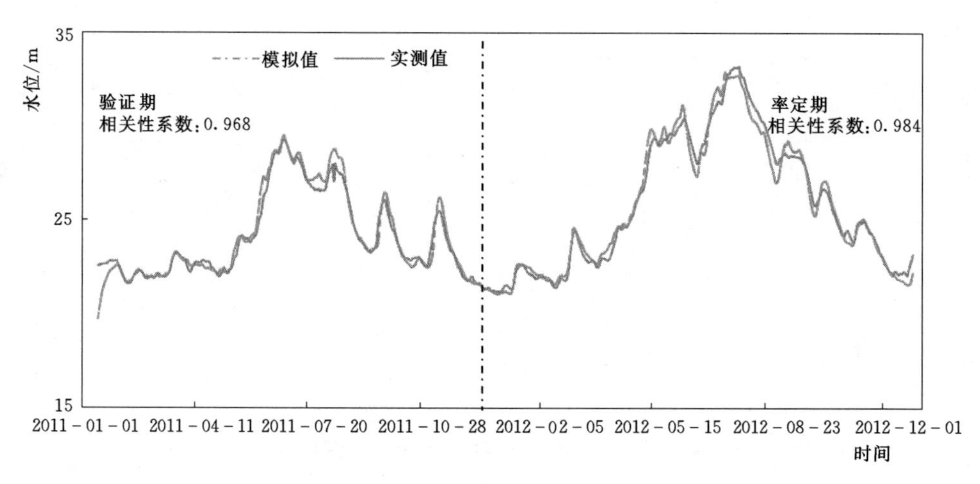

图 6.12 洞庭湖水位模拟结果

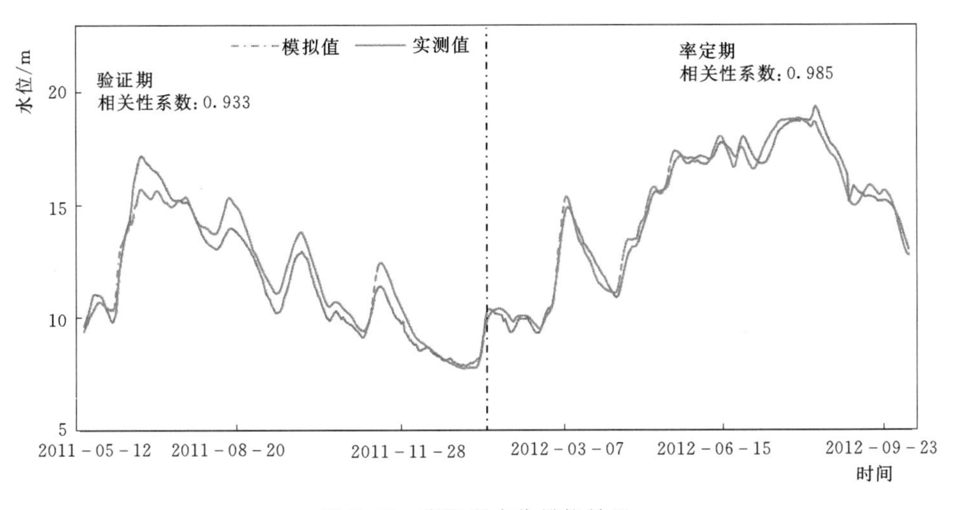

图 6.13 鄱阳湖水位模拟结果

6.2 长江中上游水库群供水调度方式对两湖和长江口的影响分析

6.2.1 长江中上游梯级水库群优化调度方式分析

为了评估长江中上游水库群供水调度模式对江湖关系和长江口咸潮变化的影响，将第 5 章提出的五种来流情形下各种工况的优化调度过程作为三峡-葛洲坝联合优化调度模型的输入，将三峡-葛洲坝优化调度过程作为河湖嵌套水动力模型的输入数据之一，进而评估长江中上游水库群不同供水调度模式对下游江湖关系、长江口压咸补淡的影响程度。

表 6.3 为长江中上游水库群供水调度模式工况设定情况，6 种优化工况对应的优化对象分别为流域整体、单独雅砻江流域、单独长江上游干流流域、单独岷江流域、单独嘉陵江流域和单独长江中游干流流域，调度目标分别为调度期内的优化对象发电量最大、三峡断面累计缺水量最小和调度期末水库库存水量最大。

表 6.3 长江中上游梯级水库群调度模式工况设定

优化对象	同丰（TF）	丰平（FP）	同平（TP）	平枯（PK）	同枯（TK）
流域整体	TF-1	FP-1	TP-1	PK-1	TK-1
单独雅砻江流域	TF-2	FP-2	TP-2	PK-2	TK-2
单独长江上游干流流域	TF-3	FP-3	TP-3	PK-3	TK-3
单独岷江流域	TF-4	FP-4	TP-4	PK-4	TK-4
单独嘉陵江流域	TF-5	FP-5	TP-5	PK-5	TK-5
单独长江中游干流流域	TF-6	FP-6	TP-6	PK-6	TK-6

第 5 章水库群调度为月尺度调度过程，需要将五种来流情形下各种工况的三峡水库月尺度入流过程转化为日尺度流量过程，进而得到三峡-葛洲坝梯级水库群进一步优化后的

泄流过程。基于 1882—2008 年共计 127 年的三峡水库日尺度历史长系列入流过程，同时，采用滑动平均法消除各月份之间流量差异导致的流量陡涨陡落问题，得到如图 6.14 所示的长江上游水库群供水调度模式下的三峡水库日尺度入流过程。

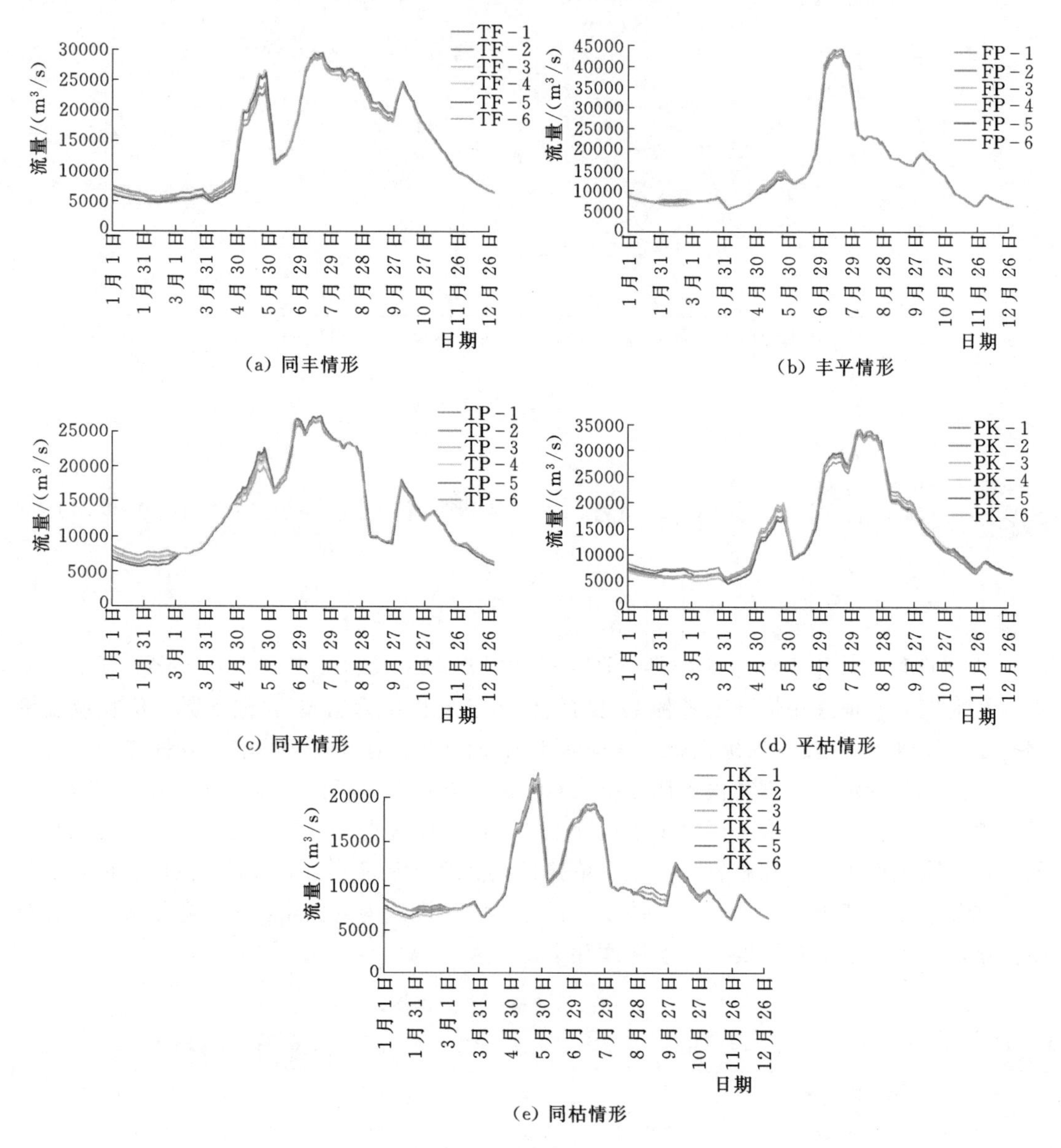

图 6.14 各种工况下的三峡水库日尺度入流过程

运用三峡-葛洲坝联合优化调度中缺水量最小方案调度图，模拟各典型来流情形下各种工况的葛洲坝泄流过程，如图 6.15 所示。图中红色虚线为三峡断面（宜昌断面）需水过程，该过程在第 4 章提出的供水需求流量过程基础上，考虑两湖 9 月、10 月的补水需求，将 9 月需水流量提升至 10000m^3/s，将 10 月需水流量提升至 8000m^3/s。

图 6.16 展示了各种工况下的三峡-葛洲坝联合优化调度关键指标特征，其中，供水深

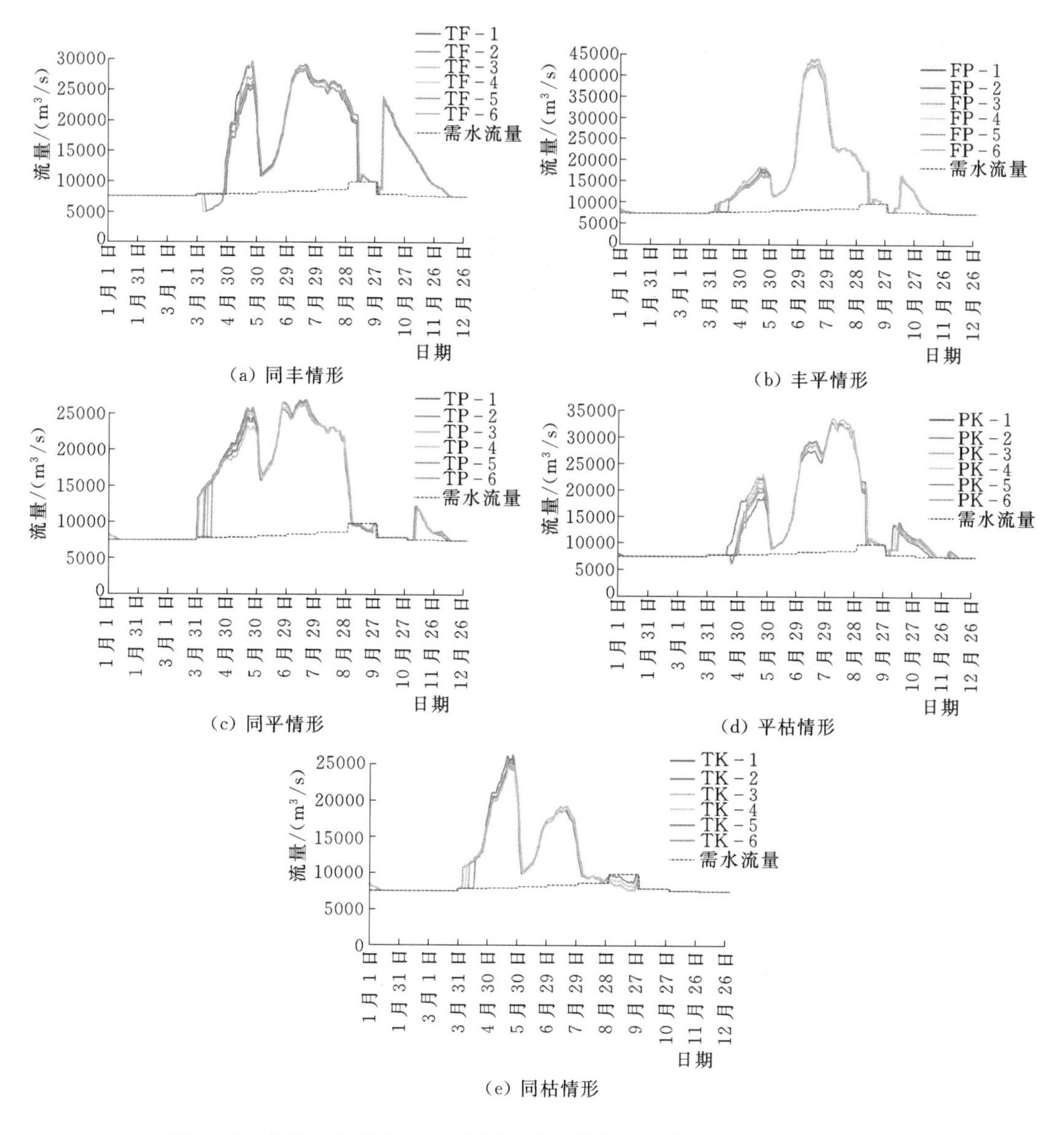

(a) 同丰情形　(b) 丰平情形　(c) 同平情形　(d) 平枯情形　(e) 同枯情形

图 6.15　各种工况下的三峡-葛洲坝联合优化调度葛洲坝日尺度泄流过程

度破坏是以供水需求的 70%为评估指标，当下泄流量低于供水需求的 70%时，即认为发生了供水深度破坏。由于模拟时长为 365 天，因此图中的保证（破坏）程度计算方法为保证（破坏）天数除以 365 天得到的百分比。由图可知，在 30 种工况下，供水保证程度均达到 93.44%以上，并有半数工况能够完全满足供水需求，即供水保证程度达到 100%；仅有 TF-4 和 TF-5 两种工况发生了供水深度破坏，且供水深度破坏程度均小于 2.8%；各工况下发电保证程度仍较高，仅有 3 种工况发电保证程度小于 100%，但均保持在 94.2%以上。与仅考虑三峡-葛洲坝联合优化调度结果相比，各项关键指标均有明显改善，均达到设计要求。

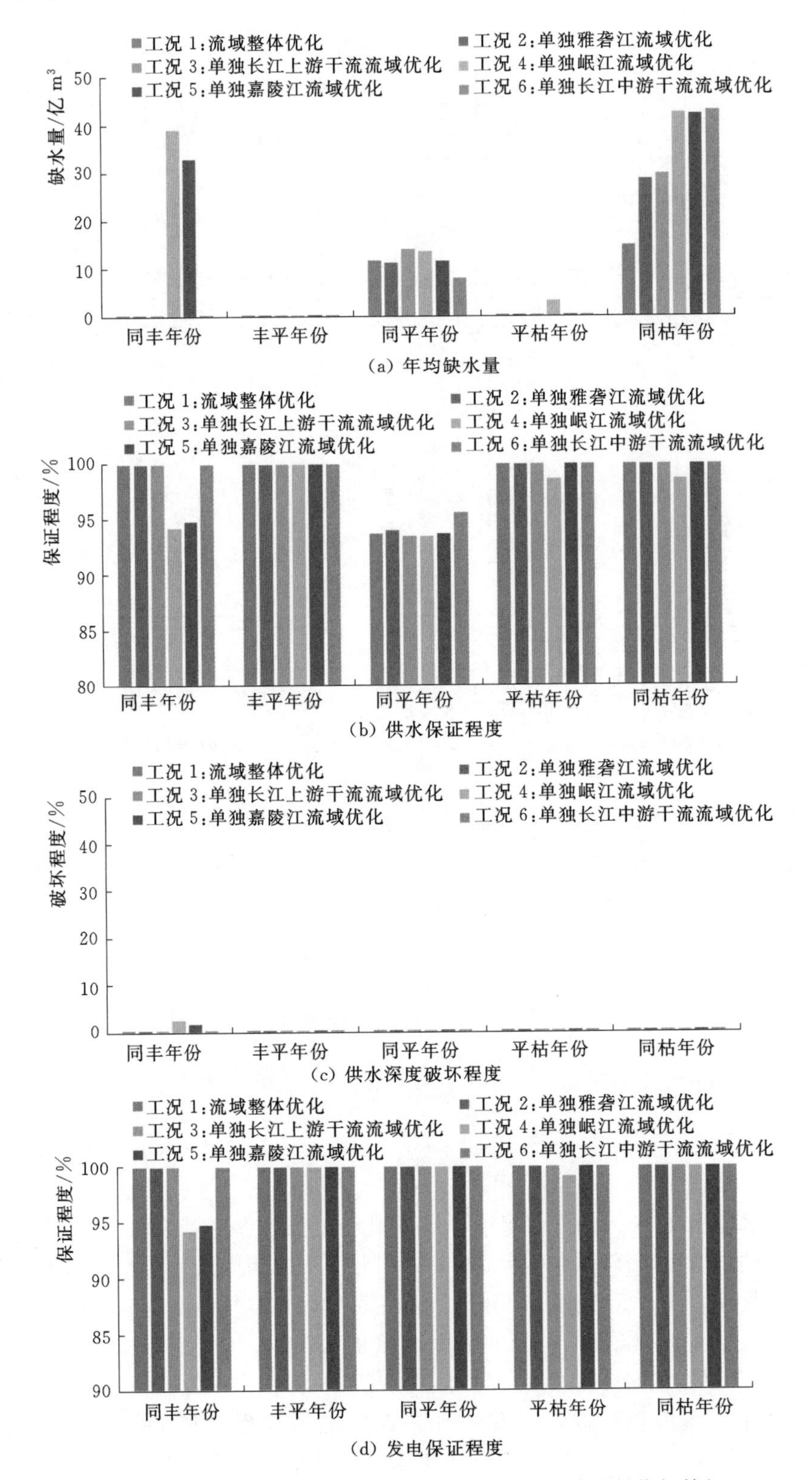

图6.16 各种工况下的三峡-葛洲坝联合优化调度关键指标特征

TF－4、TF－5、PK－4 三种工况供水保证程度不足 100%。接下来，以 TF－4 为例进一步分析各种工况下的泄流过程。图 6.17 展示了 TF－4 工况下三峡水库流量及库容变化过程所示，该工况下缺水发生在汛前。由于此种工况下来流量相对较少，三峡水库需要调蓄更多的库容补充下泄水量以满足下游供水需求，4 月 7 日水位已达汛限水位，之后水库只能以入库流量进行下泄，而此时来水量仍较少，不足以满足下游供水需求，无法保证下游供水，导致供水深度破坏发生，直至时段入库流量大于等于下游供水需求。

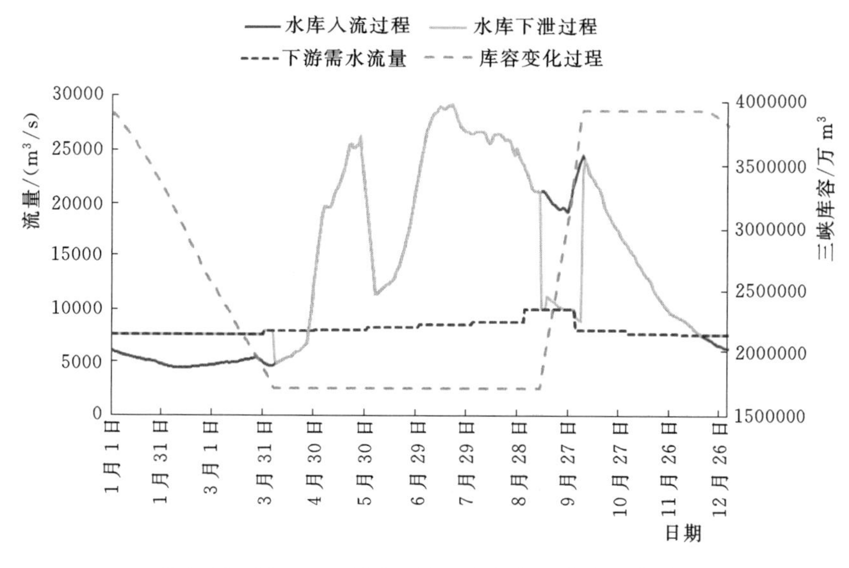

图 6.17 TF－4 工况下三峡水库流量及库容变化过程

以 TP－3 为例对同平来水过程及同枯来水过程下共 10 种工况的缺水情形进行分析。图 6.18 展示了 TP－3 工况下三峡水库流量及库容变化过程，此种工况的缺水发生在汛

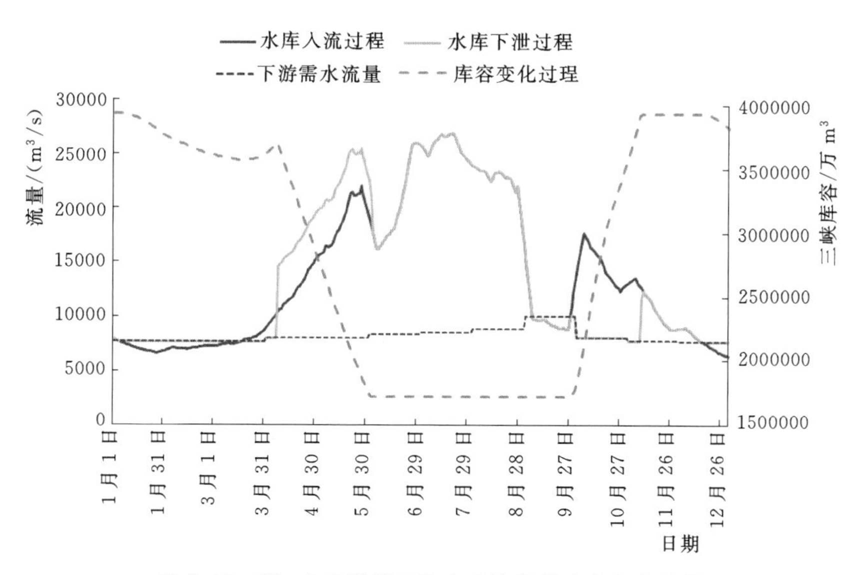

图 6.18 TP－3 工况下三峡水库流量及库容变化过程

末。此工况下的三峡水库入库流量自8月28日起逐渐降低，直至9月5日时低于当前时刻的下游水库供水需求，而此时水库水位为汛限水位，以入流进行下泄，从而自9月5日起无法保证下游供水。9月11日开始三峡水库在保证下游供水需求的前提下进行兴利蓄水，因此随着入库流量逐步提升至与供水需求流量相同时，不再发生缺水且水库开始进行兴利蓄水，水位自汛限水位开始抬升。

6.2.2 上游水库群供水调度方式对下游干流断面流量的影响分析

断面最小流量控制指标是指在维持河流生态系统运转基本流量基础上，综合考虑断面下游区间用水需求而确定的断面最小下泄流量；断面最低水位控制指标是指在考虑取水工程等取水高程和防洪生态等方面选择出的最低控制水位。本节以沙市水文站在不同工况下的流量过程为例，分析不同典型来流情形、多种工况的上游水库群供水调度模式对长江中下游河道的影响。依据已有研究可知，沙市水文站的最小控制流量为5600m^3/s；最低控制水位为32m，对应的流量为7890m^3/s，大于水文站的最小控制流量需求，因此本书以7890m^3/s作为沙市水文站的最小控制流量。图6.19、图6.20为不同典型来流情形、多种工况的上游水库群供水调度模式下沙市水文站的流量变化过程和最小控制流量保证程度。

由图6.19和图6.20可看出，除了TF-3、TF-4、PK-4三种工况外，其余典型来流情形、多种工况下的沙市水文站流量过程的控制流量保证程度均能够达到100%。由于沙市水文站距离三峡-葛洲坝梯级较近，TF-3、TF-4、PK-4三种工况的缺水情况主要是受到三峡-葛洲坝联合优化调度的下泄流量过程影响，与宜昌断面汛前缺水的工况相对应；但由于清江支流的汇入和河道的坦化作用，沙市水文站的流量过程与宜昌断面相比更为缓和，且缺水量也有所减少。总体而言，沙市水文站的控制流量保证程度水平较高，上游水库群供水调度模式能够保证沙市水文站的河流生态系统运转和取水工程等取水高程要求。

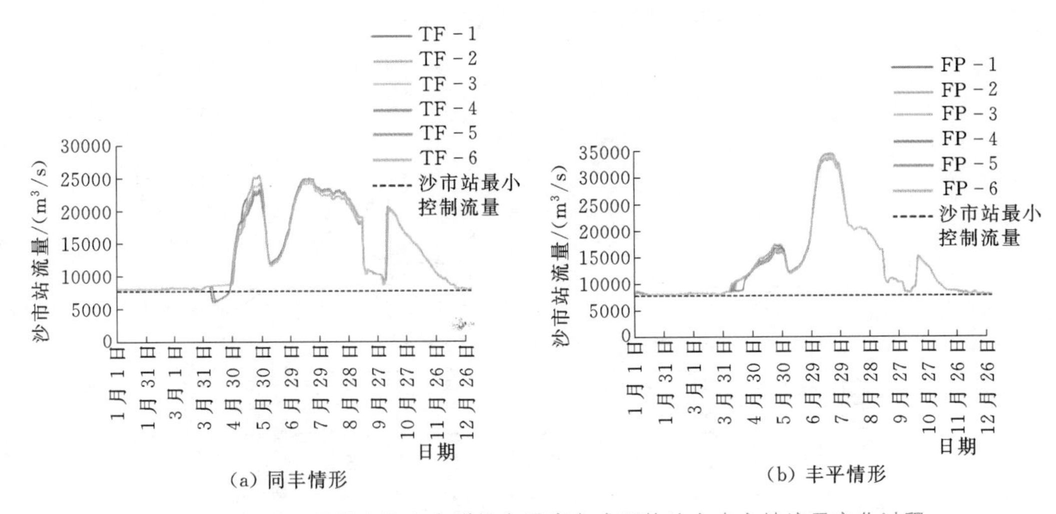

图6.19（一） 不同上游水库群供水调度方式下的沙市水文站流量变化过程

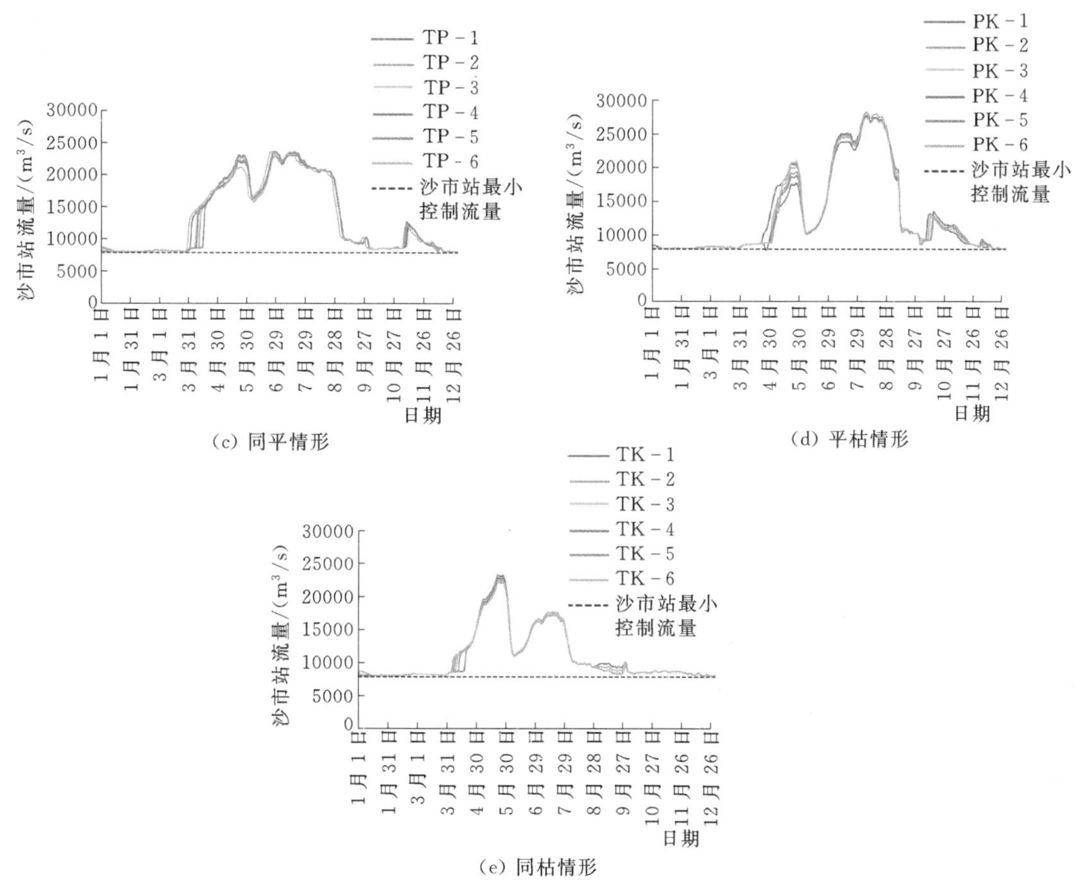

(c) 同平情形

(d) 平枯情形

(e) 同枯情形

图 6.19（二） 不同上游水库群供水调度方式下的沙市水文站流量变化过程

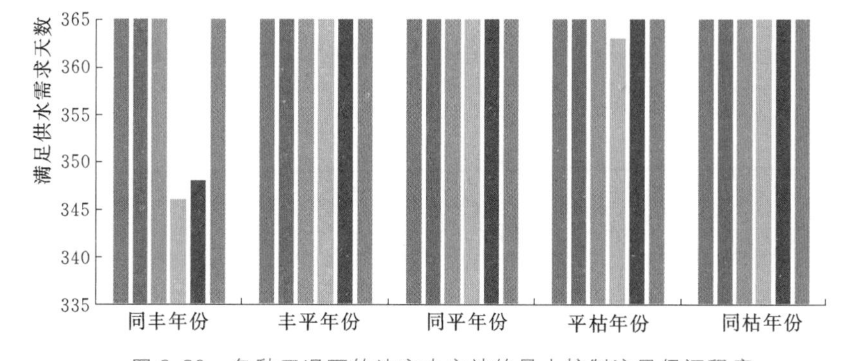

图 6.20 各种工况下的沙市水文站的最小控制流量保证程度

6.2.3 上游水库群供水调度方式对洞庭湖水位的影响分析

利用已经搭建好的长江中上游河湖嵌套水流演进模型，模拟不同典型来流情形各种工况的上游水库群供水调度模式下的洞庭湖水位变化过程。为了更清晰地描述不同供水调度模式对洞庭湖生态系统的完整性和物种多样性的影响，本次研究以黄兵等在《水文变异条件下的洞庭湖生态水位研究》中提出的洞庭湖各月生态水位作为重要依据，表 6.4 为文献中对城陵矶站和鹿角站各月生态水位的计算结果。由于河湖嵌套水流演进模型对洞庭湖区域进行概化时采用城陵矶站与鹿角站水位的平均值作为整个湖区的特征水位，因此研究以两站各月生态水位的平均值作为洞庭湖生态水位。图 6.21 为不同典型来流情形各种工况的上游水库群供水调度模式下的洞庭湖水位变化过程。

表 6.4　洞庭湖各月生态水位

月份	城陵矶站生态水位/m	鹿角站生态水位/m	洞庭湖生态水位/m	月份	城陵矶站生态水位/m	鹿角站生态水位/m	洞庭湖生态水位/m
1	19.12	20.62	19.87	7	30.38	30.74	30.56
2	19.55	21.43	20.49	8	28.93	29.23	29.08
3	19.48	22.55	21.02	9	28.76	29.18	28.97
4	22.32	24.70	23.51	10	25.79	26.80	26.30
5	26.14	26.61	26.38	11	24.21	25.14	24.68
6	27.40	28.22	27.81	12	20.39	21.89	21.14

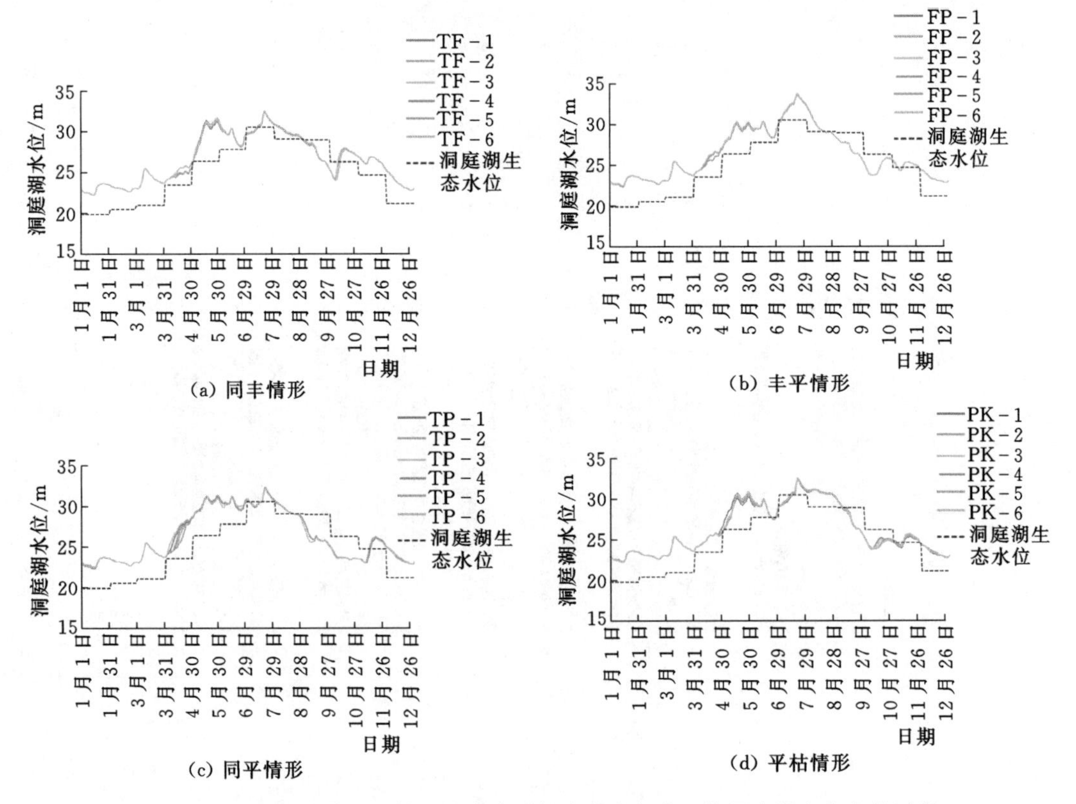

图 6.21（一）　各种工况的上游水库群供水调度方式下的洞庭湖水位变化过程

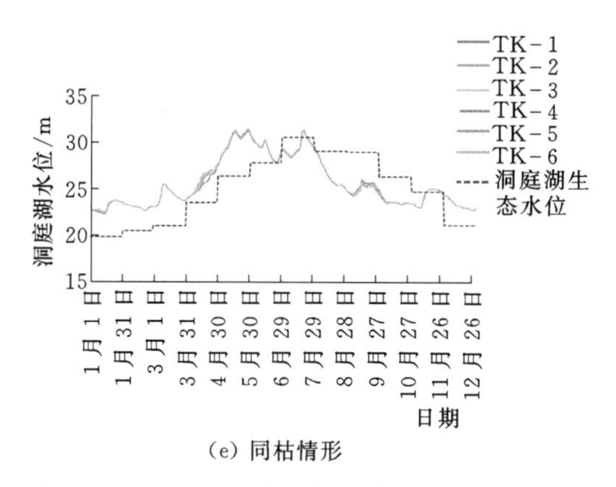

(e) 同枯情形

图 6.21 (二) 各种工况的上游水库群供水调度方式下的洞庭湖水位变化过程

由图 6.21 可以看出，典型来流情形相同时，不同工况的上游水库群供水调度模式对洞庭湖水位变化过程总体影响不大，在 1—3 月、6—8 月和 11—12 月期间均具有近似相同的水位变化过程。由图 6.15 所示的各种工况下的三峡-葛洲坝联合优化调度葛洲坝日尺度泄流过程可知，这三个时段内的日尺度下泄过程几乎完全一致：汛前的 1—3 月由于下泄流量的需求均以下游供水需求流量进行下泄，因此 30 种不同典型来流情形不同工况下的洞庭湖水位变化过程均具有相同的变化过程；6—8 月处于汛期，水位必须保持在汛限水位即水位下限要求，而 11—12 月处于汛后，水位已经上升至正常蓄水位即水位上限要求，依据调度规则，这两个时段内三峡水库均以水库入库流量进行下泄，图 6.14 显示相同典型来流情形的三峡水库入库流量过程均较为相似，因此 6—8 月和 11—12 月各工况下洞庭湖水位差异很小。

表 6.5 分别对不同典型来流情形下洞庭湖水位变化过程的重点差异时段、差异工况和差异程度进行了总结，由表可知，各调度模式下洞庭湖水位差异主要集中在汛前和汛后两个阶段。以同丰来流情形为例，对不同工况下的洞庭湖水位变化过程差异进行详细分析。在同丰情形下，水位过程差异集中在 4 月中旬至 6 月上旬和 10 月中上旬，其中 4 月中旬至 6 月上旬的水位差异主要是由于 TF-4 和 TF-5 在三峡-葛洲坝联合优化调度时无法

表 6.5 各典型来流情形的不同工况下的洞庭湖水位变化过程差异

典型来流情形	重点差异时段	差异工况	差异程度
TF	4 月中旬至 6 月上旬	TF-4、TF-5 水位较低	平均差异 0.5m 左右
	10 月中上旬	TF-1、TF-2、TF-3 水位较低	TF-1 水位低于 TF-4 水位，最大为 1.38m
FP	4 月中下旬	FP-4 最低、FP-6 最高	平均差异 0.49m
TP	4 月	TP-5 最低、TP-6 最高	平均差异 1.21m，最大差异 2.20m
	9 月上旬	TP-6 最低，TP-1、TP-2、TP-5 最高	平均差异 0.72m
PK	5 月	PK-1 水位较高	平均差异 0.83m，最大差异 1.25m
	10 月中旬	PK-5 最低、PK-1 最高	平均差异 0.72m，最大差异 1.08m
TK	4 月中旬	TK-4 最低、TK-2 最高	平均差异 0.85m，最大差异 1.02m

满足下泄流量需求，流量较低导致洞庭湖水位相对较低，期间洞庭湖水位平均低于其他四种调度模式 0.5m 左右。10 月中上旬水位过程差异主要集中在 TF-1、TF-2、TF-3 和 TF-4、TF-5、TF-6 之间，前三种工况水位与后三种工况相比较低，TF-1 与 TF-4 两种工况之间水位差异最大，10 月 8—12 日平均水位差异达到 1.09m 以上，10 月 9 日出现水位差异最大值（1.38m）。这种差异主要是由三峡以上的上游水库群供水调度引起的：三峡-葛洲坝在 10 月 8 日后已经到达正常蓄水位，按照三峡入流过程进行下泄，由于上游水库群供水调度模式不同引起三峡水库入流过程差异，进而导致不同工况下的洞庭湖水位过程差异。

参考《水文变异条件下的洞庭湖生态水位研究》可知，若实测日均水位大于等于对应月的生态水位，则认为该水位满足生态水位要求；各月生态水位满足的天数与计算序列对应月份总天数之比即为生态水位保证程度。分别对各种工况下的洞庭湖水位的生态水位保证程度进行对比分析，进而探讨各种工况的上游水库群供水调度模式对洞庭湖生态水位的影响。图 6.22 为各种工况下的洞庭湖水位的生态水位满足天数统计结果，由图可知，相同来流情形下的多种工况洞庭湖生态水位保证程度均较为接近，不同来流情形下的生态水位保证程度区间分别为：84.11%～85.75%、77.53%、73.42%～74.52%、76.71%～78.08%和 63.84%。

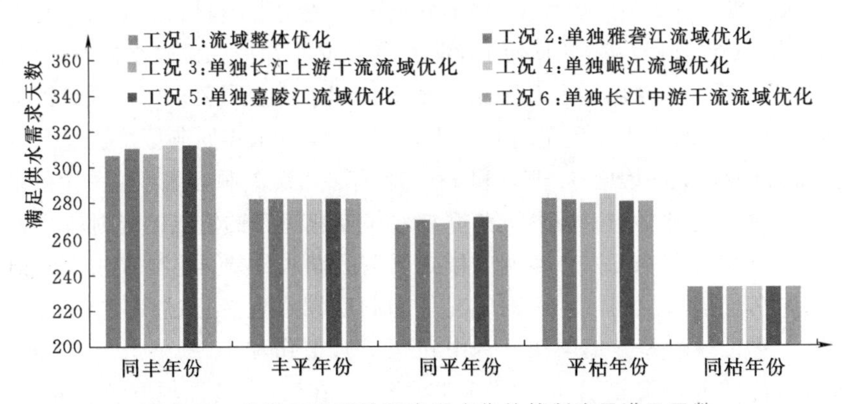

图 6.22 各种工况下的洞庭湖水位的控制流量满足天数

接下来进一步分析各典型来流情形下洞庭湖缺水时段，同丰来流情形下，缺水时段为 7 月上半月（即 1—15 日）、9 月上旬至 10 月上旬；丰平来流情形的缺水时段为 8 月下旬至 10 月下旬；同平来流情形的缺水时段为 7 月中上旬和 8 月下旬至 11 月上旬；平枯来流情形的缺水时段为 6 月下旬至 7 月中（15 日）、9 月中旬至 11 月上旬；同枯来流情形的缺水时段为 7 月中上旬、8 月上旬至 11 月中。总体而言，不同的典型来流情形模拟的洞庭湖水位不低于生态水位的缺水时段均主要发生于下半年，其中以 7 月中上旬和 8 月下旬至 11 月上旬的缺水最为严重，尤其在 9 月中旬至 10 月上旬时，30 种工况无一满足生态水位提出的洞庭湖水位要求。原因在于：这一时间区间正好是长江中上游水库群的集中蓄水期，三峡水库下泄流量大幅减少，导致荆南三口入湖水量减少和长江干流城陵矶出口处水位降低，因此时段内的生态水位保证程度急剧下降。

洞庭湖湿地生态系统最重要的保护对象是珍稀候鸟，其生活习性对两湖湿地水位提出需求，针对此需求，对上游水库蓄水期间的洞庭湖生态水位要求降低，取9—10月的生态水位为洞庭湖城陵矶水位不宜低于24m。将图6.23所示的调整生态水位后各种工况下的洞庭湖水位的生态水位满足天数，与图6.22的保证程度结果进行对比，在保证洞庭湖湿地生态需求的情况下对生态水位进行调整，调整后洞庭湖水位的生态水位保证程度有了明显提升：同丰情形下能够完全满足24m的生态水位需求，丰平、平枯情形下在10月中上旬出现少于10天的较短时间缺水，但同平、同枯两种来流情形下10月缺水严重，达到40天连续缺水。

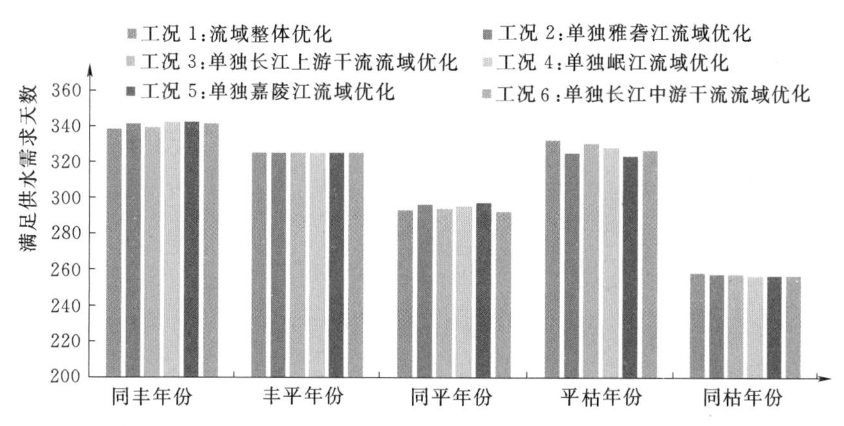

图6.23　调整生态水位后各种工况下的洞庭湖水位的生态水位满足天数

基于以上对洞庭湖生态水位保证程度的评估结果，对长江上游水库群与三峡-葛洲坝水库提出如下的调度规则修改建议：对上游在7月中上旬、8月上旬至9月上旬的缺水时段，由于三峡水库处于汛期防洪阶段，可考虑提升长江上游水库群的供水需求，加大时段内上游水库群的下泄流量，进而保障洞庭湖生态水位需求；9月中旬至11月上旬期间，已经进入非汛期，且为水库蓄水期，可参考年份来流的丰枯遭遇特征，考虑长江上游水库群与三峡-葛洲坝水库均对调度规则进行适当调整，增加总体下泄流量过程，提升洞庭湖生态水位保证程度。

6.2.4　上游水库群供水调度方式对鄱阳湖水位的影响分析

利用河湖嵌套水流演进模型，模拟不同典型来流情形、多种工况的上游水库群供水调度模式下的鄱阳湖水位变化过程，如图6.24所示。

由图6.24可知，鄱阳湖水位重点差异时段与洞庭湖水位的重点差异时段极为相似，仅在河流演进作用下产生差异时间段的推移，鄱阳湖水位变化过程的重点差异时段和差异程度见表6.6。

为进一步分析不同工况下鄱阳湖水位过程对不同月份湖泊生态系统蓄水要求的满足程度，本次研究引用了陈江等在《不同时间尺度的鄱阳湖生态水位研究》中提出的在月尺度下需保障的生态水位范围，计算鄱阳湖月平均水位对表6.7所示的鄱阳湖月尺度生态水位范围区间的满足程度。不同典型来流情形、多种工况的上游水库群供水调度模式下的鄱阳湖月平均水位变化过程如图6.25所示。

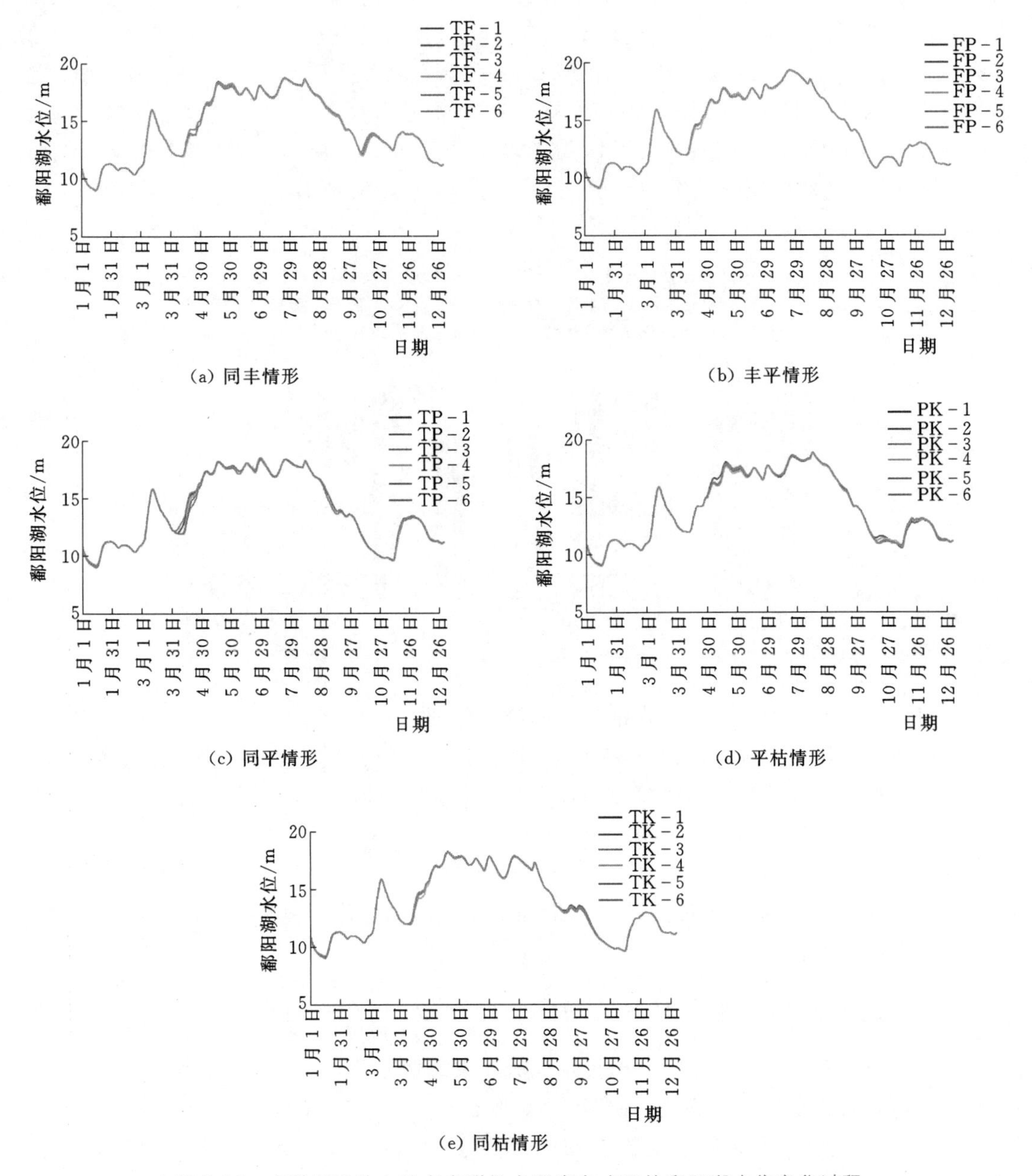

(a) 同丰情形

(b) 丰平情形

(c) 同平情形

(d) 平枯情形

(e) 同枯情形

图6.24 各种工况的上游水库群供水调度方式下的鄱阳湖水位变化过程

表6.6 各典型来流情形中的不同工况下的鄱阳湖水位变化过程差异

典型来流情形	差异时段	差 异 程 度
TF	4月中旬至6月上旬	平均差异0.28m
	10月中旬	平均差异0.49m，最大差异0.67m
FP	4月中下旬	平均差异0.30m

续表

典型来流情形	差异时段	差 异 程 度
TP	4 月	平均差异 0.79m，最大差异 1.40m
	9 月中上旬	平均差异 0.30m，最大差异 0.47m
PK	5 月上旬至 6 月上旬	平均差异 0.40m，最大差异 0.63m
	10 月中下旬	平均差异 0.36m，最大差异 0.65m
TK	4 月中下旬	平均差异 0.41m，最大差异 0.59m

表 6.7 鄱阳湖月尺度生态水位

月份	最低生态水位/m	适宜生态水位/m	最高生态水位/m	月份	最低生态水位/m	适宜生态水位/m	最高生态水位/m
1	7.55	8.84	11.28	7	15.02	17.88	20.91
2	7.83	9.69	11.67	8	14.03	16.75	20.11
3	8.82	11.14	13.59	9	12.94	16.11	19.30
4	11.16	13.09	15.03	10	11.78	14.67	17.57
5	12.71	14.76	17.57	11	9.79	12.20	15.03
6	13.89	16.15	18.68	12	8.04	9.71	12.20

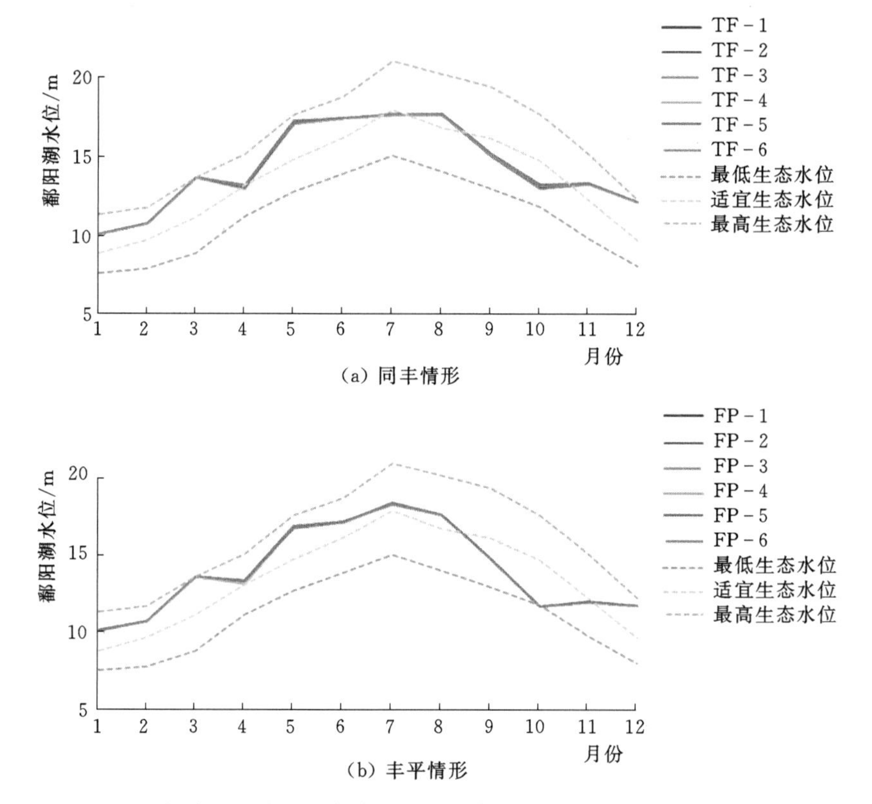

图 6.25（一） 各种工况的上游水库群供水调度方式下的鄱阳湖月平均水位变化过程

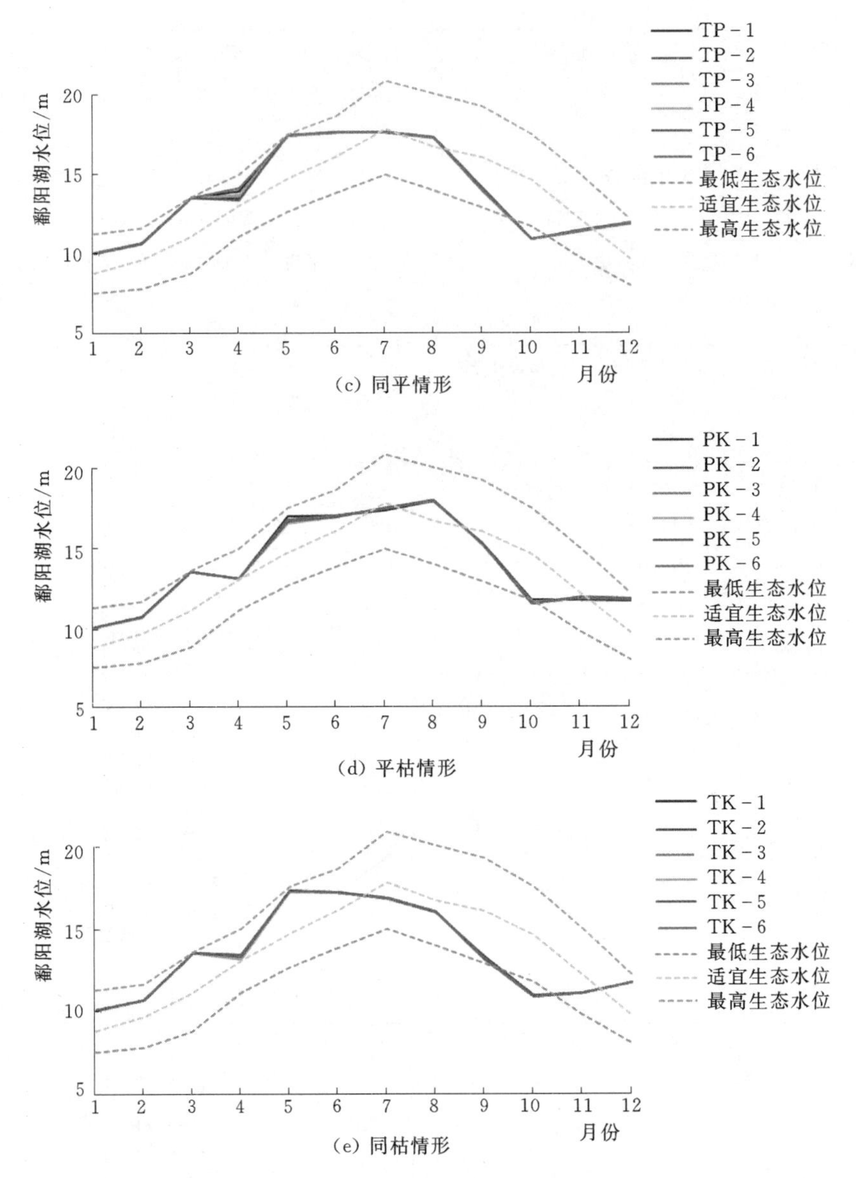

图 6.25（二） 各种工况的上游水库群供水调度方式下的鄱阳湖月平均水位变化过程

对各种工况下模拟的鄱阳湖月平均水位变化过程对月尺度生态水位的满足程度进行统计发现，同丰情形下的5种工况能够完全满足生态水位区间要求，其他四种典型来流情形下仅有10月的月均水位均低于最低生态水位要求，其他月均符合生态水位区间要求。其中：丰平和平枯两种典型来流情形下的10月平均水位模拟值分别在11.67m和11.50m以上，虽低于11.78m的10月最低生态水位需求指标，但是水位差均较小。若从保护两湖湿地珍稀候鸟的角度出发，考虑到长江中上游水库群的蓄水需求，蓄水期内水位不低于11.50m即可。若以此为最低生态水位需求，可认为丰平和平枯两种典型来流情形下各工况也均能满足鄱阳湖生态需求。但在同平和同枯两种典型来流情形下，各工况模拟的鄱阳湖月均水位区间分别为10.94～10.97m和10.85～10.95m，距离10月的月尺度生态水位区间要求（11.78～17.57m）和蓄水期生态水位11.50m的下限要求均具有较大差距。

基于以上分析，对包括三峡-葛洲坝水库在内的长江中上游水库群的调度模式提出了改进需求：可参考年份来流的丰枯遭遇特征，特别是在同平和同枯来流情形下，适当增加长江中上游水库群的在蓄水期、特别是10月的下泄流量需求。但由于长江中上游水库群与鄱阳湖之间河道较长，在坦化作用下长江上游水库群泄流过程对鄱阳湖水位的影响有限，相比之下，五河天然入流过程与鄱阳湖水系的水库群调度模式可能对鄱阳湖水位有更为显著的影响。因此，应综合长江中上游水库群调度模式与鄱阳湖水系的水库群调度模式进行联合优化，进而提升鄱阳湖水位对生态需水量的保证程度。

6.2.5 上游水库群供水调度方式对长江口压咸补淡的影响分析

大通站流量是反映咸潮入侵变化的重要指示因子，因此进行上游水库群供水调度模式对长江口咸潮变化的影响分析时，以各月大通站控制流量作为评判指标，若模拟的大通站日均流量不小于控制流量，则认为时刻流量过程能够满足长江口压咸需求。

由于长江口盐水入侵一般发生在10月至次年4月，5—9月内长江口盐度较低，因此本次仅对1—4月及10—12月两个时段内的大通站压咸进行分析。同时，对一般年份和枯水年份分别进行指标选取，本次研究中选取的大通站控制流量见表6.8。图6.26为利用河湖嵌套水流演进模型模拟的不同典型来流情形、各种工况的上游水库群供水调度模式下的大通站流量变化过程，其中图中浅灰色区域为非研究时段。

表6.8 大通站各月压咸控制流量

控制月份	一般年份最小压咸流量/(m^3/s)	枯水年最小压咸流量/(m^3/s)	控制月份	一般年份最小压咸流量/(m^3/s)	枯水年最小压咸流量/(m^3/s)
1	11000	10000	10	21000	16200
2	11000	10000	11	15000	11300
3	11000	10000	12	11000	10000
4	11000	10000			

由图6.26所示，除同平情形下的TP-1、TP-3和TP-4工况在11月6—11日出现持续6天的缺水及TP-2、TP-5和TP-6工况在11月6—10日出现持续5天的缺水外，其余各工况的缺水情形均出现在10月。同时，同平情形下的缺水时段内缺水33～538m^3/s，仅占流量需求的0.22%～2.59%，所占比例较低，不对会长江口地区咸潮变化产生明显影响。因此，认为各工况下上游水库群供水调度模式能够基本满足各典型来流情形的11月长江口压咸补淡需求。

除同丰情形的5种工况外，其余4种来流情形下的各工况均在10月存在缺水情况。对4种来流情形下各工况的大通站10月缺水特征进行统计和计算，统计特征指标主要包括各工况下的压咸需水保证程度、缺水天数、缺水时段、平均缺水比例与最大缺水比例，其中缺水比例是指压咸控制流量与模拟大通流量的差值占压咸控制流量的比例，各项统计特征指标的计算结果见表6.9。

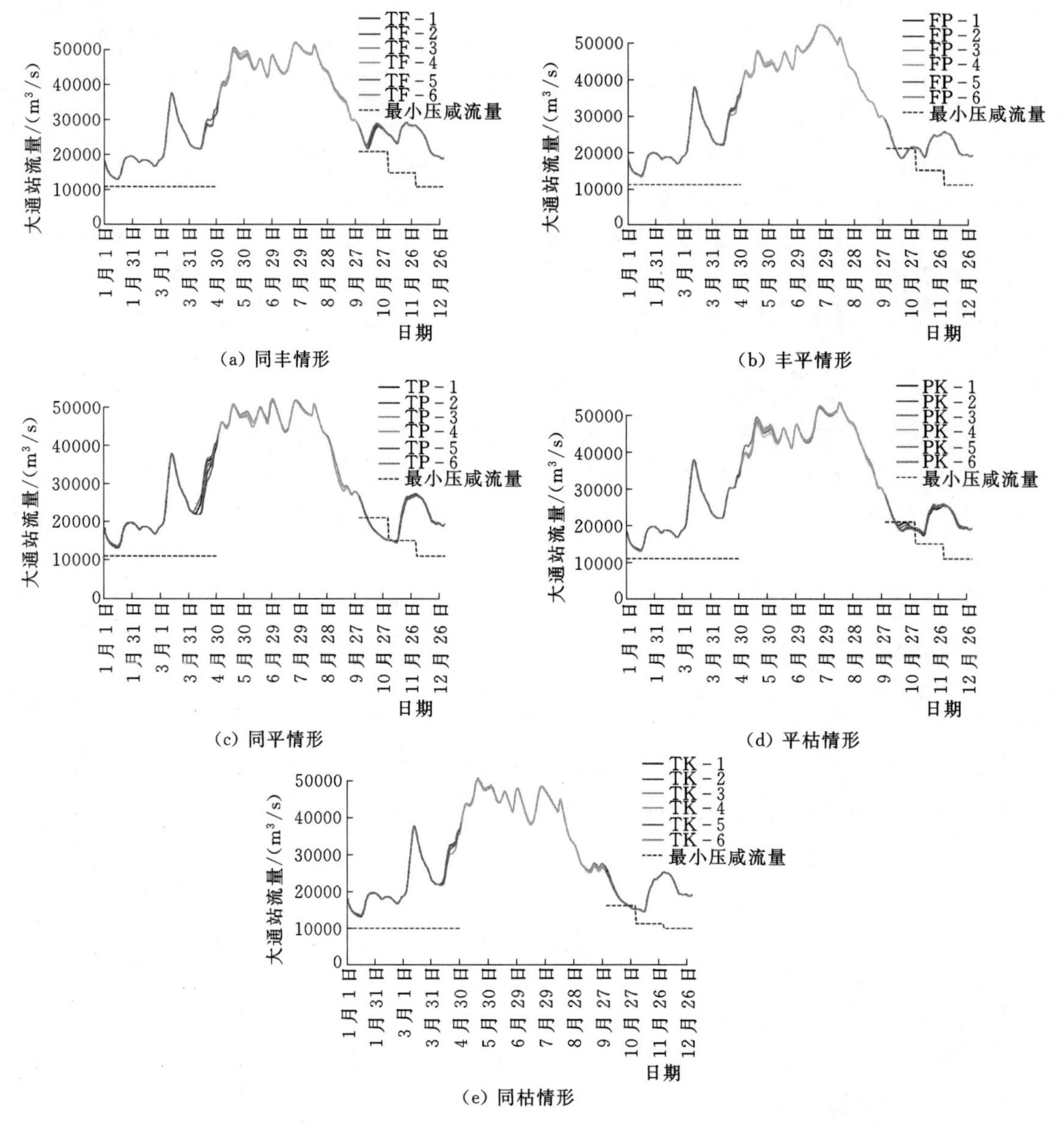

图6.26 各种工况的上游水库群供水调度方式下的大通站流量变化过程

表6.9 各种工况的上游水库群供水调度方式下的大通站10月缺水特征统计

典型来流情形	特征指标	工况1	工况2	工况3	工况4	工况5	工况6
FP	压咸需水保证率	48.39%	48.39%	48.39%	48.39%	48.39%	48.39%
	缺水天数	16	16	16	16	16	16
	缺水时段	10～25日	10～25日	10～25日	10～25日	10～25日	10～25日
	平均缺水比例	7.25%	7.25%	7.14%	7.14%	7.25%	7.25%
	最大缺水比例	12.98%	12.98%	12.95%	12.95%	12.98%	12.98%

续表

典型来流情形	特征指标	工况 1	工况 2	工况 3	工况 4	工况 5	工况 6
TP	压咸需水保证率	29.03%	29.03%	29.03%	29.03%	29.03%	25.81%
	缺水天数	22	22	22	22	22	23
	缺水时段	10～31 日	10～31 日	10～31 日	10～31 日	10～31 日	9～31 日
	平均缺水比例	18.38%	18.37%	18.43%	18.42%	18.37%	18.85%
	最大缺水比例	28.14%	28.14%	28.15%	28.15%	28.14%	28.19%
PK	压咸需水保证率	32.26%	32.26%	32.26%	32.26%	32.26%	32.26%
	缺水天数	21	21	21	21	21	21
	缺水时段	11～31 日	11～32 日	11～33 日	11～34 日	11～35 日	11～36 日
	平均缺水比例	3.94%	8.67%	5.95%	7.38%	9.16%	8.48%
	最大缺水比例	9.76%	11.22%	9.79%	11.21%	12.06%	10.91%
TK	压咸需水保证率	74.19%	74.19%	74.19%	74.19%	74.19%	74.19%
	缺水天数	8	8	8	8	8	8
	缺水时段	24～31 日	24～31 日	24～31 日	24～31 日	24～31 日	24～31 日
	平均缺水、比例	4.13%	4.21%	4.21%	4.28%	4.27%	4.28%
	最大缺水比例	6.87%	6.90%	6.90%	6.94%	6.93%	6.94%

由表 6.9 中的结果可知，相同来流情形下的各种工况对大通站 10 月缺水特征指标的影响较为相近，仅平枯情形下的各工况表现出了较为明显的差异，PK－1 的平均缺水比例和最大缺水比例均为同来流情形下最小，PK－5 的平均缺水比例和最大缺水比例均为同来流情形下最大。各典型来流情形下，缺水时段均集中在 10 月中下旬，除同枯情形下，由于需水指标较低导致的缺水天数相对较少、仅在 10 月下旬有明显的缺水时段外，丰平、同平、平枯三种典型来流情形下缺水时长均在半个月以上，同平、平枯情形下缺水天数均大于 20 天；平枯和同枯两种来流情形下的缺水比例相对较低，同平情形在 4 种来流情形下表现最差，具有最高的平均缺水比例和最大缺水比例，并在 11 月上旬具有短期少量的缺水情况。

基于以上分析，对包括三峡-葛洲坝水库在内的长江中上游水库群的调度规则提出改进需求：应适当增加长江中上游水库群在 10 月中下旬的下泄流量需求；但由于长江中上游水库群与大通站之间河道较长，在坦化作用下长江上游水库群泄流过程对大通站流量过程的影响有限。

6.3 满足两湖和长江口地区供水需求的上游水库群联合供水调度方案

6.2 节分析了 5 种典型来流情形 6 种工况下长江上游水库群调度模式对沙市水文站断面流量、洞庭湖水位、鄱阳湖水位和大通站压咸流量的影响，评估了对两湖和长江口地区供水需求的满足程度。基于以上研究，进一步分析选取对两湖和长江口地区供水需求保证程度更高的调度模式，为长江上游水库群供水调度管理提供决策支持。

在 6.2.1 节中，以第 5 章中三峡枢纽（宜昌断面）供水需求流量过程为控制流量的重要依据，运用年均缺水量、供水保证程度、供水深度破坏程度、发电保证程度 4 项关键指标对各种工况下的三峡-葛洲坝联合优化调度日尺度下泄过程进行了评估。表 6.10 分别以不同优化工况时 5 种典型来流情形的缺水来流情形数目、平均年均缺水量、平均供水保证程度、平均供水深度破坏程度、平均发电保证程度为评估指标，展示了不同优化工况选取对三峡-葛洲坝联合优化调度结果的影响。由结果可知，当优化对象为流域整体和单独长江中游干流流域时，各指标性能具有最优的表现；其次分别为优化对象为单独雅砻江流域、单独长江上游干流流域和单独嘉陵江流域时的优化工况；当优化对象为单独岷江流域时，各指标性能具有最劣的表现；优选顺序见表 6.11，其中，优选顺序值越小，表明优化工况越优，即 1 为最优工况，6 为最劣工况。

表 6.10　　不同优化工况下的三峡-葛洲坝联合优化调度关键指标特征

优化对象	流域整体	单独雅砻江流域	单独长江上游干流流域	单独岷江流域	单独嘉陵江流域	单独长江中游干流流域
缺水来流情形数目	2	2	2	4	3	2
平均年均缺水量/亿 m^3	0.0774	0.1036	0.1165	0.2264	0.1975	0.1189
平均供水保证程度	95.90%	95.96%	95.74%	94.31%	94.81%	96.61%
平均供水深度破坏程度	0	0	0	0.55%	0.38%	0
平均发电保证程度	100%	100%	100%	98.69%	98.96%	100%

表 6.11　　以三峡-葛洲坝联合优化调度关键指标为依据的优化对象优选顺序

优化对象	流域整体	单独雅砻江流域	单独长江上游干流流域	单独岷江流域	单独嘉陵江流域	单独长江中游干流流域
优选顺序	1	3	4	6	5	1

以沙市为代表水文站，对上游水库群供水调度模式对下游干流断面流量的影响进行分析时，依据 4.2 节的对比分析结果可知，仅有 TF－3、TF－4、PK－4 三种工况未完全满足沙市水文站流量过程的控制流量要求，即仅当优化对象为单独长江上游干流流域和单独岷江流域时会分别发生 1 次和 2 次的缺水情形。以下游干流断面控制流量为依据的优化对象优选顺序见表 6.12。

表 6.12　　以下游干流断面控制流量为依据的优化对象优选顺序

优化对象	流域整体	单独雅砻江流域	单独长江上游干流流域	单独岷江流域	单独嘉陵江流域	单独长江中游干流流域
优选顺序	1	1	5	6	1	1

6.2.3 节分别以洞庭湖各月生态水位过程和考虑蓄水期流量减少调整后的各月生态水位过程为控制指标，对各种工况下的洞庭湖生态水位保证程度进行了分析。基于此，表 6.13 以不同优化工况下 5 种典型来流情形对两组生态水位过程的平均保证程度为评估指标，展示了不同优化工况选取对洞庭湖水位过程的影响。由两组保证程度指标可看出，以单独岷江流域为优化对象对两组生态水位过程均有最高的满足程度，以单独长江中游干流

流域为优化对象对两组生态水位过程的满足程度均处于较低水平，具体的优选顺序可参见表 6.14。

表 6.13　　不同优化工况下的洞庭湖生态水位保证程度特征

优化对象	流域整体	单独雅砻江流域	单独长江上游干流流域	单独岷江流域	单独嘉陵江流域	单独长江中游干流流域
生态水位满足程度	75.29%	75.62%	75.23%	75.83%	75.73%	75.45%
调整后生态水位满足程度	84.99%	84.88%	84.93%	84.99%	84.82%	82.14%

表 6.14　　以洞庭湖生态水位为依据的优化对象优选顺序

优化对象	流域整体	单独雅砻江流域	单独长江上游干流流域	单独岷江流域	单独嘉陵江流域	单独长江中游干流流域
优选顺序	2	3	5	1	3	6

在 6.2.4 节中，以不同工况下鄱阳湖水位过程对不同月份湖泊生态系统蓄水要求的满足程度为指标，对河湖嵌套水动力模型模拟的多种工况的上游水库群供水调度模式下的鄱阳湖水位变化过程进行了评估，其中，各工况差异性主要集中在对鄱阳湖 10 月生态水位的满足程度上。为了展示不同优化工况选取对鄱阳湖水位过程的影响，研究定义各缺水工况下模拟水位与生态水位之间的差值为生态水位差，在表 6.15 中分别以 11.76m 和 11.50m 作为生态水位需求，运用生态水位差对生态水位调整前后的 10 月缺水工况下的缺水程度进行计算。由表中数据可以看出，当以流域整体为优化对象时，对鄱阳湖生态水位的满足程度在 6 种优化工况中表现最优，以单独长江中游干流流域为优化对象时表现最劣。以鄱阳湖生态水位为依据的优化对象优选顺序见表 6.16。

表 6.15　　不同优化工况下的鄱阳湖 10 月生态缺水特征

优化对象	流域整体	单独雅砻江流域	单独长江上游干流流域	单独岷江流域	单独嘉陵江流域	单独长江中游干流流域
调整前生态水位差/m	0.36	0.41	0.39	0.41	0.42	0.43
调整后生态水位差/m	0.22	0.23	0.23	0.24	0.23	0.24

表 6.16　　以鄱阳湖生态水位为依据的优化对象优选顺序

优化对象	流域整体	单独雅砻江流域	单独长江上游干流流域	单独岷江流域	单独嘉陵江流域	单独长江中游干流流域
优选顺序	1	4	2	3	5	6

在 6.2.5 节中，研究依据长江口压咸需求，对 1—4 月及 10—12 月两个时段内的大通站流量进行约束。由于各工况下上游水库群供水调度模式能够基本满足各典型来流情形除 10 月以外的其他月份长江口压咸补淡需求，研究对 10 月大通站的控制流量保证程度进行进一步分析，以代表各工况在调度期内对长江口压咸需求的保证程度。以各优化工况下 10 月缺水来流情形的压咸需水平均保证程度、平均缺水天数和平均缺水比例作为指标，研究不同优化工况选取对长江口压咸过程的影响，结果见表 6.17。由表中结果可以看出，以流域整体为优化对象时各评估指标下均具有最优的表现，以单独长江中游干流流域为优

化对象时各评估指标下均表现最劣。以长江口压咸效果为依据的优化对象优选顺序见表6.18。

表6.17　　不同优化工况下的大通站10月压咸缺水特征

优化对象	流域整体	单独 雅砻江流域	单独长江上游 干流流域	单独 岷江流域	单独 嘉陵江流域	单独长江中游 干流流域
压咸需水平均保证程度	45.97%	45.97%	45.97%	45.97%	45.97%	45.16%
平均缺水天数	16.75	16.75	16.75	16.75	16.75	17.00
平均缺水比例	8.43%	9.63%	8.93%	9.31%	9.76%	9.72%

表6.18　　以长江口压咸效果为依据的优化对象优选顺序

优化对象	流域整体	单独 雅砻江流域	单独长江上游 干流流域	单独 岷江流域	单独 嘉陵江流域	单独长江中游 干流流域
优选顺序	1	4	2	3	5	6

综合以上5种需水目标对各优化工况的优选顺序，对各优化工况排序进行均值计算和重新排序，综合优选结果见表6.19。

表6.19　　不同优选工况的综合优选顺序

需水指标 优化对象	流域整体	单独 雅砻江流域	单独长江上游 干流流域	单独 岷江流域	单独 嘉陵江流域	单独长江中游 干流流域
宜昌断面流量	1	3	4	6	5	1
干流断面流量	1	1	5	6	1	1
洞庭湖水位	2	3	5	1	3	6
鄱阳湖水位	1	4	2	3	5	6
长江口压咸流量	1	4	2	3	5	6
均值	1.2	3.0	3.6	3.8	3.8	4.0
综合优选顺序	1	2	3	4	4	6

由表6.19可知，以流域整体为优化对象的优化工况在6种优化工况中具有最为优良的表现，除在洞庭湖需水指标下的评估结果为次优外，其他各需水指标评估下均为最优方案。因此，研究对长江上游联合供水调度方案的推荐以全流域发电量最大、三峡断面累计缺水量最小、调度期末水库库存水量最大为目标，以上游流域整体为优化对象进行调度。

但依据前期研究成果可知，虽然以流域整体优化为目标进行联合供水调度时具有最优良的表现，但仍未能完全满足两湖和长江口地区的供水需求。在7月中上旬、8月上旬至9月上旬和9月中旬至11月上旬期间洞庭湖可能会出现生态缺水情形，鄱阳湖在10月可能会出现生态缺水，大通站在10月中下旬的流量过程也未能完全满足压咸需求。针对以上情形，推荐长江上游水库群综合考虑气象、流量等多源预报信息，在7月中上旬、8月上旬至9月上旬期间，在考虑防洪风险的基础上，可适当加大水库下泄流量；在9月中旬水库进入蓄水期后，在满足兴利效益的基础上，适当减缓水库蓄水，以适当加大库群下泄流量过程，提升对两湖和长江口地区供水需求的保证程度。

此外，由于长江上游水库群与下游供水对象之间河道较长，在河道的坦化作用和长江干流由流域汇入的作用下，上游库群的下泄流量过程对供水需求的改善程度可能有限，可考虑对清江、汉江等汇入支流上的大型水库进行合理的调度规则调整，从而尽可能满足两湖和长江口地区的供水需求。

6.4 本章小结

在该部分的研究工作中，结合两湖湖区与长江干流实际水流交互作用，构建了长江干流嵌套洞庭湖与鄱阳湖的一维水动力模型，选取 DHI 开发的水动力学模型 MIKE ZERO 系列洪水模拟软件中 MIKE11 模块，模拟河道水体演进过程。在模型构建时，分前处理、数值计算以及后处理三个过程。其中：前处理过程主要是处理河道断面资料、地形资料以及上、下游边界资料等，以供数值计算过程使用；数值计算过程主要涉及模型初始条件的设置、时间步长的设置以及参数率定等；后处理过程主要是提取模型计算结果数据并展示，分析结果的可靠性和精确性等。

分析了长江上游水库群调度模式对两湖关系及长江口的影响，将第 5 章提出的五种来流情形下各种工况的优化调度过程作为三峡-葛洲坝联合优化调度模型的输入，将三峡-葛洲坝优化调度过程作为河湖嵌套水动力模型的输入数据，通过多调度情景模拟，评估了不同供水调度模式对中下游江湖关系、长江口压咸补淡的影响程度。基于不同供水调度模式对中下游江湖关系、长江口压咸补淡影响程度的评估结果，提出了满足两湖和长江口地区供水需求的上游水库群联合供水调度方案。

第7章

特枯水年长江中下游应急调度方案

在气候变化等因素的影响下，频繁发生的干旱是世界范围内的重大灾害性问题，已成为制约经济社会发展和生态环境保护的重要因素。在经济高速发展和人们对美好生活向往的需求下，人类社会对水资源需求量越来越大，我国水资源目前正呈现出相对匮乏的状态，特别是遭遇特枯水年，水资源短缺问题更严重影响生活、生产和生态用水。水资源开发利用涉及技术、经济、社会、政治、生态环境等因素，长江流域治水理念由以开发为主转为在开发中落实保护，在保护中促进开发。而工程建成后的调度运用，将是全面落实开发与保护，尤其是生态保护的重要手段。缓解水资源在生产、生活以及生态方面的配置矛盾，充分发挥水资源的经济效益和生态效益，科学调度管理长江流域干支流水库群系统，是新时期长江流域水资源管理面临的又一新任务。在遭遇特枯水情景下如何实施科学调度，发挥长江流域巨型水库群在水资源配置中的重要作用，成为当前长江流域水资源管理亟须解决的问题。

本章重点研究确定特枯水年重点供水对象，明晰供水调度的调度主体及其启动条件、控制方式等，提出水库群联合供水应急调度准则，编制上游水库群的应急调度预案，为以三峡水库为核心的长江上游控制性水库群特枯水年供水应急调度提供技术支撑，充分发挥水库群的调控作用。

7.1 特枯水年水文特性分析

枯水年即水文干旱年，通常用河道径流量、地下水位值等来定义，是指河川径流或含水层水位低于一定指标的现象，其主要特征是特定面积、特定时段内水资源匮乏、可利用水量短缺。根据旱情性质和成因的差别，可以划分为季节性和随机性旱情两种。长江流域季节性和随机性旱情在各支流流域各地都可能发生。下面从气候基本类型、降水季节分配和大气环流季节变化三个方面分析长江流域季节性和随机性旱情的天气气候原因，并对流域来水量变化作对比分析。

7.1.1 季风活动与长江流域的季节性旱情

长江流域绝大部分地区为季风气候，东部地区季风气候的表现形式为冬季盛行偏北风，气候寒冷干燥；夏季盛行偏南风，气候炎热多雨，主要降雨区位于两种季风交绥的前沿地带。因此，随着冬夏季风的南北进退，造成各地的盛行风向、雨季起讫、冷暖干湿等发生显著变化，形成四季交替和干湿差异。

长江上游除金沙江以外的大部分地区夏秋降雨集中，而冬春相对干旱，其季节性旱情仍以春旱为主。以四川省为例，春旱频率达30%以上，川东地区夏伏旱（7—8月）也较重。长江中下游地区气候温和湿润，但由于降水的季节分配不均匀，年际变化大，也容易产生干旱灾害。根据干旱出现比较集中的时段，中下游地区的季节性干旱可分为夏旱（5—7月）、伏旱（7—8月）、秋旱（8—10月）、夏伏连旱（5—8月）、伏秋连旱（7—10月）和夏秋连旱（5—10月）等6种干旱类型。

7.1.2 旱年的降雨时空分布

由于自然地理条件和气候差异，以及季风气候变化，长江流域一年四季都可发生干旱，影响程度最大的是发生在汛期的旱情，旱情的轻重程度主要取决于汛期降水量多少。

以汛期降水总量分析形成旱情的天气气候条件，其分级标准见表7.1。

表7.1 长江流域旱涝分级表

旱涝等级	-2	-1	0	1	2
汛期平均雨深距百分率	-20%以下	-6%～-20%	-5%～5%	6%～20%	20%以上

考虑到流域各地区雨季的早晚差别，长江上游5区（金沙江、岷沱江、嘉陵江、上游干流和乌江）以5—9月为汛期，中、下游5区（汉江、中游干流、洞庭湖、下游干流和鄱阳湖区）以4—8月为汛期，各区1951—2013年汛期降雨量资料统计见表7.2。由表可以看出，有2个及以上区域旱情等级达-2级的年份共有5个，即1959年、1961年、1962年、1972年、1978年，其中1961年、1972年达-2级的有4个区，除个别区域接近正常外。

上述干旱年的旱情虽然主要发生在汛期，但在汛前及汛后，降水也不同程度地偏少，起着加重和延长旱情的作用。

表7.2 长江流域各干旱年份汛期旱涝等级表

年　　份	1959	1961	1962	1972	1978
金沙江区（5—9月）	0	-1	-1	-1	1
岷沱江区（5—9月）	1	-1	-1	-1	-1
嘉陵江区（5—9月）	-1	0	1	-2	-1
长江上游干流区（5—9月）	-1	-2	1	-1	-1
乌江区（5—9月）	-1	-2	0	-1	0
汉江区（5—9月）	-2	-1	2	-1	-1
长江中游干流区（4—8月）	-2	-2	1	-2	-1
长江下游干流区（4—8月）	-1	-2	0	-2	-2
洞庭湖区（4—8月）	0	0	-2	-2	-1
鄱阳湖区（4—8月）	1	0	-2	-1	-2

7.1.3 枯水年与环流背景关系

根据北半球500hPa月平均资料，对5个典型干旱年，副高5—9月面积指数、脊线位置、西伸脊点的距平进行综合分析，有些年份副高位置偏南，西脊点偏东，强度偏弱，如1972年；有的年份副高位置偏北、偏西，强度偏强，如1961年、1962年；1959年副高偏东，脊线偏南，强度较强；1978年位置偏东，脊线偏北，强度弱偏。

总的来看，干旱年副高为下面两种情形：一是副高很强，脊线偏北，西伸脊点偏西；二是副高强度很弱，脊线偏南，西脊点偏东。副高的这两种配置都不利于长江流域产生持续降水。因此，长江流域出现干旱是在高、中、纬环流形势互相配合、互相影响的天气背景下形成的。

根据宜昌、汉口、大通1951—2013年（三峡蓄水后还原）为干流主要控制站径流量统计，1—3月三个月同期径流量组成见表7.3。由表可看出，宜昌以上枯水期平均径流量为334亿m^3，主要来自屏山、高场、李家湾、北碚及屏山—宜昌区间，分别占宜昌1—3月径流量的35.6%、18.9%、10.6%、12.8%、10.8%。当宜昌出现较枯年份来水时，与屏山和屏山—宜昌区间密不可分，再加上北碚、武隆出现相对偏枯来水条件，往往会出现宜昌枯水期特枯现象。与上年度汛期长江流域在高、中、纬环流形势、天气背景下形成不利于产生持续降水的条件时，直接影响汛期来水量大小，往往也会延续影响次年枯水期（1—3月）来水量，如1960年、1963年、1973年、1979年，宜昌站1—3月来水量排序倒数第4、第2、第6、第1位，属于前期干旱较为严重的次年枯水期（1—3月）典型。

由上述可知，形成宜昌1—3月特枯来水是受多种因素的共同影响，其中最为明显的是上年度汛期降水量，它起着决定性作用，直接加重和延长至次年汛前一段时间来水量。如，1963年、1979年宜昌站来水量排序倒数第1、第2位，洞庭湖四水来水排序倒数第6、第8位，鄱阳湖湖口站排序倒数第1、第14位，在整个来水偏枯影响下，使得大通站出现了排序倒数第1、第2位。

表7.3 宜昌、汉口、大通主要控制站1—3月径流统计表

河名、区间、站名		1—3月年径流（1952—2013年）			
		径流量/亿m^3	占宜昌/%	占汉口/%	占大通/%
金沙江	屏山	119	35.6	16.0	11.5
岷江	高场	63.2	18.9	8.5	6.1
沱江	李家湾	6.35	1.9	0.9	0.6
嘉陵江	北碚	35.5	10.6	4.8	3.4
屏山—宜昌区间		36	10.8	4.8	3.5
乌江	武隆	42.7	12.8	5.7	4.1
长江	寸滩	260	77.8	35.0	25.2
寸滩—宜昌区间		29.4	8.8	4.0	2.9
长江	宜昌	334	100	44.5	32.1
清江	长阳	12.9		1.7	1.3
洞庭湖	洞庭四水	261		35.1	25.3
汉江	皇庄	58.7		7.9	5.7
宜昌—汉口区间		79.4		10.7	7.7

续表

河名、区间、站名		1—3月年径流（1952—2013年）			
		径流量/亿 m^3	占宜昌/%	占汉口/%	占大通/%
长江	汉口	743		100	72.1
鄱阳湖	湖口	235			22.8
汉口—大通区间		53.0			5.1
长江	大通	1031			100

7.2 特枯水年重点供水对象

7.2.1 特枯水年调度需求分析

7.2.1.1 中下游沿江灌溉取水

长江中下游沿江灌溉取水主要通过水闸自流引水，也有部分通过泵站提水，从长江干流取水的典型灌区基本情况见表7.4。

表7.4 长江中下游沿江典型灌区（从长江干流取水）基本情况

灌区名称	所在地区	取水位置	设计灌溉面积/万亩	引水闸名称	引水闸设计流量/(m^3/s)	闸底板高程/(吴淞，m)
观音寺灌区	荆州市	长江干流	69.1	观音寺闸	56.8	31.76
				观音寺泵站		30.96
严家台灌区			35.5	严家台闸	50	30.5
				严家台泵站		28.6
	岳阳市	长江干流		莲花塘机埠闸		26.00
	武汉市	长江干流	21.0	蔡甸东风闸	30	20.50
	九江市	长江干流		芙蓉闸		10.0
	芜湖市	长江干流		凤凰颈闸		5.00
	南京市	长江干流		江宁铜井河		4.6

沿江灌区是长江流域重要的粮、油产区，粮食作物主要有水稻（早、中、双晚）、小麦、玉米、杂粮等，经济作物主要有棉花、油菜、蔬菜、瓜果等，广泛采用油（麦）稻两熟的作物种植模式。长江中下游沿江典型地区农田灌溉需水年内分配系数见表7.5。

表7.5 长江中下游沿江典型地区农田灌溉需水年内分配表

典型地区	1月	2月	3月	4月	5月	6月	7月	8月	9月	10月	11月	12月	合计
荆州市	0.00	0.00	0.00	0.10	0.16	0.18	0.37	0.09	0.10	0.00	0.00	0.00	1.00
岳阳市	0.00	0.00	0.00	0.08	0.09	0.16	0.22	0.29	0.08	0.06	0.02	0.00	1.00
武汉市	0.00	0.00	0.01	0.12	0.15	0.14	0.24	0.15	0.18	0.01	0.01	0.00	1.00
九江市	0.01	0.00	0.01	0.07	0.04	0.15	0.21	0.18	0.20	0.11	0.01	0.01	1.00

续表

典型地区	1月	2月	3月	4月	5月	6月	7月	8月	9月	10月	11月	12月	合计
芜湖市	0.00	0.00	0.00	0.04	0.21	0.14	0.27	0.16	0.08	0.05	0.03	0.01	1.00
南京市	0.03	0.02	0.02	0.03	0.03	0.22	0.17	0.28	0.10	0.03	0.03	0.03	1.00
分月占全年比重	0.006	0.003	0.006	0.079	0.107	0.169	0.256	0.191	0.121	0.039	0.014	0.007	1.00

由表7.5可见，长江中下游沿江灌区农田灌溉需水基本都集中在4—10月，其他月份需水很少或不需灌溉，4—10月长江水位的高低决定灌溉保证率的高低，决定了缺水程度。水闸引水受闸底板高程控制，一般（$P=50\%$）和偏枯（$P=75\%$）年景下，闸底板高程通常低于当地灌溉期（4—10月）低水位，而高于特枯年水位和历史最低水位，缺水现象时有发生。灌区利用泵站提水的供水保证率较高，受枯水影响较小，但遇低水位抽水将大大增加用水成本。

目前长江中下游地区农业用水利用效率普遍偏低，农业节水潜力较大，通过大力节水，可抵消因新发展灌溉面积增加的需水量，从而实现农业需水的“零增长”。预计到2030年以前，长江中下游干流沿江需从长江干流提取用于农业灌溉的水量不会增长，但长江中下游平原是国家保障粮食安全、新增1000亿斤粮食生产能力的重点区域，对提高农业灌保障灌溉水源提出了更高的要求。三峡工程投运后对长江中下游干流沿江灌溉影响较大的地区是湖北省荆南四河地区，枯水期流量的增加可抬高水位，而河床冲刷又会引起水位降低。总体而言，枯水期11月至次年4月沿江水位是下降的，且随着时间的延长，水位下降值增加，同流量水位大幅度下降，灌溉涵闸的取水受到明显的影响。

7.2.1.2 长江口压咸

长江中下游11月至次年4月为枯水期，5—10月为丰水期，长江口盐水入侵一般发生在枯水期，入侵强度与枯季流量相关。特枯年份咸潮入侵时间提前至9月。

长江口潮区界位于大通，距河口约640km，盐水入侵是因东海潮汐所致，并与上游径流量、河口地形、海域风场密切相关。北支盐水入侵距离比南支远。北支盐水入侵界，枯季一般可达北支上段，洪季一般可达北支中段；南支盐水入侵界枯季一般可达南北港中段，洪季一般在拦门沙附近。

由于长江口咸潮受多种因素共同影响，口门附近的盐度场存在复杂的时空变化。

盐度随时间的变化规律为：

（1）盐度日变化过程与潮位过程基本相似，在一天中出现二高二低，且具有明显的日不等现象。

（2）长江口在半月中有一次大潮和一次小潮，日平均盐度在半月中也有一次高值和一次低值。潮差对盐度影响的大小与上游来水量多少有关，当大通站月平均流量在30000m^3/s以上时，潮差对盐度的影响限于吴淞水厂下游。

（3）长江径流有明显的季节变化，长江口门处的盐度也有相应的季节变化，位于口门处的引水船站月平均盐度与大通站月平均流量有良好的负相关关系：一般是2月最高、7月最低；6—10月为低盐期，12月至次年4月为高盐期。

（4）长江口盐度的年际变化与大通站年平均流量有良好的对应关系，丰水年盐度低，枯水年盐度高。

长江口盐度随空间的变化规律为：

(1) 长江口盐度一般是由上游向下游逐渐递增，而吴淞口—崇头段遇北支盐水倒灌时，呈现相反的规律。

(2) 长江口4条入海水道中北支盐度远远高于南支。

(3) 盐度垂向分布主要取决于盐水和淡水的混合类型。

一般认为，当吴淞枯季含氯度大于250ppm，且持续时间超过10d，咸潮入侵严重。长江口氯度量与大通流量有较强的相关关系，大通流量大，则咸潮入侵范围小、持续时间短、强度低，反之亦然。

当大通流量小于10000m^3/s，发生咸潮入侵的程度增加。

从咸潮高发期在枯期来看，对三峡水库的需求主要为希望水库能蓄满，以便枯期能更好地对大通流量进行补水调度。三峡水库对大通流量的影响主要在蓄水期，此阶段并非天然状况下咸潮入侵高发期，且大通来流量还较丰沛，但理论上三峡水库此时蓄水，如下泄流量过小则可能增加咸潮入侵的概率，因此仍然需要考虑在三峡水库蓄水期间遇枯水时下泄流量不要减少太多。

7.2.1.3 两湖补水

1. 洞庭湖

洞庭湖是长江流域重要的集水湖汊与调洪湖泊，横跨湘、鄂两省，地处湖南北部、长江中游荆江南岸；西南接湘、资、沅、澧四水，北纳荆江三口（松滋口、太平口、藕池口）的长江来水分流后，由东洞庭湖至城陵矶汇入长江。

洞庭湖区近年来缺水的主要原因，一是遇降雨偏少、上游来水量偏少的枯水年，二是湖区内冲淤现象加剧，三口淤积加重、湘江中下游河道下切；另外，受三峡工程蓄泄调度影响，荆南三河河口水位在中枯水流量时水位降低，导致荆南三河河道分流量减少，断流时间增加。为应对湘江10月的枯水位，三峡水库的蓄水过程应尽可能放缓，在防洪安全的前提下，在长江干流来水还尚丰沛的9月多安排一定的蓄水任务，在枯水年份将10月平均拦蓄的流量控制在4000m^3/s左右。为尽量满足湖北、湖南省洞庭湖区对灌溉用水的需求，一方面需要三峡水库在9—10月蓄水期通过提前蓄水等措施加大下泄流量，并在4月加大泄量解决湖北省春灌缺水的问题，可能弥补三峡水库运用以来水位降低造成的影响；另一方面还需要洞庭湖区内水库群联合调度，来解决洞庭湖区的缺水问题。

2. 鄱阳湖

鄱阳湖区多年平均径流量1436亿m^3，入湖水量主要来自赣江、抚河、信江、饶河、修河这五条河流，占总入湖水量的87%。入湖水量主要集中在4—7月，占全年总量的61.4%，其中，5月、6月占36.3%。7月雨季基本结束，逐步转入枯期，五河入湖水量开始减少，9月至次年2月各月入湖水量占年总量的比重都小于5%。

湖口站月平均水位以12月至次年2月明显为低，月平均水位1—2月为最低，最高在7—8月，一般情况下5—10月水位可保持在14m以上。

长江干流水位九江站7月、8月达最高值，9月以后水位逐步下降，年最低水位出现在1—2月。

7月中旬之后，干流九江来流开始减少，9月初开始减小较快，9月初至12月初，由40000m³/s左右减小至10000m³/s左右。而五河来水进入7月后就已很小，枯季，五河流量占长江干流流量比例很小，五河来水对长江干流枯季水位影响较小。因此，干流是否出现特低水位，主要由干流是否遇特枯水年决定。

在上游三峡等水库的蓄水期，9月以后九江和湖口的水位均开始下降，一般情况下，九江站11月平均水位可在12m以上，遇枯水年将降至10m左右。湖口站9—11月，要维持较高的水位，主要受两个因素的作用：一是此时段长江干流来流量仍较大；二是鄱阳湖水位消落过程中对长江干流流量有一定补充，平均在1700m³/s左右（总量约134亿m³）。这说明，三峡水库蓄水期间下泄流量减小，使长江干流来流量减少，如遇长江和五河来水偏枯年份，则有可能使鄱阳湖提前进入枯水期，遇特枯年份则影响会更大。

7.2.1.4 航运及中下游生态环境保护等补水需求

1. 航运

（1）三峡库区河段，在有条件的情况下，可在协调航运与防洪、发电的基础上，保持三峡水库枯水期处于较高水位运行，适当延长汛前水位消落时间，以提高变动回水区的通航水深。对于出现短暂碍航情况时，在深入研究水文预报的基础上，采取临时抬高坝前水位措施淹没碍航滩险。

（2）三峡至葛洲坝河段，航道水流条件应满足船舶安全航行的要求。三峡电站日调节下泄流量应逐步稳定增加或减少，汛期应限制三峡电站调峰容量，避免恶化两坝间水流条件。实际运行中如日调节产生的非恒定流影响航运安全时，应通过调整三峡和葛洲坝水利枢纽的出库流量变化速度来解决，即三峡下泄流量应逐渐稳定增加或减少。

（3）葛洲坝下游河段，三峡工程枯期下泄流量本阶段不应低于5000m³/s，应结合干支流梯级联合调度成果，分析进一步增加枯期下泄流量的可行性。当来水小于发保证出力所需的流量时，水库通过降水位进行流量补偿。遭遇特枯水年，需要协调上下游航运关系，采取适当降低库水位或者水库提前蓄水等措施予以缓解。

（4）对各支流水库，应做好各支流水库库区及坝下游水文泥沙及通航情况的观测工作，在实船试验的基础上，确定合理的最大通航流量；从提高下游河段通航水深和减小水位变幅要求分析，可研究适当提高航运基荷或限制调峰出力等措施，保证通航安全，发挥航运效益；对乌江和金沙江下游，建议过坝船型要与通航建筑物尺度相适应，严格控制超载船舶和超大船型的过坝；枯水年，各支流控制性水库可通过增加补偿下泄流量改善航道条件。

2. 中下游生态环境保护

（1）水生态保护。根据长江中下游干流及主要附属湖泊的生态水文需求，三峡水库较好的生态流量过程如下：

1）在11月中下旬，下泄水温达到17～20℃，流量从15000m³/s下降到13000m³/s，持续时间1天，满足中华鲟自然繁殖的流量需求。

2）在5月上中旬，下泄水温达到18℃以上，流量从8300m³/s逐步上升到14900m³/s，水位日上涨0.3m，满足四大家鱼年内第一次自然繁殖的流量需求。

3）第二次在6月上中旬，流量为15500m³/s逐步上升到18000m³/s，水位日上涨

0.35m，满足四大家鱼年内第二次自然繁殖的流量需求。

（2）水环境保护。

1）水环境安全问题可通过水库群联合调度改变库区的水文情势和流速得到不同程度缓解，三峡水库以下水域发生的突发性水污染事故可通过水库联合调度适度控制，库区城市集中饮用水源地保护等方面问题采取以污染源控制为主、水库联合调度为辅的解决方式。

2）保障河流生态环境需水量是保护河流生态环境的关键。通过分析长江中下游干流河道最小生态流量的需求，初步研究拟定主要控制断面的流量需求为：宜昌 $5000m^3/s$，螺山 $6500m^3/s$，汉口 $7500m^3/s$，大通 $10000m^3/s$。

3）为减轻三峡等水库蓄水对两湖湿地植被及越冬珍稀鸟类栖息环境的影响，水库适度提前蓄水，延长蓄水过程，将10月两湖水位较天然情况下降幅度控制在0.5～0.8m较为适宜。

7.2.2 供水调度目标控制指标

经过与各省（自治区、直辖市）反复协调，根据各省（自治区、直辖市）对水资源管理控制指标的确认文件、长江委对相关省（自治区、直辖市）水资源管理控制指标意见复函等，逐步拟定了长江中下游重要断面的最低流量和水位，得到了《长江流域水资源管理控制指标方案》（长江委2012年），可为枯水期水库调度提供参考。

7.2.2.1 中下游重点断面最小控制流量

断面最小流量控制指标由生态流量和下游区间用水需求两部分组成，生态流量采用90%保证率最枯月平均流量计算，而下游区间用水有生活、工业、灌溉和航运用水。由于最小流量出现时间为枯水期12月至次年2月，而农业灌溉用水主要在5—9月，枯水期12月至次年2月灌溉用水量很少，因此区间用水只需考虑下游城市的工业用水、生活用水和河道内的航运用水。

依据水利部批复的《三峡水库优化调度方案》（2009年10月）中的水资源（水量）调度方式，宜昌节点的断面控制流量为 $6000m^3/s$ 左右，大通节点综合考虑生态环境需水、供水和航运等要求确定的断面控制流量为 $10000m^3/s$。其他断面最小流量控制指标分三步计算，即最小生态流量、下游城市需水和最小流量指标确定。

1. 最小生态流量

在《长江流域综合规划》（2010年）中列出干支流主要控制节点的生态环境下泄水量，此次最小生态流量直接采用规划中非汛期生态环境下泄流量成果。对于水利工程附近的断面，最小生态流量采用工程设计成果或专题报告的成果。

对有水文系列资料的断面或附近有水文资料的断面，采用90%保证率的最枯月平均流量方法计算最小生态流量。

对于没有条件利用水文资料系列计算的断面，采用《河湖大典》《省际边界河流调查》《水力资源复查成果》中断面或坝址的多年平均流量，根据《水利水电建设项目水资源论证导则》（SL 525—2011）中“河道内生态需水量原则上按多年平均流量的10%～20%确定”的规定，由于这些断面常常位于河流源头的小河流，年内流量丰枯变化大，最小生态流量采用导则规定的下限值，即多年平均流量的10%计算。

采用水文站资料计算最小生态流量时，由于水文资料系列长短不一，需对上下游控制断面的最小生态流量进行协调平衡，以与《长江流域综合规划》中控制节点生态下泄流量协调一致。

2. 下游城市需水量

大通水文站下游城市的需水，采用大通节点综合考虑生态环境需水、供水和航运等要求，确定的断面控制流量为10000m³/s，反算大通以下的城市用水量，以大通满足下游城市用水量为起始条件，从下游向上游累加各个沿江取水的城市用水量。在跨流域调水的上游断面，考虑满足下游的调水需求。城市用水量采用水资源综合规划中各城市在2020年水平年的需水成果。当两断面之间有大支流汇入时，将下游城市的需水量以干支流多年平均流量为权重进行干支流分摊。

当断面下游城市需水量计算到调节能力强的大型水利工程时，如三峡、丹江口、溪洛渡等水库，由于这些水库具有较大的调蓄能力，认为通过这些工程的调蓄，可以满足下游和库区的用水，工程上游断面的最小流量指标不再考虑除生态流量之外再下泄工程下游的城市用水。

3. 最小流量控制指标

最小流量等于断面最小生态流量与下游城市需水之和。当断面附近有水利水电工程取水许可审批的最小下泄流量时，最小流量指标采用审批成果。对于一些3级和4级支流或源头的断面，最小流量指标为最小生态流量。大通水文站下游的长江干流断面，在枯季的最小流量受潮汐影响较大，不宜采用最小流量作为控制指标，因此，未列出最小流量指标。当断面有最小通航流量时，最小流量与最小通航流量取外包，作为最小流量控制指标。长江中下游重点断面最小流量情况见表7.6。

表7.6 长江中下游重点断面最小流量控制指标

断面名称	多年平均流量/(m³/s)	用水总量/亿m³	耗水量/亿m³	下泄控制水量/亿m³	最小控制流量/(m³/s)
宜昌	14025	528.05	293.07	4221.82	6000
沙市	12366				5600
汉口	22497	1118.40	592.75	6694.34	8640
九江	22184	1237.32	693.68	6472.30	8730
大通	28722	1509.93	849.62	7963.43	10000
徐六泾		1726.03	954.47		

7.2.2.2 中下游重点断面最低控制水位

长江流域生活及工农业生产用水取水困难主要发生在人口、产业集中的大中城市，在重要地区控制断面制定最低水位控制指标对于水资源管理具有重要的实际意义。重要城市的选择主要包括长江中下游范围内的省会城市以及干流区间的重要地级城市，其中上海市位于长江口，其生产生活取用水主要受咸潮上溯影响，不设立最低水位控制指标。

各重要城市控制断面最低水位控制指标应能满足各行业取水工程设施高程和航运对河

流水位的要求。最低水位控制指标的确定要以保障城市供水安全、工业生产为首要原则，兼顾航运、生态环境用水及农业用水等。考虑到城市生活和工业供水保证率一般分别在99%和95%以上，将各重要城市控制断面的95%频率旬平均水位、最低通航水位和相应城市的生活取水设施高程、工业取水设施高程的上限取外包并适当增加0～0.5m作为重要城市控制断面最低水位控制指标值，由此制定重要城市控制断面最低水位控制指标，见表7.7。

表7.7 中下游干流主要城市控制断面最低水位控制指标

城市名称	控制断面	取水口水位/m		供水保证水位/m		最低通航水位/m	最低控制水位/m
		生活取水	工业取水	城市生活（99%供水保证率）	工业（95%供水保证率）		
岳阳	城陵矶	—	12～20	17.75	18.94	18.07	20
宜昌	宜昌	—	泵船	38.69	39.10	39.00	39.5
沙市	沙市	29.6～31.5	29～31	30.8	31.51	31.56	32
汉口	汉口	11.6～14.24	10.8～12.8	12.35	13.19	12	13.5
九江	九江	6.5	6.5～7	7.43	8.18	7.088	8.5
铜陵	大通	−0.7～3	−10～2.5	3.87	4.36	3.348	4.5
南京	南京	−5～−8	−2～−5	1.99	2.27	1.966	2.5

7.2.2.3 存在的问题

从以上最低水位和最小流量控制指标可知，最小流量针对的是生态流量和下游需水，而最低水位主要针对本地取水和航运需求，这两个指标的含义并不一样。根据各断面水位流量曲线，对流量和水位指标进行对比，见表7.8。

表7.8 不同断面控制指标对比

断面名称	多年平均流量/(m^3/s)	最小控制流量/(m^3/s)	水位流量曲线插值/m	最低控制水位/m
宜昌	14025	6000	38.99	39.5
沙市	12366	5600	37.29	32
汉口	22497	8640	12.89	13.5
大通	28722	10000	4.02	4.5

由表7.8可知，最小流量和最低水位之间不存在严格的对应关系，而是两个需要同时满足的运行条件。上述流量控制指标针对的是水量需求，主要用于对日常用水的保障，对枯期应急调度的针对性不强，且长江流域也不存在水量性缺水；而上述最低水位控制指标，是本地区各需水对象正常取水水位的外包值，能用于日常调度与行政管理，但缺少对本地应急措施和工程措施的考虑，只能作为预警指标或分级响应机制的参考，不宜直接用于上游水库在枯水期的应急调度。

而且，长江委2015年的《上游控制性水库水量应急调度方案研究》认为，宜昌断面的最小流量和最低水位6000m^3/s和39.5m略微偏高，结合对葛洲坝下游庙嘴39.0m的水位控制和三峡电站不小于保证出力对应的流量控制，三峡日均出库流量在实时调度中按5700m³/s控制较为合理。

由长江中下游主要控制断面的变化情况可知，从2003年到2015年，各断面都发生了不同程度的下切，过流能力也发生了改变，因此，需要进一步对控制水位进行复核，并在首先考虑本地应急和工程措施的基础上，再考虑对上游水库应急补水调度的需求。

7.3 供水应急调度水库及调度能力分析

根据工程地理位置、工程特性，现阶段初拟长江中下游供水应急调度水源工程主要为：长江干流溪洛渡、向家坝、三峡水库，雅砻江锦屏一级、二滩水库，乌江洪家渡、乌江渡、构皮滩水库，岷江（含大渡河）紫坪铺、瀑布沟水库，以及嘉陵江亭子口、宝珠寺水库。长江中游柘溪、凤滩、五强溪、江垭、柘林等水库由于洞庭湖、鄱阳湖等调蓄影响，对长江干流补水作用有限，主要以解决本流域用水需求为主。丹江口水库由于承担南水北调及本流域用水等任务，暂不纳入供水应急调度范围。

雅砻江、乌江干流无大的取用水保障目标，用锦屏一级、锦屏二级、洪家渡、乌江渡、构皮滩水库实施应急调水，基本不会对调水区经济社会产生不利影响。嘉陵江中下游干流沿岸城区、集镇密布，亭子口、宝珠寺水库工程为有供水任务在内的多任务开发工程，且河口有重庆市北碚区用水保障需要。紫坪铺、瀑布沟水库为多任务开发工程，水库下游居民甚众，耕地灌溉面积较大，且岷江（含大渡河）河口有宜宾市用水保障需要。据此，现阶段初步拟定干流溪洛渡、向家坝、三峡水库，雅砻江锦屏一级、二滩水库，乌江洪家渡、乌江渡、构皮滩水库等8座水库为应急水量调度优先水源工程，亭子口、宝珠寺、紫坪铺、瀑布沟等4座水库根据需要为应急水量调度后续水源工程。所选择已建水源工程水库总库容合计约1034.6亿m³，正常蓄水位对应库容合计约931.9亿m³，调节库容合计约527.4亿m³。

考虑在建乌东德、白鹤滩工程建设进程，本次考虑加入两河口、乌东德、白鹤滩水库作为未来优先考虑水源工程进行研究和分析，见表7.9。在两河口、白鹤滩、乌东德水库竣工运行后，可增加调节库容合计200.16亿m³，应急水量调度水源工程体系调节库容可达720亿m³规模。

表7.9　　水源工程水库特征参数统计表

水库名称	所在河流	控制流域面积/万km²	年径流量/亿m³	总库容/亿m³	正常蓄水位			死水位/m	最小下泄流量(日均)/(m³/s)
					水位/m	对应库容/亿m³	调节库容/亿m³		
三峡	长江干流	100	4290	450.44	175	393	165*	155	
溪洛渡		45.44	1440	126.7	600	115.74	64.62	540	1200
向家坝		45.88	1460	51.63	380	49.77	9.03	370	1200
乌东德		40.61	1207	74.08	975	58.63	30.2	945	900～1160
白鹤滩		43.03	1321	206.27	825	190.06	104.36	765	

续表

水库名称	所在河流	控制流域面积/万 km²	年径流量/亿 m³	总库容/亿 m³	正常蓄水位			死水位/m	最小下泄流量(日均)/(m³/s)
					水位/m	对应库容/亿 m³	调节库容/亿 m³		
锦屏一级	雅砻江	10.26	385	58	1880	77.65	49.11	1800	88～122
二滩		11.64	527	79.9	1200	57.93	33.7	1155	401
洪家渡	乌江	0.99	45.41	49.47	1140	44.97	33.61	1076	14.4
乌江渡		2.78	150.1	23	760	21.4	9.28	720	112
构皮滩		4.33	226	64.54	630	55.64	29.02	590	190
紫坪铺	岷江	2.27	148	11.12	877	9.99	7.74	817	129
瀑布沟	大渡河	6.85	388	53.32	850	50.11	38.94	790	327
宝珠寺	嘉陵江	2.84		25.5	588	21	13.4	558	85.1
亭子口	嘉陵江	6.11	189	40.67	458	34.68	17.32	438	124

注 三峡水库应急调度库容可按 221.5 亿 m³（145～175m）考虑。

可调水量计算采用长江流域大型水库群联合调度研究 1959—2014 年长系列旬调节计算过程，列入长江流域水工程联合调度运用计划的有 40 座控制性水库工程。

7.3.1 长江干流

7.3.1.1 三峡水库

根据 1959—2014 年长系列旬调节计算成果，三峡水库各旬可调水量统计见表 7.10，各旬多年平均可调水量如图 7.1 所示。

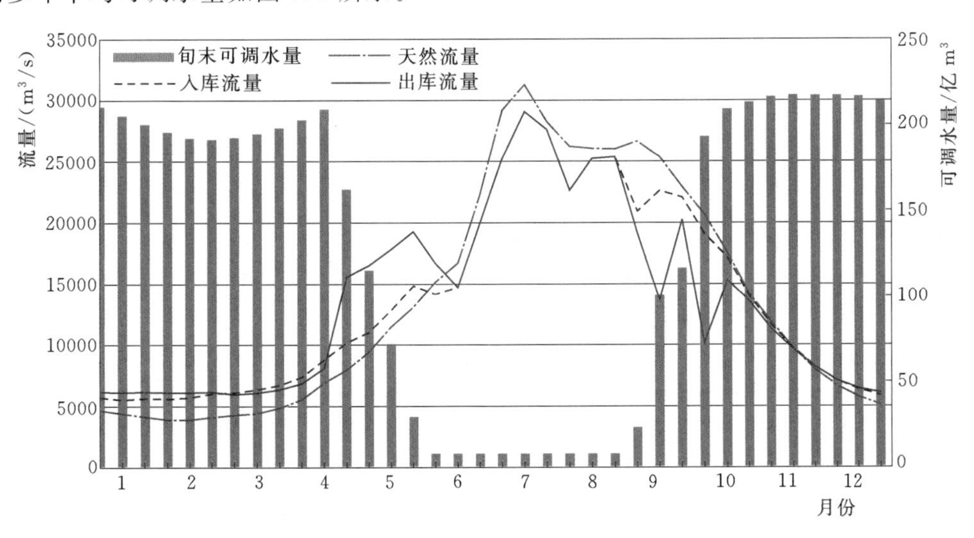

图 7.1 三峡水库各旬多年平均可调水量示意图

计算数据显示，三峡水库拦蓄部分汛期水量，在 11 月至次年 4 月向坝址下游多年平均补水 254.42 亿 m³，径流占比由天然 21.63%提高至 27.59%，其中，三峡水库贡献约 52.84 亿 m³；枯水期 12 月至次年 3 月多年平均补水 167.58 亿 m³，径流占比由天然 11.43%提高至 15.34%，其中，三峡水库贡献约 19.46 亿 m³。

表 7.10　　三峡水库逐旬旬末可调水量统计　　单位：亿 m^3

时段		多年平均	最大	$P=95\%$	最小	时段		多年平均	最大	$P=95\%$	最小
1月	上旬	210.12	221.50	196.02	86.62	7月	上旬	7.62	7.62	7.62	7.62
	中旬	204.85	221.50	185.04	83.16		中旬	7.62	7.62	7.62	7.62
	下旬	199.99	221.50	176.22	77.99		下旬	7.62	7.62	7.62	7.62
2月	上旬	195.56	221.50	168.91	70.98	8月	上旬	7.61	7.62	7.62	6.96
	中旬	191.98	221.40	162.34	60.38		中旬	7.57	7.62	7.62	4.88
	下旬	190.97	221.50	159.01	56.13		下旬	7.60	7.62	7.62	6.40
3月	上旬	192.17	221.50	153.32	52.02	9月	上旬	22.99	25.40	7.11	0.00
	中旬	194.46	221.50	147.71	51.15		中旬	100.08	128.70	0.00	0.00
	下旬	197.93	221.50	145.26	52.39		下旬	115.86	128.70	40.58	0.00
4月	上旬	202.48	221.50	145.17	57.66	10月	上旬	192.79	221.50	109.22	24.18
	中旬	208.51	221.50	152.70	66.16		中旬	208.99	221.50	155.77	45.12
	下旬	161.80	164.79	152.26	95.01		下旬	212.91	221.50	167.24	60.10
5月	上旬	114.52	115.25	108.61	107.31	11月	上旬	215.87	221.50	214.54	77.72
	中旬	71.55	72.48	63.91	62.89		中旬	216.86	221.50	221.50	91.88
	下旬	29.27	30.87	19.71	18.80		下旬	216.82	221.50	220.81	91.88
6月	上旬	7.58	7.62	7.62	5.13	12月	上旬	216.62	221.50	218.56	91.80
	中旬	7.59	7.62	7.62	6.76		中旬	216.01	221.50	213.86	91.11
	下旬	7.62	7.62	7.62	7.62		下旬	214.03	221.50	205.13	89.41

三峡水库可调水量与调度方式密切相关，在主汛期（6—9月）防汛期间，工程水库可调水量甚小；在11月至次年4月，多年平均条件下工程可调水量在216.86亿～161.8亿 m^3 之间；枯水期12月至次年3月，长系列 $P=95\%$ 条件下，工程可调水量在218.56亿～145.26亿 m^3 之间，遭遇最不利水文情势，可调水量在91.8亿～51.15亿 m^3 之间。

7.3.1.2 向家坝水库

根据1959—2014年长系列旬调节计算成果，向家坝水库各旬可调水量统计见表7.11，各旬多年平均可调水量如图7.2所示。

计算数据显示，向家坝水库调节能力相对较弱，出、入库径流接近一致，运行期间单库几乎不存在向下游补水能力；工程主要将上游水库群的运行补水效益传导至下游，在11月至次年4月向坝址下游多年平均补水109.72亿 m^3，径流占比由天然21.07%提高至28.7%，其中枯水期12月至次年3月多年平均补水78.23亿 m^3，径流占比由天然12.06%提高至17.48%。

向家坝水库可调水量与调度方式密切相关，在主汛期（6—9月）腾空库容防汛期间，工程水库可调水量甚小；在11月至次年4月，多年平均条件下工程可调水量在9.03亿～7.36亿 m^3 之间；枯水期12月至次年3月，长系列 $P=95\%$ 条件下，工程可调水量在9.03亿～5.78亿 m^3 之间，遭遇最不利水文情势，可调水量在8.84亿～5.12亿 m^3 之间。

表 7.11　　向家坝水库逐旬旬末可调水量统计　　单位：亿 m^3

时段		多年平均	最大	$P=95\%$	最小	时段		多年平均	最大	$P=95\%$	最小
1月	上旬	8.89	9.03	8.55	6.71	7月	上旬	2.19	2.19	2.19	2.19
	中旬	8.81	9.03	8.23	5.78		中旬	2.19	2.19	2.19	2.19
	下旬	8.90	9.03	8.10	5.12		下旬	2.19	2.19	2.19	2.19
2月	上旬	8.99	9.03	9.03	7.17	8月	上旬	2.19	2.19	2.19	2.19
	中旬	8.98	9.03	9.03	6.36		中旬	2.19	2.19	2.19	2.19
	下旬	8.98	9.03	9.03	6.33		下旬	2.19	2.19	2.19	2.19
3月	上旬	8.51	9.03	7.91	6.94	9月	上旬	1.90	2.19	0.00	0.00
	中旬	8.14	9.03	6.80	6.80		中旬	8.55	9.03	9.03	0.00
	下旬	7.36	9.03	5.78	5.78		下旬	8.97	9.03	9.03	5.78
4月	上旬	7.99	9.03	5.88	4.75	10月	上旬	9.03	9.03	9.03	9.03
	中旬	8.10	9.03	6.04	4.65		中旬	9.03	9.03	9.03	9.03
	下旬	8.10	9.03	6.80	5.08		下旬	9.03	9.03	9.03	9.03
5月	上旬	8.88	9.03	7.64	5.82	11月	上旬	9.03	9.03	9.03	9.03
	中旬	8.86	9.03	7.45	6.89		中旬	9.03	9.03	9.03	9.03
	下旬	9.03	9.03	9.03	9.03		下旬	9.03	9.03	9.03	9.03
6月	上旬	8.76	9.03	6.05	5.78	12月	上旬	9.03	9.03	9.03	8.84
	中旬	5.84	9.03	5.78	5.78		中旬	8.99	9.03	9.03	7.67
	下旬	2.19	2.19	2.19	2.19		下旬	8.95	9.03	8.82	6.98

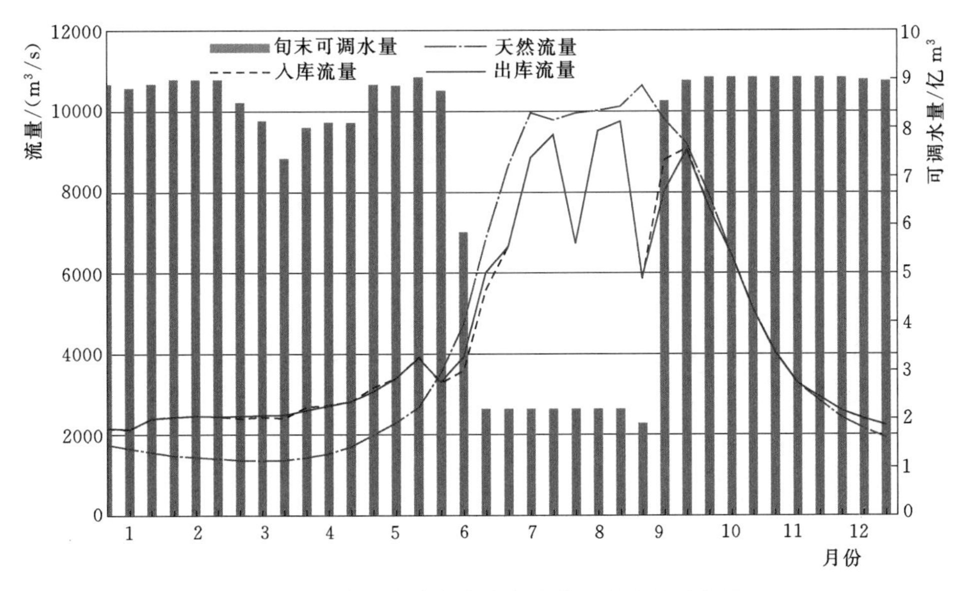

图 7.2　向家坝水库各旬多年平均可调水量示意图

7.3.1.3　溪洛渡水库

根据 1959—2014 年长系列旬调节计算成果，溪洛渡水库各旬可调水量统计见表

7.12，各旬多年平均可调水量如图 7.3 所示。

表 7.12　溪洛渡水库逐旬旬末可调水量统计　单位：亿 m³

时段		多年平均	最大	P=95%	最小	时段		多年平均	最大	P=95%	最小
1月	上旬	64.47	64.62	63.65	61.83	7月	上旬	20.17	20.17	20.17	20.17
	中旬	64.47	64.62	63.87	62.51		中旬	20.17	20.17	20.17	20.17
	下旬	61.51	64.62	61.26	60.88		下旬	20.17	20.17	20.17	20.17
2月	上旬	57.94	64.62	57.51	57.51	8月	上旬	20.17	20.17	20.17	20.17
	中旬	54.18	64.62	53.37	53.37		中旬	20.17	20.17	20.17	20.17
	下旬	51.27	64.62	50.24	50.24		下旬	20.17	20.17	20.17	20.17
3月	上旬	48.06	60.63	46.87	46.87	9月	上旬	57.50	64.62	46.15	31.89
	中旬	44.73	60.00	43.25	43.25		中旬	64.44	64.62	64.62	54.32
	下旬	41.16	56.34	39.63	39.63		下旬	64.62	64.62	64.62	64.62
4月	上旬	35.62	48.68	34.02	34.02	10月	上旬	64.62	64.62	64.62	64.62
	中旬	29.99	40.72	28.41	28.41		中旬	64.62	64.62	64.62	64.62
	下旬	23.71	32.37	22.23	22.23		下旬	64.62	64.62	64.62	64.62
5月	上旬	16.82	28.32	13.36	13.36	11月	上旬	64.62	64.62	64.62	64.62
	中旬	10.30	23.67	7.76	6.54		中旬	64.62	64.62	64.62	64.62
	下旬	2.13	30.86	0.00	0.00		下旬	64.62	64.62	64.62	64.62
6月	上旬	3.11	14.90	0.00	0.00	12月	上旬	64.62	64.62	64.62	64.62
	中旬	9.14	16.58	0.24	0.00		中旬	64.62	64.62	64.62	64.62
	下旬	20.14	20.17	20.17	18.61		下旬	64.59	64.62	64.54	64.10

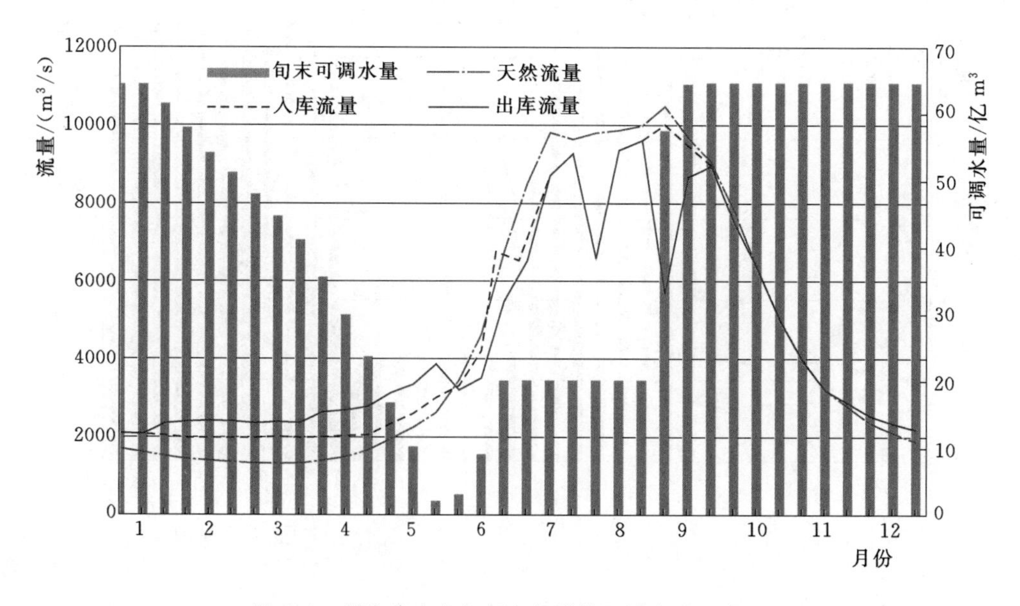

图 7.3　溪洛渡水库各旬多年平均可调水量示意图

计算数据显示，溪洛渡水库运行，在11月至次年4月向坝址下游多年平均补水105.2亿m^3，径流占比由天然19.93%提高至27.36%，枯水期12月至次年3月多年平均补水72.95亿m^3，径流占比由天然10.95%提高至16.08%。

在11月至次年4月，多年平均条件下溪洛渡水库可调水量在64.62亿～23.71亿m^3之间；枯水期12月至次年3月，长系列$P=95\%$条件下，工程可调水量在64.62亿～39.63亿m^3之间，遭遇最不利水文情势，可调水量在64.62亿～39.63亿m^3之间。

7.3.2 乌江

7.3.2.1 洪家渡水库

根据1959—2014年长系列旬调节计算成果，洪家渡水库各旬可调水量统计见表7.13，各旬多年平均可调水量如图7.4所示。

表7.13 洪家渡水库逐旬旬末可调水量统计 单位：亿m^3

时段		多年平均	最大	$P=95\%$	最小	时段		多年平均	最大	$P=95\%$	最小
1月	上旬	19.66	29.59	3.60	0.00	7月	上旬	16.02	30.19	1.34	0.70
	中旬	18.90	28.70	3.04	0.00		中旬	17.60	31.75	3.07	1.02
	下旬	18.08	27.82	2.37	0.00		下旬	18.72	31.82	5.00	1.43
2月	上旬	17.29	26.93	1.71	0.00	8月	上旬	19.56	31.44	5.29	1.72
	中旬	16.51	26.04	1.04	0.00		中旬	20.54	32.06	6.54	1.47
	下旬	15.84	25.22	0.49	0.00		下旬	21.25	32.06	6.34	1.13
3月	上旬	14.93	24.14	0.00	0.00	9月	上旬	21.76	33.30	6.89	0.74
	中旬	13.99	23.05	0.00	0.00		中旬	22.34	33.61	7.01	0.30
	下旬	13.02	22.00	0.00	0.00		下旬	22.87	33.61	6.85	0.00
4月	上旬	12.05	20.78	0.00	0.00	10月	上旬	23.01	33.61	6.48	0.00
	中旬	11.18	19.50	0.00	0.00		中旬	23.13	33.61	6.93	0.00
	下旬	10.46	18.40	0.00	0.00		下旬	23.25	33.61	7.32	0.00
5月	上旬	10.16	19.79	0.00	0.00	11月	上旬	23.07	33.46	7.03	0.00
	中旬	10.12	21.76	0.00	0.00		中旬	22.75	33.30	6.53	0.00
	下旬	10.36	25.50	0.00	0.00		下旬	22.28	33.15	5.96	0.00
6月	上旬	11.07	26.63	0.00	0.00	12月	上旬	21.76	32.29	5.38	0.00
	中旬	12.14	26.45	0.00	0.00		中旬	21.13	31.37	4.79	0.00
	下旬	14.04	29.00	0.72	0.00		下旬	20.39	30.51	4.15	0.00

计算数据显示，洪家渡水库拦蓄部分汛期水量，在11月至次年4月向坝址下游多年平均补水15.21亿m^3，径流占比由16.1%提高至50.98%；枯水期12月至次年3月多年平均补水9.39亿m^3，径流占比由天然12.14%提高至33.69%。计算数据同时显示，在计算长系列1959—2014年中，工程蓄丰补枯，蓄积丰水年水量向26个枯水年年际补水累计145.85亿m^3。洪家渡水库年际补水统计见图7.5。

从表7.14中可以看出，在11月至次年4月，多年平均条件下洪家渡水库可调水量在

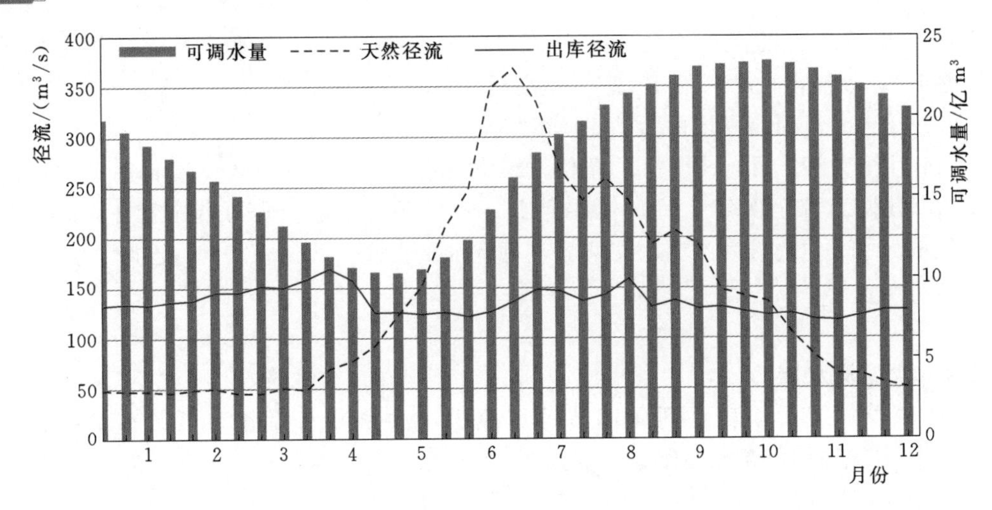

图 7.4 洪家渡水库各旬多年平均可调水量示意图

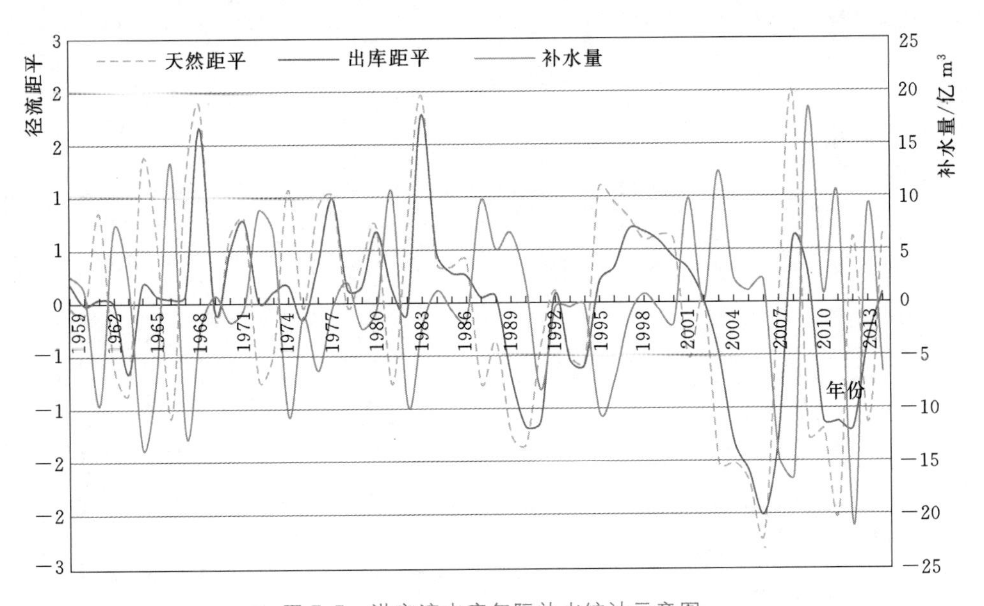

图 7.5 洪家渡水库年际补水统计示意图

23.07 亿～10.46 亿 m³ 之间；枯水期 12 月至次年 3 月，长系列 P＝95％条件下，洪家渡水库可调水量在 5.38 亿～0 亿 m³ 之间，遭遇最不利水文情势，如 2005—2007 年、2011 年 12 月至 2012 年 3 月水文情形，工程基本无可调水量，初步分析，主要由于洪家渡水库位于乌江北支源六冲河，汇流面积较小（仅 0.99 万 km³），枯水期天然来水较小。

7.3.2.2 乌江渡水库

根据 1959—2014 年长系列旬调节计算成果，乌江渡水库各旬可调水量统计见表 7.14，各旬多年平均可调水量如图 7.6 所示。

计算数据显示，乌江渡水库拦蓄部分汛期水量，在 11 月至次年 4 月向坝址下游多年平均补水 21.31 亿 m³，径流占比由 19.83％提高至 35.06％；枯水期 12 月至次年 3 月多年平均补水 14.2 亿 m³，径流占比由天然 10.98％提高至 14.2％。

表 7.14　　乌江渡水库逐旬旬末可调水量统计　　单位：亿 m³

时段		多年平均	最大	P=95%	最小	时段		多年平均	最大	P=95%	最小
1月	上旬	11.77	13.60	6.86	4.81	7月	上旬	10.16	13.60	6.96	0.04
	中旬	11.46	13.60	6.32	6.01		中旬	11.02	13.60	6.56	0.13
	下旬	11.02	13.60	7	5.71		下旬	11.19	13.60	6.31	0.00
2月	上旬	10.49	13.35	6.41	5.18	8月	上旬	11.09	13.60	7.53	0.00
	中旬	9.97	13.60	5.84	4.51		中旬	11.04	13.60	8.71	0.00
	下旬	9.52	13.60	5.51	3.78		下旬	10.97	13.60	8.66	0.00
3月	上旬	8.85	13.60	4.54	2.73	9月	上旬	11.90	13.60	8.37	0.00
	中旬	8.10	12.91	3.44	1.92		中旬	12.23	13.60	8.53	0.00
	下旬	7.17	12.13	2.37	1.37		下旬	12.46	13.60	7.84	0.00
4月	上旬	6.33	10.86	1.12	0.45	10月	上旬	12.44	13.60	7.42	0.00
	中旬	5.44	9.06	0	0.00		中旬	12.49	13.60	6.66	0.20
	下旬	4.05	6.18	0	0.00		下旬	12.50	13.60	6.14	0.33
5月	上旬	0.76	2.86	0	0.00	11月	上旬	12.53	13.60	6.17	0.69
	中旬	0.91	3.51	0	0.00		中旬	12.50	13.60	6.05	0.95
	下旬	1.74	4.51	0	0.00		下旬	12.42	13.60	6.25	0.82
6月	上旬	3.85	10.88	0	0.00	12月	上旬	12.33	13.60	6.7	1.36
	中旬	6.08	13.60	0.47	0.00		中旬	12.27	13.60	7.01	1.81
	下旬	8.71	13.60	3.21	0.00		下旬	12.05	13.60	7.26	3.00

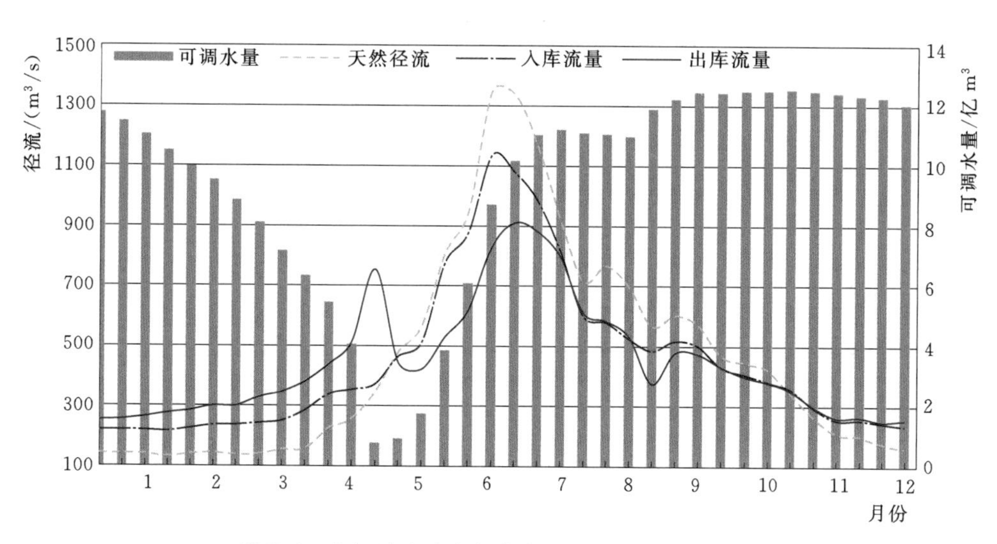

图 7.6　乌江渡水库各旬多年平均可调水量示意图

在 11 月至次年 4 月，多年平均条件下乌江渡水库可调水量在 12.53 亿～4.05 亿 m³ 之间；枯水期 12 月至次年 3 月，$P=95\%$条件下，工程可调水量在 6.33 亿～2.09 亿 m³ 之间，遭遇长系列的最不利水文情势，可调水量在 6.01 亿～1.37 亿 m³ 之间。

7.3.2.3 构皮滩水库

根据1959—2014年长系列旬调节计算成果，构皮滩水库各旬可调水量统计见表7.15，各旬多年平均可调水量如图7.7所示。

表7.15 构皮滩水库逐旬旬末可调水量统计 单位：亿 m^3

时段		多年平均	最大	$P=95\%$	最小	时段		多年平均	最大	$P=95\%$	最小
1月	上旬	22.30	24.22	12.74	3.58	7月	上旬	24.58	25.02	23.42	15.91
	中旬	21.25	23.16	12.25	2.48		中旬	24.69	25.02	24.33	18.04
	下旬	20.12	21.98	12.23	2.04		下旬	24.81	25.02	24.84	19.35
2月	上旬	18.96	20.71	11.49	1.85	8月	上旬	26.22	27.02	24.68	20.07
	中旬	17.81	19.45	10.72	1.63		中旬	26.36	27.02	24.00	20.16
	下旬	16.98	18.54	10.33	1.23		下旬	26.32	27.02	23.15	19.81
3月	上旬	16.37	17.91	10.03	0.77	9月	上旬	27.11	29.02	22.90	19.55
	中旬	15.86	17.39	9.81	0.43		中旬	27.46	29.02	22.29	19.19
	下旬	15.41	16.89	9.58	0.00		下旬	27.74	29.02	22.17	18.34
4月	上旬	15.13	16.43	9.63	0.78	10月	上旬	27.73	29.02	22.47	17.22
	中旬	13.98	14.90	9.87	1.64		中旬	27.52	28.78	22.48	15.58
	下旬	12.27	12.83	8.62	2.87		下旬	27.39	29.02	20.12	14.37
5月	上旬	13.94	14.71	9.00	3.34	11月	上旬	27.21	29.02	19.41	13.09
	中旬	14.86	17.35	11.31	2.61		中旬	26.91	28.66	18.28	11.48
	下旬	16.39	17.49	13.42	2.72		下旬	26.25	28.11	16.97	10.34
6月	上旬	18.47	21.64	15.02	7.99	12月	上旬	25.27	27.10	15.65	8.69
	中旬	21.06	25.02	19.03	10.32		中旬	24.40	26.30	14.71	6.88
	下旬	23.78	25.02	20.74	12.97		下旬	23.32	25.23	13.46	4.81

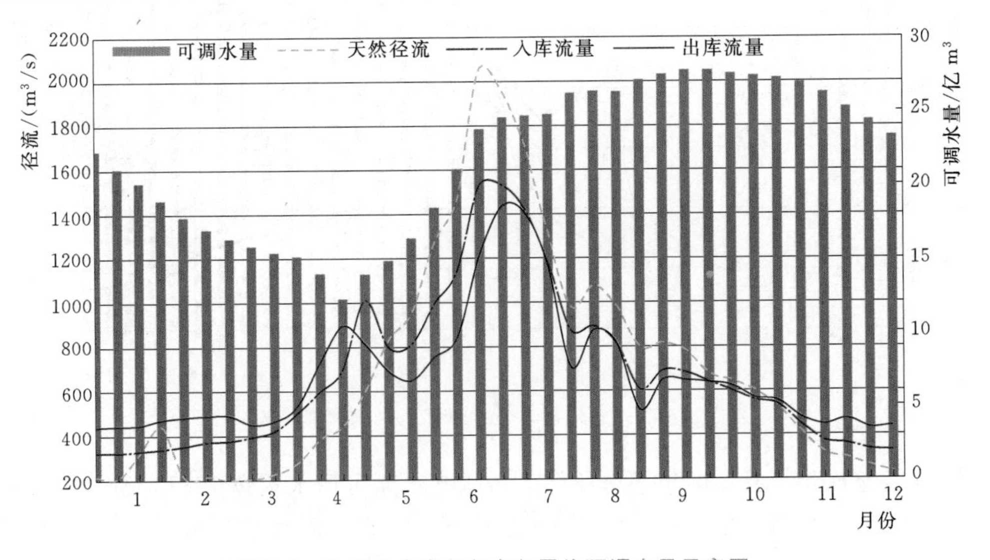

图7.7 构皮滩水库各旬多年平均可调水量示意图

从表 7.16 中可以看出，构皮滩水库拦蓄部分汛期水量，在 11 月至次年 4 月向坝址下游多年平均补水 36.6 亿 m^3，径流占比由 20.49%提高至 37.78%；枯水期 12 月至次年 3 月多年平均补水 25.18 亿 m^3，径流占比由天然 10.86%提高至 22.7%。在计算长系列 1959—2014 年中，蓄丰补枯，蓄积丰水年水量，在 19 个枯水年向构皮滩坝址下游年际间累计补水 217.72 亿 m^3。

在 11 月至次年 4 月，多年平均条件下构皮滩水库可调水量在 27.21 亿～12.27 亿 m^3 之间；枯水期 12 月至次年 3 月，$P=95\%$条件下，工程可调水量在 27.1 亿～9.58 亿 m^3 之间，遭遇长系列的最不利水文情势（2006 年 12 月至 2007 年 3 月、2012 年、2014 年），可调水量在 8.69 亿～0 亿 m^3 之间。水库联合调度构皮滩坝址年际补水统计见图 7.8。

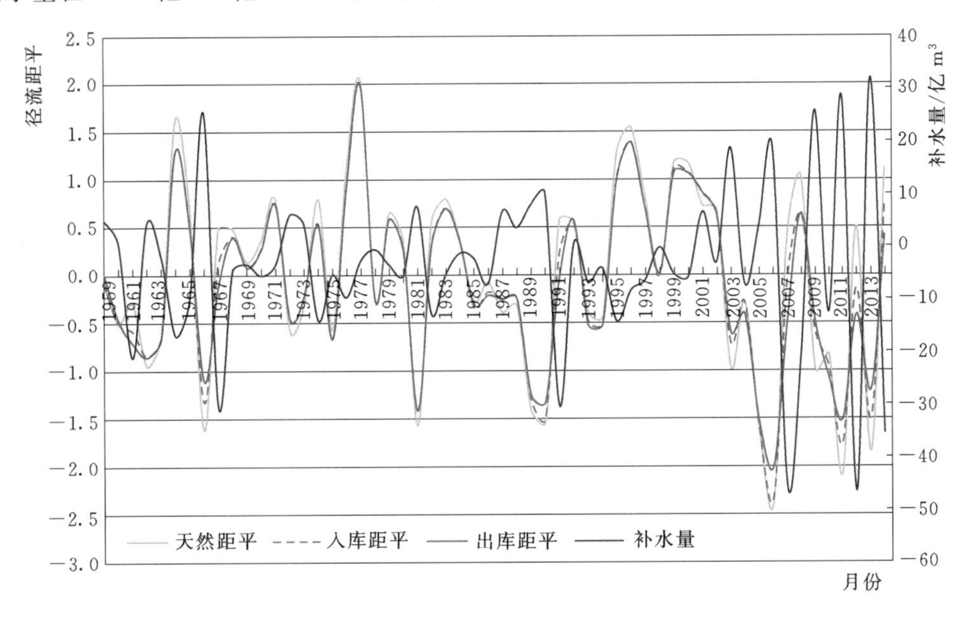

图 7.8 水库联合调度构皮滩坝址年际补水统计示意图

7.3.3 雅砻江

7.3.3.1 锦屏一级水库

根据 1959—2014 年长系列旬调节计算成果，锦屏一级水库各旬可调水量统计见表 7.16，各旬多年平均可调水量如图 7.9 所示。

从表 7.16 可以看出，锦屏一级水库拦蓄部分汛期水量，在 11 月至次年 4 月向坝址下游多年平均补水 33.87 亿 m^3，径流占比由天然 19.36%提高至 27.19%，其中枯水期 12 月至次年 3 月多年平均补水 23.63 亿 m^3，径流占比由天然 10.95%提高至 16.4%。

在 11 月至次年 4 月，多年平均条件下锦屏一级水库可调水量在 49.11 亿～15.98 亿 m^3 之间；枯水期 12 月至次年 3 月，$P=95\%$条件下，工程可调水量在 48.37 亿～21.35 亿 m^3 之间，遭遇长系列的最不利水文情势，可调水量在 46.45 亿～18.07 亿 m^3 之间。初步分析，工程在长系列最不利水文情形下仍有可观的可调水量，主要由于雅砻江径流年际变化不大、水库调节能力较强的缘故。

表 7.16　　锦屏一级水库逐旬旬末可调水量统计　　单位：亿 m³

时段		多年平均	最大	P=95%	最小	时段		多年平均	最大	P=95%	最小
1 月	上旬	46.38	49.11	43.93	41.14	7 月	上旬	24.71	33.11	10.39	3.35
	中旬	44.60	49.11	41.64	38.55		中旬	30.30	33.11	20.02	11.81
	下旬	42.36	49.11	38.82	35.65		下旬	32.55	33.11	29.41	20.74
2 月	上旬	40.06	49.02	36.05	32.84	8 月	上旬	40.14	49.11	33.11	22.89
	中旬	37.55	47.91	33.29	29.91		中旬	42.66	49.11	33.11	25.36
	下旬	35.32	44.33	31.12	27.56		下旬	44.97	49.11	33.11	33.11
3 月	上旬	32.38	40.40	28.11	24.50	9 月	上旬	47.15	49.11	39.63	35.97
	中旬	29.21	35.97	24.92	21.39		中旬	48.56	49.11	47.10	40.84
	下旬	25.62	31.38	21.35	18.07		下旬	49.11	49.11	49.11	49.11
4 月	上旬	22.49	27.58	18.32	16.37	10 月	上旬	49.11	49.11	49.11	49.11
	中旬	19.18	22.77	15.04	14.33		中旬	49.11	49.11	49.11	49.11
	下旬	15.89	17.91	12.76	11.38		下旬	49.11	49.11	49.11	49.11
5 月	上旬	11.33	11.75	9.61	8.16	11 月	上旬	49.11	49.11	49.11	49.11
	中旬	6.07	6.17	5.69	4.47		中旬	49.11	49.11	49.11	49.11
	下旬	0.00	0.00	0.00	0.00		下旬	49.09	49.11	49.11	48.63
6 月	上旬	0.97	3.82	0.00	0.00	12 月	上旬	48.95	49.11	48.37	46.45
	中旬	4.89	16.57	0.37	0.00		中旬	48.61	49.11	47.00	45.92
	下旬	14.47	33.11	2.87	2.23		下旬	47.74	49.11	45.08	43.53

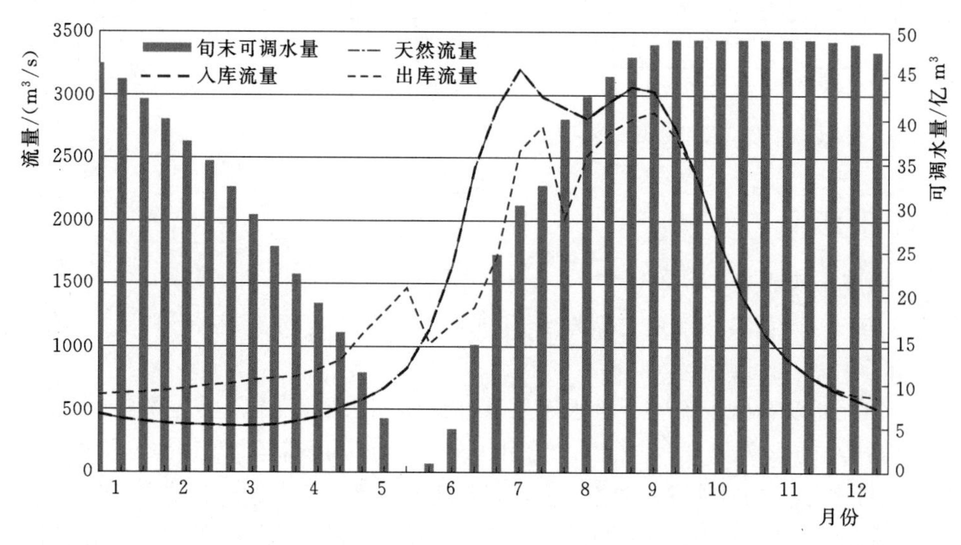

图 7.9　锦屏一级水库各旬多年平均可调水量示意图

7.3.3.2　二滩水库

根据 1959—2014 年长系列旬调节计算成果，二滩水库各旬可调水量统计见表 7.17，各旬多年平均可调水量如图 7.10 所示。

表 7.17　　二滩水库逐旬旬末可调水量统计　　单位：亿 m³

时段		多年平均	最大	P=95%	最小	时段		多年平均	最大	P=95%	最小
1月	上旬	25.28	25.49	24.69	22.34	7月	上旬	19.11	24.70	6.65	1.79
	中旬	23.21	23.41	22.70	19.90		中旬	22.87	24.70	14.47	4.49
	下旬	20.96	21.17	20.31	17.14		下旬	23.96	24.70	21.06	6.65
2月	上旬	19.07	19.37	18.07	14.55	8月	上旬	28.98	33.70	27.48	7.48
	中旬	17.17	17.59	16.06	11.83		中旬	30.51	33.70	28.65	8.27
	下旬	15.67	16.16	14.07	9.59		下旬	31.65	33.70	28.65	22.23
3月	上旬	13.79	14.39	11.70	6.67	9月	上旬	33.40	33.70	30.58	29.03
	中旬	11.92	12.62	9.65	3.60		中旬	33.61	33.70	33.70	31.09
	下旬	10.05	11.14	6.94	0.00		下旬	33.68	33.70	33.70	32.71
4月	上旬	8.42	9.80	4.09	0.00	10月	上旬	33.70	33.70	33.70	33.70
	中旬	6.99	8.64	1.63	0.00		中旬	33.70	33.70	33.70	33.70
	下旬	5.91	7.63	0.00	0.00		下旬	33.70	33.70	33.70	33.70
5月	上旬	5.43	6.79	0.00	0.00	11月	上旬	33.68	33.70	33.70	33.10
	中旬	5.77	6.60	1.95	0.00		中旬	33.60	33.70	33.31	31.25
	下旬	6.32	9.32	4.66	0.01		下旬	32.69	32.88	31.82	28.95
6月	上旬	5.66	6.60	2.51	0.00	12月	上旬	31.15	31.30	30.69	28.03
	中旬	7.11	8.23	1.13	0.00		中旬	29.36	29.54	28.88	25.82
	下旬	12.40	16.47	2.45	0.02		下旬	27.24	27.46	26.78	23.28

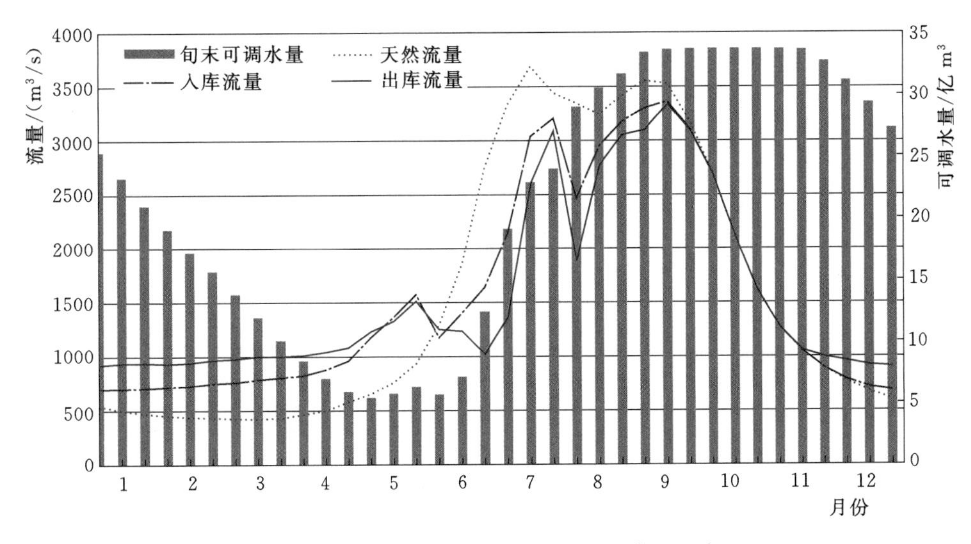

图 7.10　二滩水库各旬多年平均可调水量示意图

从表 7.17 可以看出，二滩水库拦蓄部分汛期水量，在 11 月至次年 4 月向坝址下游多年平均补水 62.1 亿 m³，径流占比由天然 19.45%提高至 31.88%，其中枯水期 12 月至次年 3 月多年平均补水 46.93 亿 m³，径流占比由天然 10.97%提高至 15.77%。

在11月至次年4月，多年平均条件下二滩水库可调水量在33.68亿～5.91亿 m^3 之间；枯水期12月至次年3月，$P=95\%$ 条件下，工程可调水量在30.69亿～6.94亿 m^3 之间，遭遇长系列的最不利水文情势，可调水量在28.03亿～0亿 m^3 之间。

7.3.4 嘉陵江

7.3.4.1 亭子口水库

根据1959—2014年长系列旬调节计算成果，亭子口水库各旬可调水量统计见表7.18，各旬多年平均可调水量如图7.11所示。

表7.18 亭子口水库逐旬旬末可调水量统计 单位：亿 m^3

时段		多年平均	最大	$P=95\%$	最小	时段		多年平均	最大	$P=95\%$	最小
1月	上旬	13.97	14.68	9.28	2.83	7月	上旬	3.86	6.72	1.16	0.00
	中旬	13.28	13.96	9.00	2.53		中旬	5.97	6.72	2.30	1.26
	下旬	12.37	13.00	8.65	2.30		下旬	6.37	6.72	4.14	2.64
2月	上旬	11.46	12.04	8.27	1.84	8月	上旬	6.65	6.72	6.70	4.90
	中旬	10.29	10.80	7.90	1.31		中旬	6.70	6.72	6.72	5.90
	下旬	9.39	9.84	7.61	1.10		下旬	6.72	6.72	6.72	6.72
3月	上旬	8.83	9.27	7.29	0.62	9月	上旬	7.95	17.32	6.72	6.35
	中旬	7.85	8.23	6.99	0.00		中旬	13.46	17.32	8.01	5.97
	下旬	7.08	7.43	6.68	0.00		下旬	15.51	17.32	9.35	5.89
4月	上旬	5.86	6.12	6.12	0.00	10月	上旬	15.93	17.32	9.99	5.67
	中旬	5.07	5.29	5.29	0.00		中旬	16.22	17.32	11.03	5.44
	下旬	4.19	4.36	4.36	0.00		下旬	16.45	17.32	11.22	5.13
5月	上旬	3.59	4.50	3.42	0.39	11月	上旬	16.45	17.32	11.06	4.82
	中旬	3.04	6.30	2.65	0.93		中旬	16.44	17.32	11.02	4.36
	下旬	1.84	8.34	1.56	0.85		下旬	16.42	17.32	10.99	3.98
6月	上旬	0.16	8.93	0.00	0.00	12月	上旬	16.34	17.32	10.68	3.76
	中旬	0.12	6.72	0.00	0.00		中旬	15.63	16.47	10.18	3.53
	下旬	0.29	6.72	0.00	0.00		下旬	14.87	15.63	9.57	3.22

从表7.18中可以看出，亭子口水库拦蓄部分汛期水量，在11月至次年4月向坝址下游多年平均补水18.14亿 m^3，径流占比由天然20.34%提高至30.01%，其中枯水期12月至次年3月多年平均补水15.05亿 m^3，径流占比由天然10.36%提高至18.43%。

在11月至次年4月，多年平均条件下亭子口水库可调水量在16.45亿～4.19亿 m^3 之间；枯水期12月至次年3月，长系列 $P=95\%$ 条件下，工程可调水量在10.68亿～6.68亿 m^3 之间，遭遇最不利水文情势，可调水量在3.76亿～0亿 m^3 之间。

7.3.4.2 宝珠寺水库

根据1959—2014年长系列旬调节计算成果，宝珠寺水库各旬可调水量统计见表7.19，各旬多年平均可调水量如图7.12所示。

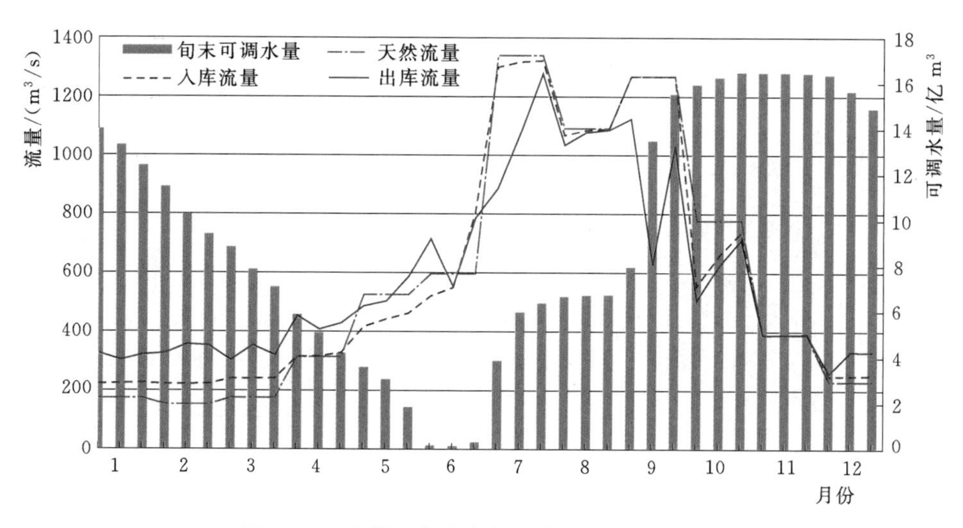

图7.11 亭子口水库多年平均可调水量示意图

表7.19 宝珠寺水库逐旬旬末可调水量统计 单位：亿m³

时段		多年平均	最大	P=95%	最小	时段		多年平均	最大	P=95%	最小
1月	上旬	11.88	13.35	6.52	3.87	7月	上旬	10.01	10.60	5.41	1.28
	中旬	11.45	13.31	5.72	2.92		中旬	10.19	10.60	7.97	2.66
	下旬	10.96	13.25	4.81	1.61		下旬	10.35	10.60	10.60	4.29
2月	上旬	10.41	12.98	3.95	0.68	8月	上旬	10.54	10.60	10.60	8.80
	中旬	9.85	12.69	3.06	0.46		中旬	10.58	10.60	10.60	9.55
	下旬	9.40	12.46	2.31	0.28		下旬	10.59	10.60	10.60	10.21
3月	上旬	8.87	12.47	1.34	0.20	9月	上旬	10.59	10.60	10.60	10.04
	中旬	8.33	12.48	0.31	0.10		中旬	10.59	10.60	10.60	9.88
	下旬	7.74	12.48	0.00	0.00		下旬	10.58	10.60	10.60	9.70
4月	上旬	7.62	13.14	0.00	0.00	10月	上旬	11.53	13.40	10.09	9.21
	中旬	7.52	13.40	0.00	0.00		中旬	12.51	13.40	9.88	9.21
	下旬	8.10	13.40	0.00	0.00		下旬	12.89	13.40	10.05	8.96
5月	上旬	8.99	13.40	0.96	0.00	11月	上旬	12.88	13.40	9.78	8.33
	中旬	9.69	13.40	1.96	0.00		中旬	12.87	13.40	9.51	7.67
	下旬	10.29	13.40	1.73	0.00		下旬	12.85	13.40	9.23	6.98
6月	上旬	10.92	13.40	2.02	0.00	12月	上旬	12.68	13.40	8.63	6.22
	中旬	11.51	13.40	2.54	0.00		中旬	12.50	13.40	8.00	5.45
	下旬	9.68	10.60	2.89	0.00		下旬	12.29	13.40	7.29	4.58

从表7.19可以看出，工程水库拦蓄部分汛期水量，在非汛期11月至次年4月向坝址下游多年平均补水5.65亿m³；径流占比由天然25.42%提高至31.23%；枯水期12月至次年3月多年平均补水5.51亿m³，径流占比由天然13.96%提高至19.59%。

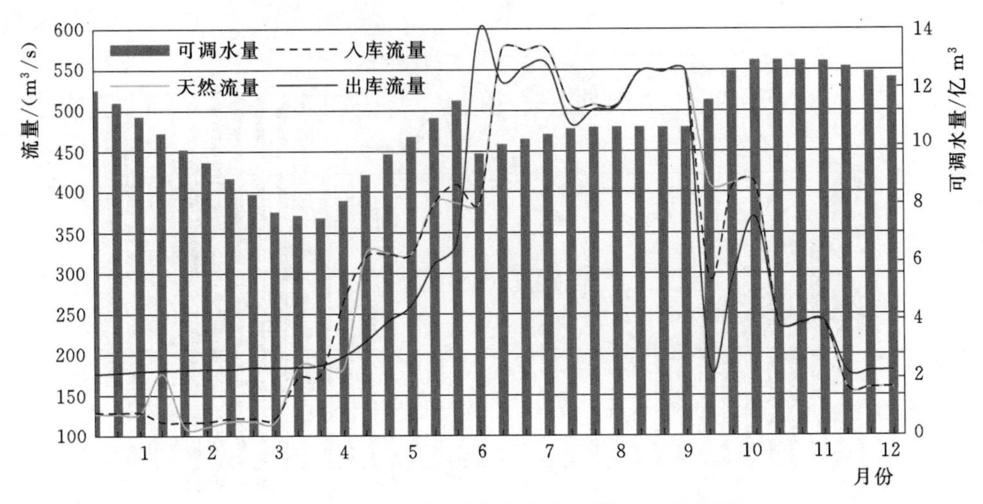

图 7.12 宝珠寺水库多年平均可调水量示意图

宝珠寺水库年际补水量如图 7.13 所示，在计算长系列 1959—2014 年中，工程蓄丰补枯，蓄积丰水年水量向 19 个枯水年年际补水累计 88.92 亿 m³。

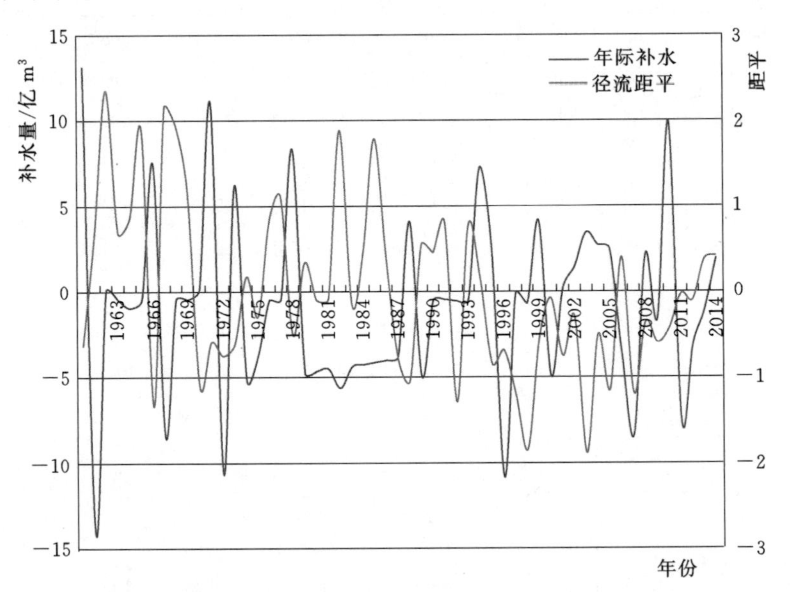

图 7.13 宝珠寺水库年际补水量示意图

在 11 月至次年 4 月，多年平均条件下宝珠寺水库可调水量在 12.88 亿～7.52 亿 m³ 之间；枯水期 12 月至次年 3 月，长系列 $P=95\%$条件下，工程可调水量在 8.63 亿～0 亿 m³ 之间，遭遇最不利水文情势，工程可调水量在 6.22 亿～0 亿 m³ 之间。

7.3.5 岷江（含大渡河）

7.3.5.1 紫坪铺水库

根据 1959—2014 年长系列旬调节计算成果，紫坪铺水库各旬可调水量统计见表 7.20，各旬多年平均可调水量如图 7.14 所示。

表 7.20　紫坪铺水库逐旬旬末可调水量统计　单位：亿 m³

时段		多年平均	最大	P=95%	最小	时段		多年平均	最大	P=95%	最小
1月	上旬	7.32	7.40	6.99	6.36	7月	上旬	4.60	6.07	3.19	3.19
	中旬	6.95	7.03	6.52	5.93		中旬	4.68	6.07	3.19	3.19
	下旬	6.48	6.57	5.87	5.31		下旬	4.26	6.07	3.19	3.19
2月	上旬	6.01	6.13	5.35	4.67	8月	上旬	3.66	6.07	3.19	3.19
	中旬	5.49	5.64	4.66	3.95		中旬	3.49	6.07	3.19	3.19
	下旬	5.00	5.16	4.10	3.18		下旬	3.54	6.07	3.19	3.19
3月	上旬	4.36	4.53	3.36	2.01	9月	上旬	3.60	6.07	3.19	3.19
	中旬	3.66	3.86	2.91	0.43		中旬	4.05	6.07	3.69	3.69
	下旬	2.84	3.06	2.02	0.00		下旬	5.71	6.07	5.57	4.94
4月	上旬	2.09	2.27	1.04	0.00	10月	上旬	7.66	7.74	7.60	6.16
	中旬	1.37	1.51	0.00	0.00		中旬	7.73	7.74	7.74	7.20
	下旬	0.71	0.79	0.00	0.00		下旬	7.74	7.74	7.74	7.74
5月	上旬	0.20	1.12	0.19	0.00	11月	上旬	7.74	7.74	7.74	7.74
	中旬	0.26	1.53	0.19	0.19		中旬	7.74	7.74	7.74	7.74
	下旬	0.33	5.10	0.00	0.00		下旬	7.74	7.74	7.74	7.74
6月	上旬	1.48	6.07	1.16	1.16	12月	上旬	7.73	7.74	7.74	7.58
	中旬	3.46	5.69	3.19	3.19		中旬	7.71	7.74	7.63	7.20
	下旬	4.02	6.07	3.19	3.19		下旬	7.65	7.74	7.31	6.61

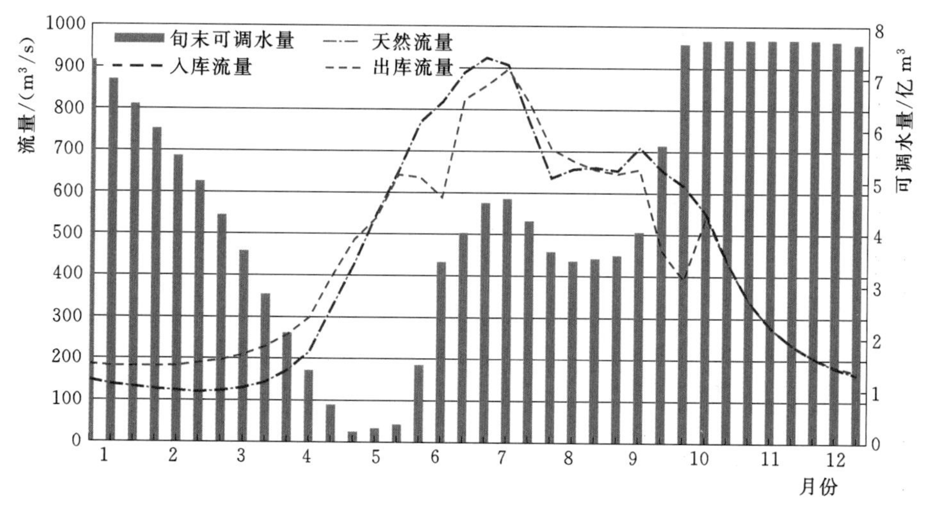

图 7.14　紫坪铺水库各旬多年平均可调水量示意图

从表 7.20 可以看出，紫坪铺水库拦蓄部分汛期水量，在 11 月至次年 4 月向坝址下游多年平均补水 7.21 亿 m³，径流占比由天然 21.16%提高至 26.38%，其中枯水期 12 月至次年 3 月多年平均补水 5.04 亿 m³，径流占比由天然 11.12%提高至 14.76%。

在11月至次年4月，多年平均条件下紫坪铺水库可调水量在7.74亿～0.71亿 m^3 之间；枯水期12月至次年3月，长系列 $P=95\%$ 条件下，工程可调水量在7.74亿～2.02亿 m^3 之间，遭遇最不利水文情势，可调水量在7.58亿～0亿 m^3 之间。

7.3.5.2 瀑布沟水库

根据1959—2014年长系列旬调节计算成果，瀑布沟水库各旬可调水量统计见表7.21，各旬多年平均可调水量如图7.15所示。

表7.21 瀑布沟水库逐旬旬末可调水量统计 单位：亿 m^3

时段		多年平均	最大	P=95%	最小	时段		多年平均	最大	P=95%	最小
1月	上旬	35.18	38.94	34.21	25.32	7月	上旬	19.31	27.94	16.21	10.47
	中旬	33.35	38.94	31.91	24.17		中旬	23.79	27.94	22.27	15.46
	下旬	31.20	38.77	29.50	22.16		下旬	25.08	27.94	23.92	20.61
2月	上旬	29.00	35.08	27.15	20.01	8月	上旬	26.48	31.67	25.60	23.68
	中旬	26.64	32.60	24.75	17.91		中旬	27.58	31.67	26.63	21.39
	下旬	24.36	30.65	22.70	15.87		下旬	28.63	31.67	27.86	22.12
3月	上旬	21.73	29.73	20.05	13.76	9月	上旬	31.27	31.67	29.08	25.34
	中旬	18.95	28.47	17.29	11.72		中旬	31.48	31.67	30.35	27.70
	下旬	16.08	27.87	14.89	9.70		下旬	31.61	31.67	31.67	28.26
4月	上旬	13.38	25.03	12.46	7.54	10月	上旬	37.11	37.86	33.62	31.35
	中旬	10.52	19.99	9.76	5.38		中旬	38.55	38.94	35.31	34.20
	下旬	7.97	15.86	6.51	3.14		下旬	38.77	38.94	36.88	36.88
5月	上旬	5.46	12.27	3.19	1.26	11月	上旬	38.77	38.94	38.44	38.27
	中旬	3.86	9.41	1.23	0.00		中旬	38.89	38.94	38.94	35.93
	下旬	0.32	3.91	0.00	0.00		下旬	38.84	38.94	38.94	33.46
6月	上旬	2.22	7.85	0.00	0.00	12月	上旬	38.66	38.94	38.54	30.93
	中旬	4.55	16.27	1.52	0.00		中旬	37.93	38.94	37.61	28.31
	下旬	11.18	22.66	6.79	5.49		下旬	36.75	38.94	35.85	26.49

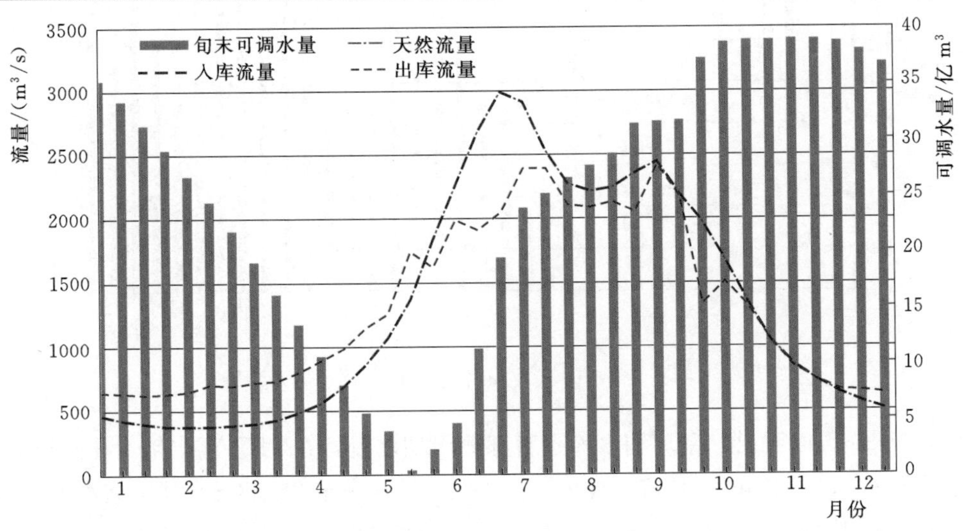

图7.15 瀑布沟水库各旬多年平均可调水量示意图

计算数据显示，水库拦蓄部分汛期水量，在11月至次年4月向坝址下游多年平均补水31.57亿m^3，径流占比由天然20.65%提高至28.24%，其中枯水期12月至次年3月多年平均补水23.35亿m^3，径流占比由天然11.34%提高至16.95%。

在11月至次年4月，多年平均条件下瀑布沟水库可调水量在38.89亿～7.97亿m^3之间；枯水期12月至次年3月，长系列$P=95\%$条件下，工程可调水量在38.54亿～14.89亿m^3之间，遭遇最不利水文情势，可调水量在30.93亿～9.7亿m^3之间。

7.3.6 保障能力初步综合分析

7.3.6.1 可调水量统计

现阶段所选择的12座应急调度控制性水库逐旬旬末合计可调水量见表7.22。可调水量与调度方式密切相关，4—6月相继消落至防洪限制水位，主汛期可调水量不大，9—10月相继蓄水完成后，有较理想的可调水量。水库水源工程体系在11月至次年4月，多年平均条件下可调水量合计511亿～263.2亿m^3；枯水期12月至次年3月，长系列$P=95\%$条件下，水源工程体系可调水量合计469.7亿～291.3亿m^3，遭遇最不利水文情势，可调水量合计361.3亿～185.5亿m^3之间。在水文情势达$P=95\%$后，水源工程体系可调水量衰减幅度较大，呈悬崖式下降。上游水库群合计可调水量如图7.16所示。

表7.22　　12座水库逐旬旬末合计可调水量统计　　单位：亿m^3

时段		多年平均	最大	$P=95\%$	最小	时段		多年平均	最大	$P=95\%$	最小
1月	上旬	477.2	505.3	443.2	330.8	7月	上旬	162.3	200.4	132.3	130.6
	中旬	462.6	495.5	431.0	316.7		中旬	181.1	207.4	154.6	150.1
	下旬	444.0	480.6	410.1	297.6		下旬	187.3	208.3	168.1	153.5
2月	上旬	425.2	466.5	388.5	274.1	8月	上旬	203.3	237.0	176.6	155.9
	中旬	406.4	451.9	367.6	251.1		中旬	209.4	237.7	180.5	152.2
	下旬	392.7	443.0	349.1	235.3		下旬	214.6	235.8	181.4	154.2
3月	上旬	378.8	432.9	332.3	217.1	9月	上旬	277.1	313.7	239.4	170.7
	中旬	365.2	419.7	314.6	201.3		中旬	376.8	426.9	266.3	218.4
	下旬	351.5	405.3	291.3	185.5		下旬	398.7	427.1	310.5	239.1
4月	上旬	339.5	390.3	282.5	175.8	10月	上旬	484.7	530.4	360.4	271.3
	中旬	327.9	372.9	260.9	167.7		中旬	503.6	531.4	410.1	320.8
	下旬	263.2	295.3	234.2	177.2		下旬	508.4	531.4	422.0	341.8
5月	上旬	200.1	223.3	179.4	158.8	11月	上旬	511.0	531.4	476.8	358.9
	中旬	145.3	164.0	126.0	113.9		中旬	511.3	530.9	476.8	370.6
	下旬	88.0	130.1	64.1	60.4		下旬	509.1	529.4	474.1	366.6
6月	上旬	74.2	104.6	50.9	50.0	12月	上旬	505.1	525.7	469.7	361.3
	中旬	93.5	132.2	67.9	60.2		中旬	499.2	521.1	462.0	353.8
	下旬	128.5	174.3	103.0	88.9		下旬	489.9	514.5	452.9	343.6

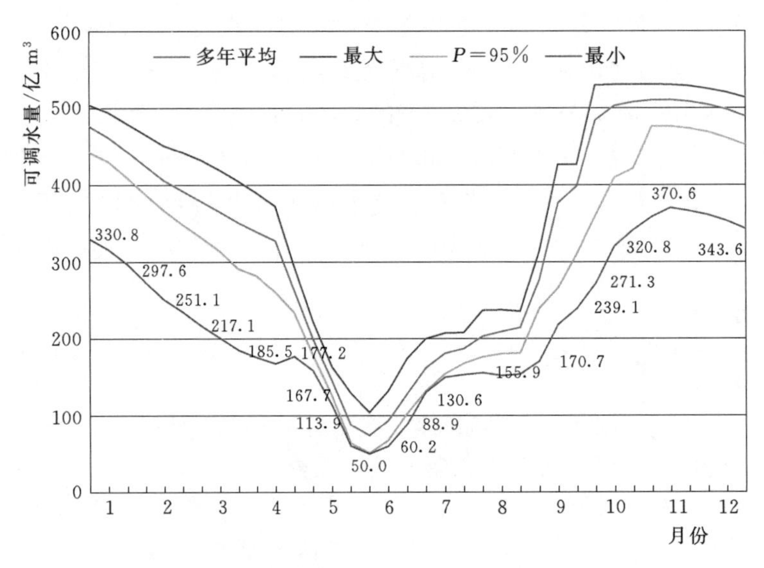

图7.16 上游水库群合计可调水量示意图

另外，根据各水库工程特性，部分水库在破坏正常运行条件下，还可以增加部分可调水量，如三峡水库库水位135～145m之间的水量在极端情形下也可以考虑为可调水量，部分其他水库突破死水位也存在增加可调水量的能力。

7.3.6.2 保障能力初步分析

计算数据显示，在报告选择的大型水库群调度调蓄运行条件下，水库群拦蓄部分汛期水量，供水期向宜昌以下中下游干流补水，11月至次年4月多年平均补水254.42亿m³，径流占比由天然21.64%提高至27.59%，其中枯水期12月至次年3月多年平均补水167.58亿m³，径流占比由天然11.43%提高至15.34%。长江上游大型水库群联合运行显著降低了中下游干流出现成灾小流量的风险。

1. 荆江河段及洞庭湖三口区

宜昌—城陵矶荆江河段受三峡水库运行清水下泄冲刷，小流量水位降幅显著，现阶段处于三峡工程运行初期，河段下切形势将较长时间存在。河段自干流取水灌溉面积约450万亩，4月至5月中旬，为水稻返青期、分蘖前期，大约需灌溉7～10天，是粮食安全生产重要需水时期；在不利水文情势下，三峡水库控泄流量约5770m³/s（较天然径流增加2500m³/s左右、较入库径流增加670m³/s左右），宜昌—城陵矶区间清江、沮漳河等来水较少，加之洞庭湖水系入江水量较小，城陵矶顶托水位低，荆江河段水位显著偏低，会导致灌溉取水困难，需三峡水库考虑加大下泄流量以满足该河段灌溉取用水需求。根据三峡水库调度方案，4—6月为水库集中消落期，未来依据实际灾情需要，三峡水库可以考虑调整消落过程，在灾情时段增加下泄流量，解决干旱时期该河段灌溉用水需要，所需补水量可在水工程体系中平衡考虑。

洞庭湖三口区人口约77.34万人、灌溉面积约209万亩，由于处于洞庭湖环湖区，地下水位较高，三口断流期间取用水依赖区域内水库、堰塘、内湖、哑河等。三峡运行以来11月至次年4月监测数据显示，三口断流时间有所增加，断流流量有所提高；洞庭湖三口区断流与长江干流流量机理关系仍在进一步研究中，由长江干流径流保障该区域水安全尚需实践探索，未来依据该区域实际水安全需要，在成灾时段增加三峡水库下泄流量，补水量可在水工程体系中平衡考虑。

2. 长江河口

长江河口枯水期易发生径流压咸能力不足而导致咸潮上溯情形，严重时会导致上海市出现水质性缺水问题。根据长江河口压咸相关专题研究，长江口咸潮入侵程度与长江干流径流量、潮汐、风应力、河口形态及水下地形等因素息息相关，一般发生在冬春枯水季节11月至次年4月。目前颁布的《长江口咸潮应对工作预案》提出的Ⅰ级响应措施包括“密切监视咸潮灾害发展趋势，在控制沿江引调水工程流量的基础上，进一步做好三峡等主要水库的水量应急调度，必要时联合调度长江流域水库群，增加下泄流量，保障大通流量不小于10000m^3/s”。在批复的三峡水库调度方案中包括“当长江口发生咸潮入侵时，按已批复的《长江口咸潮应对工作预案》执行”内容。在洞庭湖水系、汉江、鄱阳湖水系、中下游区间来水偏少的情形下，三峡水库下泄流量对保障大通站10000m^3/s具有关键影响。

目前上海市投入运行的长江陈行、青草沙、东风西沙等水库工程具备一定抵御咸潮上溯的调节库容，根据《长江口咸潮应对工作预案》，在“预报长江大通站日均流量小于10000m^3/s，且持续时间将达6天以上”，以及“预报长江陈行水库咸潮入侵时间将大于或等于12天，或者青草沙水库咸潮入侵时间将大于或等于68天”时启动Ⅰ级响应措施。12月至次年3月三峡水库最小下泄流量控制不小于5770～6070m^3/s，较天然径流增加1058～3067m^3/s，已经能够显著增加大通径流压咸能力，而在2014年2月3—26日仍发生历时22天6小时的咸潮入侵。如表7.23所列，所选上游12座大型水库1—2月最不利水文情势下可调水量可达235.3亿～330.8亿m^3，具备较好的补水调度条件和能力。

3. 其他河段

其他河段可能所需补水情形包括城市取用水、航运、水生态、水污染、海事等情况，初步分析，所需补水量均远小于长江河口压咸事件所需动用水工程体系的可调水量，库水源工程体系具备足够的应对条件和能力。

7.3.6.3 初步综合分析

在流域现有水工程条件下，三峡断面1959—2014年长系列逐旬最小还原天然径流、最小入库径流、最小出库径流统计见表7.23。数据显示，天然径流条件下，12月下旬至次年4月中旬均可能发生旬均流量小于4000m^3/s情形，最小旬均流量为2906～3916m^3/s；三峡以上其他大型水库群投入运行后，将该时段最小旬均流量提高至4715～5339m^3/s；三峡投入运行后，将该时段最小旬均流量稳定控制在5770～6070m^3/s。水工程体系保障能力分析如图7.17所示。

如图7.17所示，按最不利水情+最不利工情进行组合，分析上游水库群最小保障能力。为直观起见，将逐旬最小可调水量转化为补水流量（暂按连续补水30天计算），与逐旬最小入库流量加和为调度流量，12月至次年4月调度流量可达14000m^3/s以上（连续补水30天的三峡下泄调度流量），按调用工程体系可调水量50%考虑连续补水30天、或者按连续补水60天考虑，则调度流量可达9000m^3/s左右，能够较好应对现阶段长江中

表7.23 三峡断面逐旬最小径流统计 单位：m^3/s

时段		出库	入库	天然	时段		出库	入库	天然
1月	上旬	6070	4859	3740	7月	上旬	13895	13895	16120
	中旬	6070	4715	3445		中旬	14162	14162	14950
	下旬	6070	4868	3156		下旬	12094	12094	12327
2月	上旬	6070	4982	3003	8月	上旬	12094	9207	10994
	中旬	6070	4751	3038		中旬	8386	8143	8218
	下旬	6070	5123	3125		下旬	9410	9574	9469
3月	上旬	5770	4962	2848	9月	上旬	8000	7118	10445
	中旬	5770	5129	2906		中旬	6746	5341	10490
	下旬	5770	5339	3181		下旬	9486	9486	11670
4月	上旬	5770	5158	3097	10月	上旬	8070	10276	11060
	中旬	5770	5101	3274		中旬	8070	9974	10453
	下旬	5770	6667	4459		下旬	8070	9288	9430
5月	上旬	6615	7204	5642	11月	上旬	5770	7590	7606
	中旬	11973	7633	6373		中旬	5770	6489	6345
	下旬	13000	8622	7385		下旬	6117	6075	5380
6月	上旬	9254	6272	5478	12月	上旬	5773	5523	4715
	中旬	7092	7382	8950		中旬	5770	5153	4462
	下旬	10134	10134	12217		下旬	5770	4801	3916

注 表中数据为旬均流量。

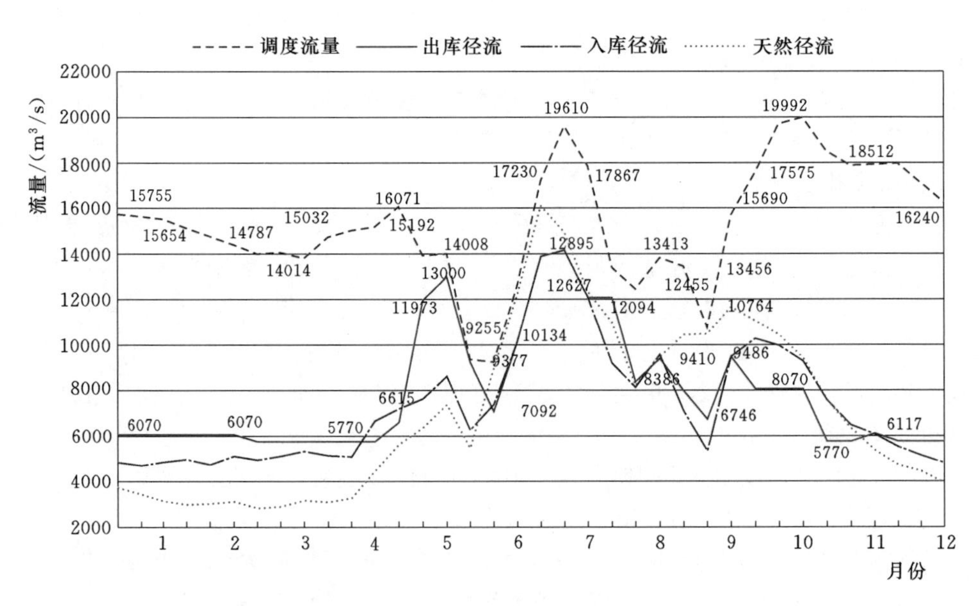

图7.17 水工程体系保障能力分析示意图

下游干流抗旱补水保障任务。所选择的12座大型水库具备较强干预中下游干流径流能力，应对长江中下游干流抗旱水量调度的能力和条件较好。

需要指出的是，表中11月上、中旬的三峡水库最小旬均出库流量小于最小入库流量，甚至小于最小天然流量，显示长系列年份三峡水库在11月上、中旬仍有蓄水调度，建议加强研究，完善三峡水库蓄水调度计划，避免枯水期蓄水，一方面可减少对坝址下游不利影响，另一方面增加可调水量，提高补水保障能力。

7.4 特枯水年水库群供水调度方式

7.4.1 上游控制性水库群供水能力分析

与蓄水研究一致，水量应急调度研究范围涉及水库24座，其中溪洛渡、瀑布沟、宝珠寺、亭子口、锦屏一级、二滩、洪家渡、构皮滩和三峡等水库的调节库容较大，是主要的分析对象，予以重点关注。

7.4.1.1 重要水库的供水能力

按照各个控制性水库现有的调度运行方式，开展长系列（1956—2012年）径流调节计算。水库基本的调度策略为：在满足最小下泄流量要求和保证出力的前提下，尽可能维持高水位运行。统计的主要对象为锦屏一级、二滩、溪洛渡、瀑布沟、宝珠寺、亭子口、洪家渡、构皮滩和三峡等水库各时段末总蓄水量，分析水库联合调度时的供水能力。重要水库各月末蓄水量见表7.24，重要水库代表年月末蓄水量见表7.25。

表7.24 重要水库各月末蓄水量

项目		锦屏一级水库	二滩水库	溪洛渡水库	瀑布沟水库	宝珠寺水库	亭子口水库	洪家渡水库	构皮滩水库
调节库容/亿 m^3		49.10	33.70	64.60	38.82	13.40	17.50	33.61	29.52
多年平均蓄水量/亿 m^3	10月	49.11	33.70	64.60	37.13	12.74	16.32	26.01	27.62
	11月	46.95	32.42	64.60	38.80	12.54	16.33	25.12	27.07
	12月	44.97	27.59	51.67	36.74	12.02	14.68	23.22	25.96
	1月	38.67	22.43	49.39	31.17	11.10	12.17	21.05	24.32
	2月	30.20	18.04	39.09	23.92	9.82	9.27	18.75	22.79
	3月	19.01	14.07	28.30	15.63	8.73	7.16	16.00	22.20
	4月	9.09	10.14	10.39	6.83	8.81	4.25	13.26	23.06
最小蓄水量/亿 m^3	10月	49.11	33.70	64.60	36.36	6.09	5.23	3.59	11.49
	11月	45.92	29.21	64.60	37.82	3.42	4.09	2.84	7.61
	12月	41.54	24.65	47.28	33.78	2.02	3.22	1.23	4.89
	1月	33.11	16.56	41.73	27.53	1.11	2.28	0.52	2.30
	2月	23.40	10.11	31.11	19.40	0.12	1.07	0.00	0.43
	3月	12.55	0.32	18.10	9.86	0.22	0.00	0.00	0.86
	4月	2.46	0.00	3.96	3.02	0.00	0.00	0.00	5.07

表 7.25　　重要水库代表年月末蓄水量　　单位：亿 m^3

年份	月份	锦屏一级水库	二滩水库	溪洛渡水库	瀑布沟水库	宝珠寺水库	亭子口水库	洪家渡水库	构皮滩水库	三峡水库（155m 以上）	合计
1959	11	45.92	32.85	64.60	38.82	10.93	17.50	26.10	26.90	108.12	371.74
1960	11	45.92	32.85	64.60	38.82	13.40	17.50	27.05	22.97	165	428.14
1962	11	48.85	32.36	64.60	38.82	13.40	17.50	22.62	27.33	165	430.48
1963	11	45.92	32.85	64.60	38.82	13.40	17.50	15.11	29.52	165	422.72
1977	11	49.02	32.38	64.60	38.82	10.86	17.50	33.15	29.39	165	440.72
1978	11	45.92	32.85	64.60	38.82	13.40	17.50	30.12	29.52	165	437.73
1979	11	45.92	32.85	64.60	38.82	13.14	17.39	32.55	26.72	165	436.99
1959	12	45.06	27.45	64.24	36.00	9.52	15.69	24.03	24.65	105.40	352.04
1960	12	47.00	27.64	64.32	37.65	13.33	15.69	24.97	17.55	153.04	401.19
1962	12	41.54	28.26	47.28	37.06	13.39	15.69	20.74	25.90	165	394.86
1963	12	44.54	28.26	47.28	36.83	13.40	15.69	12.89	28.77	165	392.66
1977	12	43.64	28.26	47.28	36.78	10.02	15.69	30.51	28.91	164.90	405.99
1978	12	46.68	27.59	47.28	38.03	13.04	15.69	28.64	28.57	163.24	408.76
1979	12	48.21	28.26	47.28	38.33	13.12	15.69	30.51	24.29	160.2	405.89
1956	12	42.79	24.65	47.28	36.35	12.69	15.69	30.22	27.35	164.71	401.73
2006	12	41.89	26.5	47.28	36.26	10.32	15.69	1.23	4.89	33.32	217.38

1. 锦屏一级水库、二滩水库

锦屏一级水库和二滩水库的蓄水情况较好，水库一般均可维持较高水位运行，两库 1 月初（即 12 月末，下同）多年平均存蓄水量合计为 72.56 亿 m^3，占调节库容的 89.6%；最差情况下，两库 1 月初存蓄水量分别为 41.54 亿 m^3 和 24.65 亿 m^3（非同一年），分别占调节库容的 84.6%和 73.1%，供水能力较强。

在宜宾、泸州断面发生特枯情况的 1960 年和 1963 年初，锦屏一级和二滩水库 1 月初的存蓄总水量分别为 72.51 亿 m^3 和 69.80 亿 m^3；在寸滩断面发生特枯情况的 1978 年和 1979 年初，锦屏一级和二滩水库 1 月初的存蓄总水量分别为 71.90 亿 m^3 和 74.27 亿 m^3，蓄水情况均较好。

2. 溪洛渡水库、瀑布沟水库

溪洛渡水库的蓄水情况也较好，1 月初多年平均存蓄水量为 51.67 亿 m^3，占调节库容的 80.0%；蓄水最少年份，1 月初存蓄水量为 47.28 亿 m^3，占调节库容的 73.2%。瀑布沟水库 1 月初多年平均存蓄水量为 36.74 亿 m^3，占调节库容的 94.6%；蓄水最少年份，1 月初存蓄水量为 33.78 亿 m^3，占调节库容的 87.0%。

在宜宾、泸州断面发生特枯情况的 1960 年和 1963 年初，溪洛渡水库和瀑布沟水库 1 月初的存蓄总水量分别为 100.24 亿 m^3 和 84.34 亿 m^3；在寸滩断面发生特枯情况的 1978 年和 1979 年初，溪洛渡水库和瀑布沟水库 1 月初的存蓄总水量分别为 84.06 亿 m^3 和 85.31 亿 m^3，蓄水情况良好。

3. 宝珠寺水库、亭子口水库

宝珠寺和亭子口水库11月初和1月初多年平均的存蓄水量尚可，两库合计水量分别为29.06亿m^3和26.71亿m^3，分别占两库总调节库容的94.0%和86.4%；但蓄水最少年份，11月初和1月初两库合计水量分别为12.6亿m^3和6.4亿m^3，仅占两库总调节库容的40.8%和20.7%。

在北碚断面发生特枯情况的1997—1998年和2002—2003年枯水段，宝珠寺和亭子口水库11月初的存蓄总水量分别为12.55亿m^3和14.62亿m^3，蓄水情况不理想。

4. 洪家渡水库、构皮滩水库

洪家渡和构皮滩两水库1月初多年平均存蓄水量合计为49.18亿m^3，占调节库容的77.9%；最差情况下，两库1月初存蓄水量合计有6.12亿m^3，仅占调节库容的9.7%，供水能力较弱。

在大通断面发生特枯情况的1962—1963年和1978—1979年枯水段，洪家渡水库和构皮滩水库12月初的存蓄总水量分别为49.95亿m^3和59.64亿m^3，1月初的存蓄总水量分别为46.64亿m^3和57.21亿m^3，蓄水情况良好。

5. 三峡水库

三峡水库处在长江上游的末端，是长江干流有调节能力的最末一级梯级，受上游水库蓄水和下游用水需求的影响，三峡水库的蓄水一直是研究的重点问题之一，尤其是遇特枯年份，三峡蓄水情况不容乐观。从对模拟成果的统计看，三峡水库1月初的水位最低为157.2m，蓄水库容仅为15.0亿m^3（155m以上），即使按145m以上库容计，也仅为71.5亿m^3。但对于长江中下游的水量应急调度而言，无论是三峡蓄水或是其上游其他水库蓄水，效果几乎一样；而对于上游的控制断面而言，水量存蓄的水库越靠上游越有利，保障的范围越大、调度的灵活性越高。因此，在联合调度的情形下，并不能因为三峡库水位偏低而得出供水能力较低的结论，而应综合考察三峡以上水库总的供水能力。

6. 上游重要水库联合供水能力分析

在1月初，宜宾以上，锦屏一级、二滩、溪洛渡、瀑布沟4座水库蓄水总量最少，为151.1亿m^3（1956年12月底）；宜昌以上，锦屏一级、二滩、溪洛渡、瀑布沟、宝珠寺、亭子口、洪家渡、构皮滩和三峡9座水库蓄水总量最少，为217.4亿m^3（2006年12月底），其中三峡水库蓄量为33.3亿m^3（155m以上）。在4月初，宜宾以上4座重要水库的蓄水总量最少，为54.5亿m^3；宜昌以上9座重要水库蓄水总量最少，为109.1亿m^3（此时三峡水库水位为145m，已无供水能力）。这说明，只要合理调度，这些水库是能满足宜宾、泸州、寸滩等断面应急调度需要的，同时，也能达成对长江口咸潮“适度控制”的目标。

7.4.1.2 水库非常供水能力

这里的“非常供水能力”，是指库水位消落至死水位后的供水能力。经查，控制性水库中，阿海、金安桥、龙开口、鲁地拉、观音岩、锦屏一级、向家坝、宝珠寺、亭子口、洪家渡、东风、乌江渡、思林、沙沱、彭水等水库在死水位时仍有较大的泄流能力，可以利用底孔或其他泄流设施向下游供水。

初步匡算，向家坝（含）以上控制性水库可利用的非常供水量约为60亿m^3；向家坝至三峡区间（不含三峡）控制性水库可利用的非常供水量约为28亿m^3。三峡水库水位155m消落至145m，可利用水量约56.5亿m^3。三峡水库在145m时的泄流能力也较大，极端情况下可消落至135m，可利用水量约47.5亿m^3。各水库死水位以下可供水量统计情况见表7.26。

表7.26 控制性水库死水位以下可供水量

梯级名称	正常蓄水位/m	死水位/m	正常蓄水位以下库容/亿m^3	死水位以下库容/亿m^3	死水位对应泄流能力/(m^3/s)	死水位以下可供水库容/亿m^3
梨园	1618	1605	7.27	6.88		
阿海	1504	1492	8.06	5.68	7155	1.28
金安桥	1418	1398	8.47	5.01	4704	4.53
龙开口	1298	1290	5.07	3.94	12420	3.92
鲁地拉	1223	1216	15.48	11.72	12060	11.47
观音岩	1134	1122	20.72	15.17	5888	3.46
锦屏一级	1880	1800	77.6	28.54	2869	24.11
二滩	1200	1155	57.9	24	6298	
溪洛渡	600	540	115.7	51.12	14274	
向家坝	380	370	49.77	40.74	36947	12.25
紫坪铺	877	817	9.98	224		
瀑布沟	850	790	50.64	11.17		
碧口	704	685	1.53	0.07	3772	
宝珠寺	588	558	21	7.508		7.038
亭子口	458	438	34.9	17.36	9980	1.19
草街	203	202	8.19	7.54		
洪家渡	1140	1076	44.97	11.36	651	5.33
东风	970	936	8.64	3.74	1111	3.24
乌江渡	760	720	21.4	7.8	1400	7.8
构皮滩	630	590	55.64	26.62		
思林	440	431	12.05	8.88	9332	0.62
沙沱	365	353.5	7.699	4.83	8932	1.77
彭水	293	278	12.12	6.94	9818	1.38

7.4.2 上游控制性水库群应急供水调度方案研究

7.4.2.1 应急水量的设置

为保障水量应急调度及时、有效，有必要对部分重要水库设置一定的“应急水量”。应急水量的设置应结合水库的运行特点，避免对既有的调度运行方式有较大的干扰，从而影响工程综合效益的发挥。

根据前述重要控制断面需求及水库供水能力的分析，初步考虑在锦屏一级、二滩、溪洛渡、瀑布沟、亭子口、洪家渡、构皮滩和三峡等8座水库设置应急水量，具体设置见表7.27。一般情况下，应急水量设置在水库的死水位以上。

表7.27　应急水量设置

河流	梯级名称	正常蓄水位/m	死水位/m	调节库容/亿 m^3	应急水量及占比	相应水位/m	起始时间	主要补水对象
雅砻江	锦屏一级	1880	1800	49.1	19.4 39.4%	1838.0	1月初	寸滩
	二滩	1200	1155	33.7	13.3 39.4%	1176.3		
金沙江下游	溪洛渡	600	540	64.6	25.5 39.4%	567.2		宜宾、泸州、寸滩
大渡河	瀑布沟	850	790	38.82	15.3 39.4%	818.2		
嘉陵江	亭子口	458	438	17.5	1.0 5.7%	439.5	2月初	北碚
乌江	洪家渡	1140	1076	33.61	13.2 39.4%	1108.7	1月初	长江中下游
	构皮滩	630	590	29.52	11.6 39.4%	608.1		
长江干流	三峡	175	155（145）	165	56.5	155.0		长江中下游

1. 锦屏一级、二滩

水量应急调度主要任务为保障重庆市的城市供水，重点配合溪洛渡水库以保证重庆市寸滩断面达到控制指标，配合三峡水库对中下游地区进行补水；最大应急水量32.7亿 m^3，时间为1—4月。

2. 溪洛渡、瀑布沟

水量应急调度主要任务为保障宜宾、泸州和重庆市的城市供水，使各城市控制断面（重庆为寸滩断面）达到控制指标，并配合三峡水库对中下游地区进行补水；应急水量40.8亿 m^3，时间为1—4月。

3. 亭子口

水量应急调度主要任务为保障重庆市北碚断面达到控制指标，兼顾寸滩断面的控制指标，并配合三峡水库对中下游地区进行补水；最大应急水量1.0亿 m^3，时间为2—3月。

4. 洪家渡、构皮滩

水量应急调度主要任务为配合三峡水库对中下游地区进行补水；最大应急水量24.8亿 m^3，时间为1—4月。

5. 三峡

水量应急调度主要任务为长江口压咸，兼顾其他重要城市的供水；可将水位155m以下库容作为应急使用，相应库容为56.5亿m^3，时间为1—4月。

7.4.2.2 应急水量的使用

一般情况下，承担应急调度任务的水库应依据设计，应结合实际运行特点，按照水行政主管部门批准的水量调度要求进行调度，保证出库流量满足最小下泄流量要求，并储备一定的应急水量；应急水量的调度权限为各级防汛抗旱指挥部门所有。

在每个枯水期，随着时间推移，重要控制断面的应急水量需求是逐步递减的，应急水量也相应减少。正常调度时，发电、航运等兴利调度一般不使用应急水量，仅当水库按照水行政主管部门批准的最小下泄流量要求运行时，可以使用应急水量；若基于电网或航运安全需要，下泄流量必须高于最小下泄流量要求，需要使用应急水量时，需经防汛抗旱指挥部门批准。

当发生特枯水情况，若特枯水发生在重要水库以上，各水库按照最小下泄流量要求运行时，一般情况下，控制断面不会发生缺水，或即使发生缺水，情况也不会很严重。只有当水库与控制断面区间发生特枯水或非正常河道外大量取水时，才会发生控制断面严重缺水的情况，触发应急调度启动条件。

当梯级枢纽按照上述要求正常运行，下游控制断面仍出现启动应急调度条件（水位或流量低于控制指标）时，应按照以下方式处理：

（1）先仍然维持正常调度不变，优先采取用水限制措施，包括相关梯级水库均停止蓄水。

（2）若情况仍然无法好转，承担应急调度任务的梯级水库可适当提高最小下泄流量下限，直至旱情缓解，恢复为正常调度。

（3）当主要承担应急任务水库完全消落或基本消落至死水位时，应急调度任务转为由其他水库承担。

（4）当所有相关水库均消落至死水位应急状况仍未缓解时，可启用死水位以下库容，对下游补水。

（5）当有多个水库共同对同一控制断面进行应急调度时，对于并联水库，可将最小下泄流量作为基础，并根据水库存蓄水量比例分摊对下游的补水水量，以水库同步消落为宜；对于串联水库，应优先启用控制断面上游紧邻水库的应急水量，并适时调增上游参与应急调度水库的下泄流量，确保紧邻水库维持一定的应急水量。

当宜宾或泸州断面触发应急调度时，主要由溪洛渡、瀑布沟水库进行应急补水调度；当寸滩断面触发应急调度时，先期由溪洛渡、瀑布沟水库进行应急补水调度，然后应启用锦屏一级和二滩水库；当北碚断面触发应急调度时，由亭子口和宝珠寺水库进行应急补水调度；当宜宾、泸州和寸滩断面同时触发应急调度时，应以寸滩断面为主要应急补水对象，在补水能力充裕时，补水量应同时满足三断面需求；当长江中下游触发应急调度时，先期由三峡水库补水，考虑到三峡水库调度对其他综合利用的影响，先期使用的库容应仅限于库水位155m以上库容，当三峡库水位已消落至155m附近，应大体按照由近及远的顺序，尽可能使用上游其他水库水量，推迟三峡库水位消落至155m的时间。可考虑当三峡库水位在155m以上时，将洪家渡和构皮滩水库的应急水量先于三峡的应急水量使用。

亭子口水库的应急水量自2月初启用，其他水库的应急水量从1月初启用。各水库的应急水量随时间逐步递减，一般至4月底可全部解除。运行初期，可暂按均匀消落考虑各时段的应急水量。

7.4.3 减轻长江口咸潮入侵调度方式研究

上游水库建成运行后，水量的调蓄能力加强，枯水期水量会明显增加。按《三峡水库优化调度方案（2009年版）》，三峡水库多按满足庙嘴水位39m要求运行，对应下泄流量一般按5700m^3/s控制；在水库蓄满年份，三峡水库1月、2月的下泄流量按不小于6000m^3/s控制。在此情况下，大通站流量低于10000m^3/s的情况将大为减少。表7.28为经长系列（1956—2012年）径流调节计算统计的上游水库12月初、1月初、2月初的蓄水情况。

表7.28 上游水库蓄水情况统计表

项目	年份	大通频率	宜昌频率	12月初	1月初	2月初
枯水代表年蓄水量/亿m^3	1959	75.9%	87.9%	433.04	410.41	344.85
	1962	96.6%	81.0%	495.35	459.24	402.00
	1964	87.9%	34.5%	499.57	472.16	442.58
	1966	89.7%	29.3%	475.83	442.33	390.95
	1969	62.1%	93.1%	504.68	480.63	418.19
	1971	94.8%	82.8%	506.99	468.43	411.04
	1972	17.2%	98.3%	485.73	452.03	387.83
	1973	74.1%	89.7%	483.26	448.06	386.23
	1976	84.5%	39.7%	507.27	473.63	419.51
	1977	77.6%	86.2%	506.47	473.01	424.36
	1978	98.3%	96.6%	502.55	473.53	408.69
	1983	81.0%	70.7%	506.64	488.06	426.92
	1986	93.1%	84.5%	497.09	469.86	417.04
	1997	1.7%	91.4%	472.80	434.64	361.39
	1998	91.4%	60.3%	493.41	465.48	415.70
总调节库容/亿m^3				513.50	513.50	513.50
蓄水达到调节库容90%年数				53	33	0
蓄水达到调节库容75%年数				55	55	52
蓄水达到调节库容50%年数				57	57	55
最大蓄水量/亿m^3				513.50	492.83	454.71
最小蓄水量/亿m^3				317.85	275.67	212.12
多年平均蓄水量/亿m^3				486.35	456.95	407.54

从表中可以看出：一般年份，上游水库12月初的蓄水量可以达到总调节库容的90%；2月初，绝大多数年份上游水库水量消落到总调节库容的75%左右，2月初的最小蓄水量仍有总调节库容的40%；即使在宜昌站或大通站来水偏枯的年份，上游水库在2

月初的蓄水量也基本在总调节库容的60%以上。这说明只要宜昌站最小下泄流量目标恰当，上游水库的供水能力是可以基本满足河口压咸要求的。

7.4.3.1 正常调度

在当前调度方式下，一般年份，三峡水库若仅针对12月和3月调整最小下泄流量至6000m^3/s，由于增加的补水量不大，影响有限，故可以不对其他水库的最小下泄流量作出调整。

若采用其他补水量更大的调整方案，则应对其他控制性水库的最小下泄流量作相应调整，可视增加的水量按水库实际蓄水库容比例分摊，增加12月至次年3月的下泄流量。

7.4.3.2 应急调度

三峡水库原则上按大通站流量10000m^3/s补偿下泄流量。考虑下泄水量传播时间、大通站预报流量、长江口水体盐度指标等，确定三峡水库增加的下泄流量及持续时间。在确定下泄流量增量时，应考虑一定的裕度。

其他控制性水库可视与三峡水库的距离，由近及远，并结合应急调度启动前水库实际蓄水量由大到小的顺序分批参与分摊三峡水库增加下泄的水量（扣除三峡水库应承担部分），各水库增加的下泄流量应为其上游控制性水库增加的泄量之和，不得拦蓄。建议优先安排参与补水的水库依次为：乌江的构皮滩、洪家渡，大渡河的瀑布沟，金沙江下游的溪洛渡，雅砻江的二滩、锦屏一级，嘉陵江的亭子口、宝珠寺。若应急调度时，三峡库水位仍在155m以上，可考虑优先使用构皮滩、洪家渡水库的应急水量，尽可能推迟三峡库水位消落至155m的时间。

7.4.4 水库群联合供水应急调度准则

1. 就近优先原则

为减少不确定性因素，保证水量应急调度及时有效，应由控制断面紧邻的控制性水库承担相应的应急调度任务，以人为本，供水保障目标优先考虑生活用水。

2. 公平适度原则

不增加水库过多负担，对水库既有调度方式仅作适度调整，应兼顾到电力、航运、国土资源等部门的要求；从“公平”的角度考虑，不对某一水库作过多、过高的限制性要求。

3. 专水专用原则

枯水期，对于某些重要水库设置一定的“应急水量”。“应急水量”是针对供水对象——重要城市设置的，原则上仅供重要城市发生特大干旱时水量应急调度使用，在保证水库最小下泄流量或发保证出力时，也可经水行政主管部门许可后酌情使用；发电、航运等其他调度应服从水量应急调度，不得随意他用。

4. 避让原则

当水库已开始使用应急水量时，其上游水库原则上不得在应急水量以上蓄水；且上游水库库容大于应急水量时，应结合发电适当增加下泄流量。水库蓄水时应保证下游供水对象的控制断面达到水量控制指标，否则应停止蓄水；必要时，应向下游补水。

5. 多种措施并举，节水措施先行

长江流域发生严重干旱，三峡等控制性水库承担起干旱的作用是必要的，但水库承担抗旱功能只是综合抗旱措施中的一种补助手段，因为长江发生大面积严重干旱时，流域内各地区不仅引用水量很大，而且各水库蓄水情况一般也不好，采用节水等需求管理仍然是抗旱的首要方法，同时要充分发挥当地水利工程抗旱的作用，不能舍近求远，应该先挖掘当地水域的抗旱潜力，再求助于上游控制性水库。

7.5 特枯水年长江中下游供水应急调度预案

7.5.1 编制目的和依据

7.5.1.1 编制目的

为加强长江流域抗旱工作，保障长江中下游干流沿线宜昌、荆州、武汉、九江、南京等主要城市生活用水，协调生产和生态用水，最大限度地减轻干旱灾害造成的影响和损失，有序实施梯级水库供水联合调度，编制本预案。

7.5.1.2 编制依据

（1）《中华人民共和国水法》。

（2）《中华人民共和国突发事件应对法》。

（3）《中华人民共和国抗旱条例》。

（4）《国家防汛抗旱应急预案》（国办函〔2005〕35 号）。

（5）《国家自然灾害救助应急预案》。

（6）《国家突发公共事件总体应急预案》。

（7）《突发事件应急预案管理办法》（国办发〔2013〕101 号）。

（8）《长江流域综合规划（2012—2030 年）》。

7.5.2 应急调度原则

（1）深入贯彻“节水优先、空间均衡、系统治理、两手发力”的治水方针，最大限度地满足城乡生活、生产、生态用水需求。

（2）正确处理发电、供水、航运、生态等多方面的关系，局部与整体，单个水库调度与梯级水库联合调度等重大关系。

（3）坚持局部服从全局、电调（航调）服从水调、常规调度服从应急调度的原则。

（4）通过水库联合调度，保障流域供水安全、生态安全，充分发挥梯级水库综合效益，为推动长江经济带高质量发展提供保障。

（5）各水库应服从有调度权限的水行政主管部门的统一指挥。

7.5.3 应急调度范围

以纳入长江流域水工程联合调度运用计划的水库范围为基础，结合水库地理位置、开发任务、调节性能等，长江中下游供水应急调度以长江上游控制性水库为主，主要包括长江干流溪洛渡、向家坝、三峡水库，雅砻江锦屏一级、二滩水库，乌江洪家渡、乌江渡、构皮滩等水库，以及岷江（含大渡河）紫坪铺、瀑布沟水库和嘉陵江亭子口、宝珠寺水库。

长江干流乌东德、白鹤滩以及雅砻江两河口水库建成运行后，也将纳入供水应急调度范围。

长江中游水库柘溪、凤滩、五强溪、江垭、柘林等水库由于洞庭湖、鄱阳湖等调蓄影响，对长江干流补水作用有限，主要以解决本流域用水需求为主。丹江口水库由于承担南水北调及本流域用水等任务，暂不纳入供水应急调度范围。

7.5.4 应急调度启动条件

根据长江中下游重点断面最小控制流量要求，当长江上游各水库按照正常的调度方式调度，或者按照最小下泄流量要求运行时，重点断面流量小于最小控制流量要求，或者长江口咸潮入侵严重影响生产生活，或者航运等特殊补水需求时，应实施供水应急调度。

（1）先仍然维持正常调度不变，优先采取用水限制措施，包括相关梯级水库均停止蓄水。

（2）若情况仍然无法好转，承担应急调度任务的梯级水库可适当提高最小下泄流量下限，直至旱情缓解，恢复为正常调度。

（3）当主要承担应急任务的水库完全消落或基本消落至死水位时，应急调度任务转由其他水库承担。

（4）当所有相关水库均消落至死水位而应急状况仍未缓解时，可启用死水位以下库容，对下游补水。

（5）当有多个水库共同对同一控制断面进行应急调度时，对于并联水库，可将最小下泄流量作为基础，并根据水库存蓄水量比例分摊对下游的补水水量，以水库同步消落为宜；对于串联水库，应优先启用控制断面上游紧邻水库的应急水量，并适时调增上游参与应急调度水库的下泄流量，确保紧邻水库维持一定的应急水量。

7.5.5 应急调度方式

（1）为了保障长江干流沿线重要城市生活用水，协调安排生产和生态用水，最大限度地减轻干旱灾害造成的影响和损失，高效利用水资源，从“先生活、后生产，先地表、后地下，先节水、后调水”的抗旱工作原则出发，可在重要城市控制断面以上的控制性水库设置一定的应急调度水量，应急水量的调度权限为各水库的水行政主管部门所有。应急水量留置时间一般为天然来水最枯的数月；留置库容的大小可控制在合理范围内，并在留置期内随时间递减，尽量减小对水库的正常调度运用的影响。

（2）重要水库应急水量设置。锦屏一级、二滩梯级水库最大应急水量32.7亿m^3，时间为1—4月；溪洛渡、瀑布沟水库最大应急水量40.8亿m^3，时间为1—4月；亭子口水库最大应急水量1.0亿m^3，时间为2—3月；洪家渡、构皮滩水库最大应急水量24.8亿m^3，时间为1—4月；三峡水库可将水位155m以下库容作为应急使用，相应库容为56.5亿m^3，时间为1—4月。

(3) 当长江中下游发生干旱，重要城市断面的水位或流量低于水资源管理控制指标，或者其他应急供水需求时，应适时启用长江上游控制性水库应急补水调度。原则上，除三峡、洪家渡和构皮滩以外的其他重要水库应优先保证自身供水任务，同时兼顾向三峡水库补水。针对长江中下游的水量应急调度水库启用次序：三峡→洪家渡、构皮滩→溪洛渡、瀑布沟→锦屏一级、二滩→（宝珠寺）亭子口→其他水库。库容使用优先次序：非应急库容应急水量→应急库容应急水量→（部分水库的）死水位以下水量。

7.5.6 应急调度保障措施

(1) 强化组织领导，落实单位责任。各级水行政主管部门按照负责管理范围内特枯水时的供水应急调度的组织实施和监督检查，加强水库调度领导，明确管理单位分工及其管理职责。

(2) 健全工作机制，强化协调协商。各级水行政主管部门应根据特枯水情况的影响程度和影响范围，编制供水应急调度计划，建立健全供水应急调度信息共享等管理制度，保证流域供水应急调度工作有序推进；建立并实行流域供水应急调度协商工作制度，促进各行业、各部门、各单位之间的沟通协商，推进科学决策、民主决策。

(3) 加强能力建设，推进调度体系建设。各级水行政主管部门应不断深化管辖范围内水库群的调度方式研究，依托国家水资源信息管理系统，建设流域供水调度决策信息平台，提高供水应急调度科学化、智能化水平。

7.6 本章小结

长江中上游控制性水库群规模大、调节作用强，在流域水资源开利用与保护方面发挥着巨大的作用，是满足中下游生活、生产和生态环境保护用水需求的重要控制性工程。分析特枯水年长江中下游供水目标和供水需求，研究长江中上游控制性水库供水应急调度方式，为应对流域旱情、保障用水需求提供支撑，具有重要的现实意义和应用价值。

长江流域特枯水年用水需求，主要存在于河道生态用水、城市生活生产用水、长江口压咸用水、保障航运安全用水需求等方面，以《长江流域水资源管理控制指标方案》为基础，结合生态、城市取水需求等，提出了长江中下游重要断面的最低流量和水位控制指标，明确了特枯水年应急供水调度目标。

长江上游控制性水库群调丰补枯，供水期向中下游干流补水，11 月至次年 4 月多年平均补水 254.42 亿 m^3，径流占比由天然情况下的 21.64%提高至 27.59%，其中枯水期 12 月至次年 3 月多年平均补水 167.58 亿 m^3，径流占比由天然 11.43%提高至 15.34%。大型水库群运行可以显著降低中下游干流出现成灾小流量的风险。

为保障水量应急调度及时、有效，有必要对部分重要水库设置一定的“应急水量”。结合水库下游最低流量和水位控制指标，锦屏一级、二滩梯级水库最大应急水量 32.7 亿 m^3，时间为 1—4 月；溪洛渡和瀑布沟水库合计最大应急水量 40.8 亿 m^3，时间为 1—4 月；亭子口水库最大应急水量 1.0 亿 m^3，时间为 2—3 月；洪家渡和构皮滩水库合计最大应急水量 24.8 亿 m^3，时间为 1—4 月；三峡水库可将水位 155m 以下库容作为应急使用，相应库容为56.5亿m^3，时间为1—4月。

当长江中下游发生干旱，重要城市断面的水位或流量低于水资源管理控制指标，或者其他应急供水需求时，适时启用水库应急补水调度。原则上，除三峡、洪家渡和构皮滩以外的其他重要水库应优先保证自身供水任务，同时兼顾向三峡水库补水。针对长江中下游的水量应急调度水库启用次序：三峡→洪家渡、构皮滩→溪洛渡、瀑布沟→锦屏一级、二滩→（宝珠寺）亭子口→其他水库。库容使用优先次序：非应急库容应急水量→应急库容应急水量→（部分水库的）死水位以下水量。

第8章

结论与展望

8.1 研究成果

本书以流域水资源优化配置与高效利用为目标，围绕适应长江中下游多维度用水需求的上游水库群供水调度面临的理论和工程难题，结合水电能源学、系统工程理论、多目标优化方法，开展了长江中下游取用水户需水特性、适应多维度用水需求的供水调度理论方法、调度模型、调度模式、调度方案等方面的研究，并取得了一系列有价值的研究成果：

（1）明确了长江中下游干流取用水户及其取用水需求特性。通过实地调查和相关资料整理，分析了长江中下游不同区域生活、工业、农业、生态等方面的历史、现状和未来用水情况，研究了长江中下游干流地区需水总量、需水结构以及从长江干流取水量的演变规律，统计得到长江中下游各水资源分区、行政分区以及重要控制断面区间在长江干流取水量和年内取水过程，根据长江中下游重要引调水工程的调查情况，分析了长江中下游重要控制断面的流量控制指标，计算得到中下游重点控制断面的最小下泄流量，明确了长江中下游干流取用水户及其取用水需求特性。

（2）提出了适应中下游重点区域供水安全的水库群供水调度模型和方案。提出了适应中下游重点区域取用水安全的水库群供水调度模型建模方法，探究了不同时期上游水库群联合供水目标，明确了中上游水库群联合供水调度的边界条件，提出了流域一体化管理模式下水库群适应性供水优化调度建模技术，建立了面向中下游不同重点区域取用水安全的水库群供水调度模型组；研究了不同来水和运行工况组合条件下上游水库群联合供水的库群组合方式、供水次序、起止时机及关键时间节点水位控制阈值范围，构建了满足下游干流主要控制断面和重要引调水工程用水需求的上游水库群分区组合供水调度模式和方案。

（3）提出了面向两湖和长江口地区供水需求的水库群供水调度方案。研究了面向两湖和长江口地区供水需求的水库群供水调度方案，探究了库群调度方案调整与江湖关系、长江口压咸补淡之间的相互影响关系，建立了长江中下游河湖嵌套水流演进模型，评估了上游水库群供水调度模式对江湖关系和长江口咸潮变化的影响程度，提出了满足两湖和长江口地区供水需求的水库群联合供水调度方案。

（4）提出了特枯水年长江中下游应急调度方案。分析了特枯水年长江中下游供水目标和供水需求，研究了长江中上游控制性水库供水应急调度方式，探究了特枯水年长江中下游供水应急调度方案编制方法，确定了特枯水年重点供水对象，明晰了供水调度的调度主体及其启动条件、控制方式等，提出了水库群联合供水应急调度准则，编制了上游水库群的应急调度预案和枯水时段安全供水保障方案，为应对流域旱情、保障用水需求提供了技术支撑。

8.2 工作展望

本书对适应多维度用水需求的水库群供水调度技术进行了探讨和研究，取得了一些可供参考借鉴的成果，但受作者理论水平、工程经验、对问题的认识程度以及所掌握的数据资料等诸多因素限制，研究工作仍存在一定的不足，尚需在今后的科研工作中进一步完善：

（1）在全球气候变暖的影响下，近年来长江中下游地区水资源供给呈现日趋紧张的局面，水资源供给矛盾进一步突出。长江中下游地区经济的快速发展，对水资源利用提出了更高的要求。三峡工程运行之后，沙量减少，清水下泄，河床刷深，减少荆江三口分流，对长江中下游城市供水和灌溉带来一定程度的不利影响。长江口地区咸潮入侵依然影响河口的供水安全及经济发展，随着咸潮机理研究的深入，上海等城市对枯水期干流入海流量提出了新的要求。下一步需要逐步开展上游水库运行对流域水文情势的相关研究，明确流域用水的矛盾性问题；研究鄱阳湖、洞庭湖与长江之间江湖关系的水资源承载能力的变化；研究长江经济带基本建成后，对水资源的需求以及上游水库运行的需求；从全流域、多尺度出发，优化供水、灌溉的水资源配置，研究整体效益最高的上游水库与中下游控制性工程的优化运行方案。

（2）随着长江上游乌东德、白鹤滩、两河口、双江口等控制性水库的陆续建成，以及流域经济社会不断发展，对长江流域控制性水利水电工程联合调度的格局、方式等也提出了新的要求。加上联合调度技术的不断发展，有必要在已有研究的基础上，以支持实施调度决策为导向，采用新技术，开展以三峡水库为核心的干支流水库群联合调度研究，为联合调度方案提供支撑。

（3）随着经济社会的发展、生活水平的提高、环保意识的普及，人民群众对水安全保障的要求日益提高，自然灾害或突发事件引起的供水中断、水质污染事件往往造成重大经济社会损失并引发社会高度关注。水库群通常承担供水、灌溉、航运、生态等任务，同时具有一定的调控作用，是保障水安全的骨干工程。通过水库群联合调度，可以减少突发事件的影响范围、程度及造成的损失，维护社会稳定。在水库群联合应急调度方面还需开展以下工作：对可能危机水安全的洪涝灾害、干旱灾害、水生态破坏事故、工程安全事故等突发事件进行分类分级；建立典型区域引调水工程和控制性水库联合调度模型，模拟不同蓄水、来水条件下，典型河段发生水安全突发事件的情景，分析采取不同调度措施组合应对突发事件的效果，提出梯级水库联合调度方案。

参 考 文 献

艾学山，冉本银，2007. FS－DDDP方法及其在水库群优化调度中的应用［J］. 水电自动化与大坝监测，31（1）：13－16.

白小勇，苏华英，舒凯，等，2008. 人工鱼群算法在水库优化调度中的应用［J］. 水电能源科学，26（5）：51－53.

陈晓宏，陈永勤，赖国友，2002. 东江流域水资源优化配置研究［J］. 自然资源学报，17（3）：366－372.

程春田，杨凤英，武新宇，等，2010. 基于模拟逐次逼近算法的梯级水电站群优化调度图研究［J］. 水力发电学报，29（6）：71－77.

邓从响，赵青，常婧华，等，2012. 小浪底水库在黄河水资源优化配置中的运用［J］. 河南水利与南水北调（16）：41－43.

方淑秀，黄守信，王孟华，等，1990. 跨流域引水工程多水库联合供水优化调度［J］. 水利学报（12）：1－8.

高新科，杨君岐，张孝民，等，1995. 宝鸡峡灌区水库群优化运行模型的研究［J］. 灌溉排水，14（2）：23－26.

郭旭宁，胡铁松，曾祥，等，2011. 基于二维调度图的双库联合供水调度规则研究［J］. 华中科技大学学报（自然科学版），39（10）：121－124.

郭旭宁，胡铁松，方洪斌，等，2015. 水库群联合供水调度规则形式研究进展［J］. 水力发电学报，34（1）：23－28.

郭旭宁，胡铁松，吕一兵，等，2012. 跨流域供水水库群联合调度规则研究［J］. 水利学报，43（7）：757－766.

郝永怀，杨侃，周冉，等，2012. 三峡梯级短期优化调度大系统分解协调法的应用［J］. 河海大学学报：自然科学版，40（1）：70－75.

胡国强，贺仁睦，2006. 基于协调粒子群算法的水电站水库优化调度［J］. 华北电力大学学报，33（5）：15－18.

黄昉，许文斌，郑建青，2002. 多水源多用户大型水资源系统优化模型［J］. 水利学报（3）：91－96.

姜彪，孙万光，邓显羽，等，2016. 跨流域联合供水水库补偿特性研究［J］. 水文，36（5）：33－38.

金鑫，2012. 面向河流生态健康的供水水库群联合调度研究［D］. 大连：大连理工大学.

景沈艳，孙吉贵，张永刚，2002. 用遗传算法求解调度问题［J］. 吉林大学学报：理学版，40（3）：263－267.

李爱玲，1998. 梯级水电站水库群兴利随机优化调度数学模型与方法研究［J］. 水利学报（5）：72－75.

李梦贤，刘新文，蒋开新，2008. 水库向城镇供水是水资源优化配置的必然选择——娄底市水资源战略构想［J］. 湖南水利水电（5）：46－48.

李明新，熊莹，范可旭，2011. 长江流域水资源配置模型研究与应用［J］. 水文，31（增1）：166－170.

李义，李承军，周建中，2004. POA－DPSA混合算法在短期优化调度中的应用［J］. 水电能源科学（1）：37－39.

李智录，李寿颐，1993. 用逐步计算法编制以灌溉为主水库群的常规调度图［J］. 水利学报（5）：44－47.

廖松，1989. 密云水库与官厅水库联合调度方案的模拟分析［J］. 水文（4）：15－19，9.

龙子泉，卓四清，1998. 多年调节水电站水库长期优化调度新模型［J］. 武汉水利电力大学学报（5）：33－35.

罗云霞，周慕逊，王万良，2004. 基于遗传模拟退火算法的水库优化调度［J］. 华北水利水电学院学报，25：20－22.

吕元平，朱光熙，胡振鹏，1985. 引滦工程水库群联合调度的系统分析［J］. 海河水利（4）：3－8.

马立亚，雷晓辉，蒋云钟，等，2012. 基于 DPSA 的梯级水库群优化调度［J］. 中国水利水电科学研究院学报，10（2）：140－145.

彭安帮，彭勇，2013. 跨流域调水条件下水库群联合优化调度图概化方法研究［J］. 水力发电学报，34（5）：35－43.

史银军，粟晓玲，徐万林，等，2011. 基于水资源转化模拟的石羊河流域水资源优化配置［J］. 自然资源学报，26（8）：1423－1434.

孙冬营，王慧敏，于晶，2014. 基于模糊联盟合作博弈的流域水资源优化配置研究［J］. 中国人口资源与环境，24（12）：153－158.

覃晖，周建中，王光谦，等，2009. 基于多目标差分进化算法的水库多目标防洪调度研究［J］. 水利学报，40（5）：513－519.

谭维炎，黄守信，刘健民，1963. 初期运行水电站的最优年运行计划——动态规划方法的应用［J］. 水利水电技术（2）：22－26，21.

田峰巍，黄强，刘恩锡，1987. 非线性规划在水电站厂内经济运行中的应用［J］. 西安理工大学学报（3）：68－73.

田峰巍，解建仓，1992. 梯级水电站群隐随机优化调度函数的统计分析［J］. 水力发电学报（2）：52－58.

万芳，周进，邱林，等，2015. 跨流域水库群联合供水调度的聚合分解协调模型及应用［J］. 水电能源科学，33（6）：54－58，42.

万俊，1994. 大系统分解协调技术及 DDDP 算法在水库群优化补偿调节中的联合应用［J］. 水利水电技术（5）：2－5.

王德智，董增川，丁胜祥，2006. 基于连续蚁群算法的供水水库优化调度［J］. 水电能源科学，24（2）：77－79，5.

王金文，袁晓辉，张勇传，2002. 随机动态规划在三峡梯级长期发电优化调度中的应用［J］. 电力自动化设备，22（8）：54－56.

王强，周惠成，梁国华，等，2014. 浑太流域水库群联合供水调度模型研究［J］. 水力发电学报，33（3）：42－54.

吴杰康，郭壮志，秦砺寒，等，2009. 基于连续线性规划的梯级水电站优化调度［J］. 电网技术，33（8）：24－29，40.

伍宏中，1998. 水电站群补偿径流调节的线性规划模型及其应用［J］. 水力发电学报（1）：11－23.

解建仓，田峰巍，黄强，等，1998. 大系统分解协调算法在黄河干流水库联合调度中的应用［J］. 西安理工大学学报，14（1）：1－5.

熊莹，张洪刚，徐长江，等，2008. 汉江流域水资源配置模型研究［J］. 人民长江，39（17）：99－102.

徐刚，马光文，梁武湖，等，2005. 蚁群算法在水库优化调度中的应用［J］. 水科学进展，16（3）：397－400.

徐向广，2009. 滦河中下游水库群联合供水优化调度问题的研究［D］. 天津：天津大学.

许银山，梅亚东，钟壬琳，等，2011. 大规模混联水库群调度规则研究［J］. 水力发电学报，30（2）：20－25.

闫志宏，刘彬，张婷，等，2014. 基于多目标粒子群算法的水资源优化配置研究［J］. 水电能源科学，32（2）：35－37，45.

杨晓玉，2008. 南水北调西线一期工程调水区径流特性及其丰枯遭遇分析 [D]. 天津：天津大学.

曾肇京，韩亦方，1988. 引滦供水系统数学模型及合理调度研究 [J]. 水利水电技术（2）：38－48.

张铭，丁毅，袁晓辉，等，2006. 梯级水电站水库群联合发电优化调度 [J]. 华中科技大学学报（自然科学版），34（6）：90－92.

张琦，李伟，王国利，2015. 面向生态的流域水库群与引水工程联合调度研究 [J]. 中国农村水利水电（9）：123－127.

周芬，郑雄伟，马俊，等，2011. 考虑供水权重系数的水库群联合供水调度 [J]. 水利水电科技进展，31（5）：11－13，22.

邹骏，李明新，范可旭，等，2013. 水资源模型在长江上游水资源配置模拟中的初步应用 [J]. 水资源研究：1－4.

ARUNKUMAR R，JOTHIPRAKASH V，2013. Chaotic Evolutionary Algorithms for Multi－Reservoir Optimization [J]. Water Resources Management，27：5207－5222.

ARVANITIDIS N V，ROSING J，1970. Optimal Operation of Multireservoir Systems Using a Composite Representation [J]. IEEE Transactions on Power Apparatus & Systems，PAS－89：327－335.

BALTAR A M，FONTANE D G，2008. Use of multiobjective particle swarm optimization in water resources management [J]. Journal of Water Resources Planning and Management，134：257－265.

BARROS M T L，TSAI F T，YANG S，et al.，2015. Optimization of Large－Scale Hydropower System Operations [J]. Journal of Water Resources Planning & Management，129：178－188.

BAYAZIT M，ÜNAL N E，1990. Effects of hedging on reservoir performance [J]. Water Resources Research，26：713－719.

BELLMAN R E，DREYFUS S E，1966. Applied dynamic programming [M]. Princeton University Press.

BOGLE M，O'SULLIVAN M，1979. Stochastic optimization of a water supply system [J]. Water Resources Research，15：778－786.

BRDYS M，COULBECK B，ORR C，1988. A method for scheduling of multi－source，multi－reservoir water supply systems containing only fixed speed pumps [C] //International Conference on Control，IET：641－647.

CAI X M，MCKINNEY D C，LASDON L S，2001. Piece－by－piece approach to solving large nonlinear water resources management models [J]. Journal of Water Resources Planning and Management，127（6）：363－368.

CEMBRANO G，BRDYSM，QUEVEDO J，et al.，1988. Optimization of a multi－reservoir water network using a conjugate gradient technique. A case study [M]. Heidelberg：Springer：987－999.

CHANG L C，CHANG F J，2009. Multi－objective evolutionary algorithm for operating parallel reservoir system [J]. Journal of Hydrology，377：12－20.

DRAPER A J，LUND J R，2004. Optimal Hedging and Carryover Storage Value [J]. Journal of Water Resources Planning and Management，130（1）：83－87.

EBERHART R，KENNEDY J，1995. A new optimizer using particle swarm theory [C] //Mhs 95 Sixth International Symposium on Micro Machine & Human Science，IEEE：39－43.

GAGNON C R，HICKS R H，JACOBY S L S，et al.，1974. A nonlinear programming approach to a very large hydroelectric system optimization [J]. Mathematical Programming，6：28－41.

GAL S，1979. Optimal management of a multireservoir water supply system [J]. Water Resources Research，15（4）：737－749.

HALL W A，BUTCHER W S，ESOGBUE A，1968. Optimization of the Operation of a Multiple－Purpose Reservoir by Dynamic Programming [J]. Water Resources Research，4：471－477.

HASHIMOTO T，STEDINGER J R，LOUCKS D P，1982. Reliability，resiliency，and vulnerability criteria for water resource system performance evaluation [J]. Water Resources Research, 18 (1): 14 - 20.

HEIDARI M, CHOW V T, KOKOTOVI P V, et al., 1971. Discrete Differential Dynamic Programing Approach to Water Resources Systems Optimization [J]. Water Resources Research, 7: 273 - 282.

HOLLAND J H, 2018. Adaptation in Natural and Artificial Systems: An Introductory Analysis with Applications to Biology, Control and Artificial Intelligence [M]. Boston: The MIT Press.

HOWARD R A, 1966. DYNAMIC PROGRAMMING [J]. Management Science, 12: 317 - 348.

HOWSON H R, SANCHO N G F, 1975. A new algorithm for the solution of multi - state dynamic programming problems [J]. Mathematical Programming, 8: 104 - 116.

JOHNSON S A, STEDINGER J R, STASCHUS K, 1991. Heuristic operating policies for reservoir system simulation [J]. Water Resources Research, 27: 673 - 685.

KELLY F K, 1986. Reservoir Operation During Drought: Case Studies [R]. Hydrologic Engineering Center, Davis, CA.

KIM T, HEO J H, 2006. Application of multi - objective genetic algorithms to multireservoir system optimization in the Han River basin [J]. Hepatology Research, 45: 814 - 817.

KIRKPATRICK S, JR G C, VECCHI M P, 1983. Optimization by Simulated Annealing [J]. Science, 220: 671 - 680.

KUMAR D N, BALIARSINGH F, 2003. Folded Dynamic Programming for Optimal Operation of Multireservoir System [J]. Water Resources Management, 17: 337 - 353, 317.

KUMAR D N, REDDY M J, 2007. Multipurpose Reservoir Operation Using Particle Swarm Optimization [J]. Journal of Water Resources Planning and Management, 133 (3): 192 - 201.

LARSON R E, 1968. State increment dynamic programming [M]. Elsevier.

LIAO X, ZHOU J, ZHANG R, et al., 2012. An adaptive artificial bee colony algorithm for long - term economic dispatch in cascaded hydropower systems [J]. International Journal of Electrical Power & Energy Systems, 43: 1340 - 1345.

LUND J R, GUZMAN J, 1999. Some derived operating rules for reservoir in series or in parallel [J]. Journal of Water Resources Planning & Management, 125: 143 - 153.

MASS P, BOUTTEVILLE R, 1946. Les réserves et la régulation de l'avenir dans la vie économiques [J]. Paris: Hermann.

MESAROVIĆM D, MACKO D, TAKAHARA Y, 1970. Theory of hierarchical, multilevel, systems [M]: Academic Press.

MOUSAVI H, RAMAMURTHY A, 2000. Optimal design of multi - reservoir systems for water supply [J]. Advances in Water Resources, 23 (6): 613 - 624.

NALBANTIS I, KOUTSOYIANNIS D, 1997. A Parametric Rule for Planning and Management of Multiple - Reservoir Systems [J]. Water Resources Research, 33 (9): 2165 - 2177.

PIEKUTOWSKI M R, LITWINOWICZ T, FROWD R, 1994. Optimal short - term scheduling for a large - scale cascaded hydro system [J]. IEEE Transactions on Power Systems, 9 (2): 805 - 811.

REIS L, BESSLER F, WALTERS G, et al., 2006. Water supply reservoir operation by combined genetic algorithm - linear programming (GA - LP) approach [J]. Water Resources Management, 20 (2): 227 - 255.

SHAWWASH Z K, SIU T K, RUSSELL S D, 2000. The BC Hydro short term hydro scheduling optimization model [C] //Power Industry Computer Applications, Pica99 IEEE International Conference.

SHIAU J T, 2011. Analytical optimal hedging with explicit incorporation of reservoir release and carryover storage targets [J]. Water Resources Research, 47 (1): 238 - 247.

SHIH J - S, REVELLE C, 1994. Water - supply operations during drought: Continuous hedging rule [J].

Journal of Water Resources Planning and Management, 120 (5): 613 - 629.

SHIM K C, FONTANE D G, LABADIE J W, 2002. Spatial Decision Support System for Integrated River Basin Flood Control [J]. Journal of Water Resources Planning & Management, 128 (3): 190 - 201.

DORIGO M, BIRATTARI M, STÜTZLE T, 2006. Ant Colony Optimization [J]. IEEE Computational Intelligence Magazine, 1 (4): 28 - 39.

SRINIVASAN K, PHILIPOSE M C, 1996. Evaluation and selection of hedging policies using stochastic reservoir simulation [J]. Water Resources Management, 10 (3): 163 - 188.

STEDINGER J R, 1984. The Performance of LDR Models for Preliminary Design and Reservoir Operation [J]. Water Resources Research, 20 (2): 215 - 224.

STORN R, PRICE K, 1997. Differential Evolution-A Simple and Efficient Heuristic for global Optimization over Continuous Spaces [J]. Journal of Global Optimization, 11 (4): 341 - 359.

TEEGAVARAPU R S V, SIMONOVIC S P, 2002. Optimal Operation of Reservoir Systems using Simulated Annealing [J]. Water Resources Management, 16: 401 - 428.

TURGEON A, 1980. Optimal Operation of Multi - Reservoir Power System With Stochastic Inflows [J]. Water Resources Research, 16 (2): 275 - 283.

TURGEON A, 1981. A decomposition method for the long - term scheduling of reservoirs in series [J]. Water Resources Research, 17 (6): 1565 - 1570.

VEDULA S, KUMAR D N, 1996. An Integrated Model for Optimal Reservoir Operation for Irrigation of Multiple Crops [J]. Water Resources Research, 32 (4): 1101 - 1108.

WINDSOR J S, 1973. Optimization model for the operation of flood control systems [J]. Water Resources Research, 9 (5): 1219 - 1226.

YOU J Y, CAI X, 2008. Hedging rule for reservoir operations: 1. A theoretical analysis [J]. Water Resources Research, 44 (1): W01415.

YOUNG G K, 1967. Finding Reservoir Operating Rules [J]. Journal of the Hydraulics Division, 93 (6): 297 - 322.

ZHAO J, CAI X, WANG Z, 2011. Optimality conditions for a two - stage reservoir operation problem [J]. Water Resources Research, 47 (8): 532 - 560.

附　　录

附表 1　　各工况下季调节能力以上水库的补供顺序表

顺次	同丰	丰平	同平	平枯	同枯
1	亭子口	白鹤滩	两河口	亭子口	瀑布沟
2	宝珠寺	溪洛渡	锦屏一级	宝珠寺	双江口
3	碧口	乌东德	二滩	碧口	紫坪铺
4	两河口	瀑布沟	洪家渡	洪家渡	两河口
5	锦屏一级	双江口	构皮滩	构皮滩	锦屏一级
6	二滩	紫坪铺	乌江渡	乌江渡	二滩
7	白鹤滩	亭子口	东风	东风	亭子口
8	溪洛渡	宝珠寺	白鹤滩	两河口	宝珠寺
9	乌东德	碧口	溪洛渡	锦屏一级	碧口
10	瀑布沟	两河口	乌东德	二滩	洪家渡
11	双江口	锦屏一级	亭子口	瀑布沟	构皮滩
12	紫坪铺	二滩	宝珠寺	双江口	乌江渡
13	洪家渡	洪家渡	碧口	紫坪铺	东风
14	构皮滩	构皮滩	瀑布沟	白鹤滩	白鹤滩
15	乌江渡	乌江渡	双江口	溪洛渡	溪洛渡
16	东风	东风	紫坪铺	乌东德	乌东德
17	三峡	三峡	三峡	三峡	三峡

附表 2　　同丰工况供水过程表　　单位：m^3/s

所属流域	水库	1月	2月	3月	4月	5月	6月	7月	8月	9月	10月	11月	12月
金沙江流域	梨园	572	524	531	791	1060	1908	3977	4021	3908	2334	1081	718
	阿海	572	524	531	791	1143	1908	3977	4021	3825	2334	1081	718
	金安桥	582	533	541	803	1217	1931	4042	4087	3830	2366	1095	729
	龙开口	595	546	553	819	1283	1962	4130	4175	3868	2409	1114	744
	鲁地拉	621	570	578	849	1541	2047	4349	4397	3869	2521	1157	775
	观音岩	629	577	584	856	1772	2122	4521	4572	3831	2616	1181	787
雅砻江流域	两河口	500	500	500	609	500	557	500	1087	1881	946	500	505
	锦屏一级	974	937	900	937	777	1363	1251	3208	3395	2590	1096	1093
	二滩	1168	1124	1086	1135	873	1605	1374	3644	3588	2939	1236	1312

续表

所属流域	水库	1月	2月	3月	4月	5月	6月	7月	8月	9月	10月	11月	12月
长江上游干流流域	乌东德	1630	1630	1630	1630	1952	4366	5957	9137	9604	7135	2859	1782
	白鹤滩	2155	2128	2127	2128	2639	4641	6409	9835	8125	7845	3133	2072
	溪洛渡	2578	2546	2528	2438	3520	4888	6931	10726	7175	8564	3498	2341
	向家坝	2610	2576	2555	2449	3884	4933	7027	10887	6981	8694	3563	2389
岷江流域	紫坪铺	189	170	185	266	471	703	1091	747	1000	718	331	211
	双江口	300	300	300	300	536	671	1033	645	633	725	333	300
	瀑布沟	681	637	624	700	1156	1855	2680	2149	2338	2004	989	708
嘉陵江流域	碧口	134	118	140	329	391	353	955	479	851	669	306	195
	宝珠寺	197	180	203	410	427	292	1044	523	820	731	335	264
	亭子口	355	317	438	1334	999	495	2267	988	2342	1770	711	487
	草街	682	548	748	2846	3344	1604	5859	2506	10511	5907	2009	919
乌江流域	洪家渡	187	176	181	175	150	150	168	155	280	269	198	150
	东风	306	239	245	232	286	345	716	624	701	581	449	353
	乌江渡	443	349	359	347	523	583	1219	951	1146	794	546	487
	构皮滩	748	553	548	560	902	965	1771	1518	1513	1056	692	639
	思林	859	610	607	646	1412	1170	2056	1762	1499	1136	740	703
	沙沱	934	651	648	692	1675	1335	2478	2020	1654	1295	841	798
	彭水	1113	803	739	950	2085	2065	4225	2910	1771	1870	1356	1076
长江中游流域	三峡	7635	7635	7635	7947	18128	14251	26854	26276	13403	20700	12200	7635
	葛洲坝	7635	7635	7635	7947	18128	14251	26854	26276	13403	20700	12200	7635

附表3　丰平工况供水过程表　单位：m^3/s

所属流域	水库	1月	2月	3月	4月	5月	6月	7月	8月	9月	10月	11月	12月
金沙江流域	梨园	380	349	366	557	1183	2101	4315	3710	2753	1851	951	606
	阿海	430	396	413	627	1308	2261	4725	4175	3045	2028	1052	705
	金安桥	438	403	421	638	1375	2286	4791	4249	3044	2057	1068	721
	龙开口	446	410	429	649	1431	2311	4854	4320	3053	2084	1083	736
	鲁地拉	467	431	448	666	1650	2355	4992	4488	2989	2170	1123	773
	观音岩	483	452	464	666	1860	2355	5015	4550	2893	2265	1150	789
雅砻江流域	两河口	500	500	500	500	681	801	2641	1504	1361	1206	557	536
	锦屏一级	809	786	773	572	733	1139	4011	2283	2070	1837	799	821
	二滩	1072	963	1000	697	883	1576	5238	2973	2748	2530	1099	1134
长江上游干流流域	乌东德	1300	1300	1300	1300	1809	3180	11343	8128	7822	5839	2675	1715
	白鹤滩	1771	1771	1783	1382	2887	3465	12094	8697	6240	6160	3149	2228
	溪洛渡	2153	2235	2276	1545	4080	3843	13183	9651	5437	6354	3389	2653
	向家坝	2177	2273	2318	1573	4455	3911	13379	9822	5265	6391	3432	2685

续表

所属流域	水库	1月	2月	3月	4月	5月	6月	7月	8月	9月	10月	11月	12月
岷江流域	紫坪铺	411	394	259	208	1162	1308	1902	1440	892	506	203	935
	双江口	300	300	300	300	712	1326	1940	1142	300	673	365	303
	瀑布沟	739	702	753	742	1452	2697	4682	2718	1452	2083	974	859
嘉陵江流域	碧口	120	109	148	182	460	406	716	575	389	329	182	159
	宝珠寺	182	170	213	163	500	439	782	629	316	360	199	225
	亭子口	345	328	412	294	933	551	2151	1204	541	637	273	367
	草街	952	653	692	500	2338	1806	10249	2903	5073	2153	804	687
乌江流域	洪家渡	210	225	215	150	150	150	150	150	319	150	150	150
	东风	294	331	312	205	195	299	424	633	697	421	286	185
	乌江渡	387	471	437	274	251	466	644	860	954	601	363	218
	构皮滩	582	671	656	309	352	756	938	1275	1249	773	539	300
	思林	619	696	679	316	462	1070	1153	1516	1380	875	546	349
	沙沱	629	781	682	370	700	1311	1365	1840	1496	932	594	421
	彭水	683	804	764	489	1160	2391	2018	2268	1647	1248	812	619
长江中游流域	三峡	7635	7635	7635	10792	9676	13949	42186	22355	10335	15978	7713	7635
	葛洲坝	7635	7635	7635	10792	9676	13949	42186	22355	10335	15978	7713	7635

附表 4　　同平工况供水过程表　　单位：m^3/s

所属流域	水库	1月	2月	3月	4月	5月	6月	7月	8月	9月	10月	11月	12月
金沙江流域	梨园	486	428	413	598	1256	2414	3145	3696	2831	1819	1019	686
	阿海	486	428	413	598	1339	2414	3145	3696	2749	1819	1019	686
	金安桥	495	435	418	602	1410	2454	3217	3783	2758	1862	1041	701
	龙开口	507	444	425	607	1474	2508	3314	3900	2802	1921	1070	722
	鲁地拉	530	463	441	620	1731	2649	3525	4191	2827	2077	1128	759
	观音岩	540	473	453	630	1973	2768	3641	4418	2824	2216	1146	765
雅砻江流域	两河口	500	500	500	500	567	500	500	750	950	663	500	500
	锦屏一级	967	913	875	642	1035	1905	2398	2360	2137	1864	1097	1090
	二滩	1154	1092	1051	704	1168	2177	2786	2725	2161	2115	1228	1301
长江上游干流流域	乌东德	1300	1300	1300	1300	2625	5746	7553	8194	6702	4856	2506	1743
	白鹤滩	1823	1788	1779	1388	3798	6104	7977	8749	4783	5177	2648	2271
	溪洛渡	2289	2206	2191	1589	5200	7002	8746	9922	3741	5910	3149	2785
	向家坝	2328	2237	2220	1625	5612	7163	8885	10133	3529	6041	3238	2832
岷江流域	紫坪铺	150	150	150	150	683	863	779	682	539	448	272	208
	双江口	300	300	300	300	678	768	675	787	340	371	333	300
	瀑布沟	732	678	642	364	992	2115	2435	2771	1110	1195	1026	895

续表

所属流域	水库	1月	2月	3月	4月	5月	6月	7月	8月	9月	10月	11月	12月
嘉陵江流域	碧口	112	124	138	104	304	333	446	381	796	267	200	142
	宝珠寺	174	187	201	150	329	288	487	416	760	292	218	206
	亭子口	279	286	313	237	650	444	1189	697	1484	539	383	361
	草街	498	440	445	575	1413	1720	5902	2000	3465	1054	751	608
乌江流域	洪家渡	195	177	169	150	150	150	172	150	215	150	150	209
	东风	274	239	220	176	178	304	629	421	401	283	281	384
	乌江渡	390	335	314	209	211	506	1159	674	500	349	374	556
	构皮滩	618	516	475	300	300	864	1772	961	614	431	546	932
	思林	669	560	517	330	433	993	2154	1047	642	498	640	1081
	沙沱	718	594	545	352	545	1136	2569	1194	739	568	721	1187
	彭水	781	721	586	400	902	1567	3539	1446	878	728	814	1551
长江中游流域	三峡	7635	7635	7635	14212	15795	21047	25742	23288	7947	14969	10870	7635
	葛洲坝	7635	7635	7635	14212	15795	21047	25742	23288	7947	14969	10870	7635

附表5　　平枯工况供水过程表　　单位：m^3/s

所属流域	水库	1月	2月	3月	4月	5月	6月	7月	8月	9月	10月	11月	12月
金沙江流域	梨园	515	474	488	676	938	1731	1852	2865	1372	962	802	545
	阿海	515	474	488	676	1020	1731	1852	2865	1289	962	802	545
	金安桥	525	483	498	687	1093	1751	1874	2908	1243	966	814	555
	龙开口	537	495	510	702	1158	1778	1904	2965	1213	972	829	567
	鲁地拉	561	517	533	731	1412	1850	1985	3112	1048	994	863	592
	观音岩	567	523	538	742	1640	1917	2057	3232	891	1025	878	599
雅砻江流域	两河口	500	500	500	500	500	983	500	546	601	500	500	500
	锦屏一级	976	930	904	898	725	1535	1283	2240	1012	1531	1082	1057
	二滩	1166	1112	1086	1090	800	1811	1368	2604	884	1725	1198	1261
长江上游干流流域	乌东德	1374	1300	1300	1410	1719	4428	4917	7523	3886	3893	2506	1670
	白鹤滩	1925	1834	1843	1931	2452	4712	5416	8230	2151	4243	2779	2161
	溪洛渡	2230	2142	2191	2276	3398	5102	6138	9200	1500	4191	3129	2569
	向家坝	2241	2153	2209	2294	3773	5173	6268	9374	1500	4039	3192	2598
岷江流域	紫坪铺	185	165	182	240	525	669	623	745	322	338	249	168
	双江口	300	300	300	300	471	1070	682	765	300	300	300	300
	瀑布沟	716	680	678	724	944	2226	1935	2138	987	1032	775	771
嘉陵江流域	碧口	126	112	136	169	308	267	511	760	302	179	135	114
	宝珠寺	188	173	199	235	337	198	559	830	220	196	150	175
	亭子口	343	319	453	479	717	335	1446	1960	242	313	281	315
	草街	628	537	886	1293	2226	1399	3618	4613	964	823	804	679

续表

所属流域	水库	1月	2月	3月	4月	5月	6月	7月	8月	9月	10月	11月	12月
乌江流域	洪家渡	167	170	168	179	150	150	150	150	150	150	150	193
	东风	227	217	210	225	188	524	903	469	297	296	371	270
	乌江渡	322	296	290	313	218	861	1433	778	336	299	461	370
	构皮滩	498	469	465	517	314	1230	1988	1188	344	436	540	548
	思林	517	492	514	595	449	1401	2628	1426	392	430	594	617
	沙沱	552	516	542	634	567	1601	2958	1651	449	471	674	659
	彭水	624	560	635	854	1019	2078	3198	2145	575	545	891	912
长江中游流域	三峡	7635	7635	7635	7947	12571	12150	28082	33338	9570	15024	8853	7635
	葛洲坝	7635	7635	7635	7947	12571	12150	28082	33338	9570	15024	8853	7635

附表6　　同枯工况供水过程表　　单位：m^3/s

所属流域	水库	1月	2月	3月	4月	5月	6月	7月	8月	9月	10月	11月	12月
金沙江流域	梨园	607	561	545	634	1071	2367	2522	1760	2054	1479	817	556
	阿海	607	561	545	634	1154	2367	2522	1760	1972	1479	817	556
	金安桥	618	571	554	640	1221	2386	2565	1790	1947	1505	832	567
	龙开口	633	583	565	649	1279	2413	2624	1830	1945	1540	850	582
	鲁地拉	670	612	590	668	1529	2488	2788	1949	1847	1651	909	617
	观音岩	699	629	602	680	1783	2561	2948	2079	1734	1778	973	640
雅砻江流域	两河口	500	500	500	500	500	926	537	565	721	568	500	500
	锦屏一级	892	861	842	643	757	1734	1535	1082	967	1212	864	924
	二滩	1053	1018	998	675	808	1905	1648	1162	1079	957	912	1086
长江上游干流流域	乌东德	1935	1751	1588	1468	2273	4828	6145	3943	3613	4360	2079	1599
	白鹤滩	2462	2269	2101	1564	3361	5091	6565	4165	1703	4674	2628	2097
	溪洛渡	2904	2711	2558	1699	4555	5246	7232	4328	1541	3914	3101	2466
	向家坝	2939	2745	2596	1724	4931	5276	7352	4359	1599	3666	3146	2488
岷江流域	紫坪铺	159	150	186	150	267	273	620	385	300	306	208	196
	双江口	300	300	300	300	500	935	681	391	328	314	300	300
	瀑布沟	764	702	748	616	1058	2053	1943	1038	1261	1214	838	789
嘉陵江流域	碧口	243	204	304	155	242	192	228	153	141	175	140	165
	宝珠寺	317	274	383	150	262	190	249	167	150	150	153	231
	亭子口	446	378	504	234	605	257	580	439	583	362	267	356
	草街	701	739	1157	806	2342	805	2560	805	1657	1841	779	638

续表

所属流域	水库	1月	2月	3月	4月	5月	6月	7月	8月	9月	10月	11月	12月
乌江流域	洪家渡	169	151	150	150	150	150	150	150	150	150	150	187
	东风	222	189	182	177	168	176	262	307	218	209	274	237
	乌江渡	336	322	294	238	200	292	318	407	264	253	335	417
	构皮滩	673	512	467	320	300	436	427	457	370	335	335	612
	思林	675	646	632	501	538	818	969	816	542	486	583	802
	沙沱	675	646	632	501	649	946	1067	846	542	486	583	802
	彭水	914	725	893	800	1155	1548	1301	854	672	576	704	981
长江中游流域	三峡	7635	7635	7635	11912	15295	13333	18906	9576	7947	10810	7713	7635
	葛洲坝	7635	7635	7635	11912	15295	13333	18906	9576	7947	10810	7713	7635

附表 7　　同丰工况补水分配表　　单位：m^3/s

所属流域	顺序	水库	1月	2月	3月	4月	5月	6月	7月	8月	9月	10月	11月	12月
金沙江流域	—	梨园	0	0	0	0	0	0	0	0	0	0	0	0
	—	阿海	0	0	0	0	0	0	0	0	0	0	0	0
	—	金安桥	0	0	0	0	0	0	0	0	0	0	0	0
	—	龙开口	0	0	0	0	0	0	0	0	0	0	0	0
	—	鲁地拉	0	0	0	0	0	0	0	0	0	0	0	0
	—	观音岩	0	0	0	0	0	0	0	0	0	0	0	0
雅砻江流域	4	两河口	310	324	297	242	66	0	0	0	0	0	54	242
	5	锦屏一级	189	189	189	189	0	0	0	0	0	0	0	189
	6	二滩	130	130	130	130	0	0	0	0	0	0	0	130
长江上游干流流域	9	乌东德	100	100	100	100	150	0	0	0	0	0	0	0
	7	白鹤滩	402	402	402	402	559	0	0	0	0	0	0	127
	8	溪洛渡	249	249	249	249	797	0	0	0	0	0	0	0
	—	向家坝	0	0	0	0	0	0	0	0	0	0	0	0
岷江流域	12	紫坪铺	29	29	29	29	11	0	0	0	0	0	0	0
	11	双江口	153	169	151	86	151	0	0	0	0	0	0	101
	10	瀑布沟	150	150	150	150	0	0	0	0	0	0	0	0
嘉陵江流域	3	碧口	8	8	8	8	0	0	0	0	0	0	0	8
	2	宝珠寺	51	51	51	51	0	0	0	0	0	0	0	51
	1	亭子口	66	66	66	66	151	0	0	0	0	0	0	66
	—	草街	0	0	0	0	0	0	0	0	0	0	0	0

续表

所属流域	顺序	水库	1月	2月	3月	4月	5月	6月	7月	8月	9月	10月	11月	12月
乌江流域	13	洪家渡	129	129	129	129	36	0	0	0	0	0	0	9
	16	东风	18	18	18	18	0	0	0	0	0	0	0	0
	15	乌江渡	52	52	52	52	0	0	0	0	0	0	0	0
	14	构皮滩	113	113	113	113	0	0	0	0	0	0	0	0
	—	思林	0	0	0	0	0	0	0	0	0	0	0	0
	—	沙沱	0	0	0	0	0	0	0	0	0	0	0	0
	—	彭水	0	0	0	0	0	0	0	0	0	0	0	0
长江中游流域	17	三峡	1706	2466	2206	638	1528	0	0	0	0	0	0	0
	—	葛洲坝	0	0	0	0	0	0	0	0	0	0	0	0

附表8　　丰平工况补水分配表　　单位：m^3/s

所属流域	顺序	水库	1月	2月	3月	4月	5月	6月	7月	8月	9月	10月	11月	12月
金沙江流域	—	梨园	0	0	0	0	0	0	0	0	0	0	0	0
	—	阿海	0	0	0	0	0	0	0	0	0	0	0	0
	—	金安桥	0	0	0	0	0	0	0	0	0	0	0	0
	—	龙开口	0	0	0	0	0	0	0	0	0	0	0	0
	—	鲁地拉	0	0	0	0	0	0	0	0	0	0	0	0
	—	观音岩	0	0	0	0	0	0	0	0	0	0	0	0
雅砻江流域	10	两河口	359	364	334	171	0	0	0	0	0	0	0	242
	11	锦屏一级	189	189	189	0	72	0	0	0	0	0	0	189
	12	二滩	130	130	130	0	0	0	0	0	0	0	0	130
长江上游干流流域	3	乌东德	100	100	100	94	156	0	0	0	0	0	0	100
	1	白鹤滩	402	402	402	0	1044	0	0	0	0	0	299	402
	2	溪洛渡	249	249	249	37	1008	0	0	0	0	0	0	249
	—	向家坝	0	0	0	0	0	0	0	0	0	0	0	0
岷江流域	6	紫坪铺	29	29	29	0	122	0	0	0	0	0	0	29
	5	双江口	164	177	160	32	177	0	0	0	0	0	0	83
	4	瀑布沟	150	150	150	0	96	0	0	0	0	0	0	150
嘉陵江流域	9	碧口	8	8	8	0	32	0	0	0	0	0	0	8
	8	宝珠寺	51	51	51	0	0	0	0	0	0	0	0	51
	7	亭子口	66	66	66	0	254	0	0	0	0	0	0	66
	—	草街	0	0	0	0	0	0	0	0	0	0	0	0

续表

所属流域	顺序	水库	1月	2月	3月	4月	5月	6月	7月	8月	9月	10月	11月	12月
乌江流域	13	洪家渡	129	129	129	87	102	30	0	0	0	0	40	118
	16	东风	0	18	18	0	0	0	0	0	0	0	0	0
	15	乌江渡	11	52	52	0	0	0	0	0	0	0	0	0
	14	构皮滩	113	113	113	25	0	0	0	0	0	0	0	27
	—	思林	0	0	0	0	0	0	0	0	0	0	0	0
	—	沙沱	0	0	0	0	0	0	0	0	0	0	0	0
	—	彭水	0	0	0	0	0	0	0	0	0	0	0	0
长江中游流域	17	三峡	0	1385	79	3421	3660	0	0	0	0	0	0	0
	—	葛洲坝	0	0	0	0	0	0	0	0	0	0	0	0

附表9　　同平工况补水分配表　　单位：m^3/s

所属流域	顺序	水库	1月	2月	3月	4月	5月	6月	7月	8月	9月	10月	11月	12月
金沙江流域	—	梨园	0	0	0	0	0	0	0	0	0	0	0	0
	—	阿海	0	0	0	0	0	0	0	0	0	0	0	0
	—	金安桥	0	0	0	0	0	0	0	0	0	0	0	0
	—	龙开口	0	0	0	0	0	0	0	0	0	0	0	0
	—	鲁地拉	0	0	0	0	0	0	0	0	0	0	0	0
	—	观音岩	0	0	0	0	0	0	0	0	0	0	0	0
雅砻江流域	1	两河口	351	358	341	183	0	0	0	0	0	0	126	298
	2	锦屏一级	189	189	189	0	116	0	0	0	0	0	0	189
	3	二滩	130	130	130	0	0	0	0	0	0	0	0	130
长江上游干流流域	9	乌东德	100	100	100	0	262	0	0	0	0	0	0	100
	7	白鹤滩	402	402	402	0	1051	0	0	0	0	0	0	402
	8	溪洛渡	249	249	249	0	1046	0	0	0	0	0	0	249
	—	向家坝	0	0	0	0	0	0	0	0	0	0	0	0
岷江流域	6	紫坪铺	37	46	38	0	103	0	0	0	0	0	0	29
	5	双江口	186	188	164	0	178	0	0	0	0	0	0	118
	4	瀑布沟	150	150	150	0	1	0	0	0	0	0	0	150
嘉陵江流域	16	碧口	8	8	8	0	32	0	0	0	0	0	0	8
	15	宝珠寺	51	51	51	33	0	0	0	0	0	0	0	51
	14	亭子口	66	66	66	0	255	0	0	0	0	0	0	66
	—	草街	0	0	0	0	0	0	0	0	0	0	0	0

续表

所属流域	顺序	水库	1月	2月	3月	4月	5月	6月	7月	8月	9月	10月	11月	12月
乌江流域	10	洪家渡	129	129	129	115	110	0	0	0	0	51	48	129
	13	东风	18	18	18	0	0	0	0	0	0	0	0	18
	12	乌江渡	52	52	52	2	0	0	0	0	0	0	0	52
	11	构皮滩	113	113	113	62	32	0	0	0	0	0	0	113
	—	思林	0	0	0	0	0	0	0	0	0	0	0	0
	—	沙沱	0	0	0	0	0	0	0	0	0	0	0	0
	—	彭水	0	0	0	0	0	0	0	0	0	0	0	0
长江中游流域	17	三峡	1596	1616	396	0	5805	0	0	0	0	0	0	76
	—	葛洲坝	0	0	0	0	0	0	0	0	0	0	0	0

附表 10　　平枯工况补水分配表　　单位：m^3/s

所属流域	顺序	水库	1月	2月	3月	4月	5月	6月	7月	8月	9月	10月	11月	12月
金沙江流域	—	梨园	0	0	0	0	0	0	0	0	0	0	0	0
	—	阿海	0	0	0	0	0	0	0	0	0	0	0	0
	—	金安桥	0	0	0	0	0	0	0	0	0	0	0	0
	—	龙开口	0	0	0	0	0	0	0	0	0	0	0	0
	—	鲁地拉	0	0	0	0	0	0	0	0	0	0	0	0
	—	观音岩	0	0	0	0	0	0	0	0	0	0	0	0
雅砻江流域	8	两河口	341	357	332	242	165	0	0	0	0	87	224	324
	9	锦屏一级	189	189	189	189	0	0	0	0	0	0	0	189
	10	二滩	130	130	130	130	0	0	0	0	0	0	0	130
长江上游干流流域	16	乌东德	100	100	100	100	150	0	0	0	0	0	0	100
	14	白鹤滩	402	402	402	402	559	0	0	0	0	0	0	402
	15	溪洛渡	249	249	249	249	797	0	0	0	0	0	0	249
	—	向家坝	0	0	0	0	0	0	0	0	0	0	0	0
岷江流域	13	紫坪铺	29	29	29	29	11	0	0	0	0	0	0	29
	12	双江口	157	174	147	101	131	0	0	0	0	7	91	159
	11	瀑布沟	150	150	150	150	0	0	0	0	0	0	0	150
嘉陵江流域	3	碧口	8	8	8	8	0	0	0	0	0	0	0	8
	2	宝珠寺	51	51	51	51	0	0	0	0	0	0	1	51
	1	亭子口	66	66	66	66	151	0	0	0	0	0	0	66
	—	草街	0	0	0	0	0	0	0	0	0	0	0	0

续表

所属流域	顺序	水库	1月	2月	3月	4月	5月	6月	7月	8月	9月	10月	11月	12月
乌江流域	4	洪家渡	129	129	129	129	109	0	0	0	51	36	9	129
	7	东风	18	18	18	18	0	0	0	0	0	0	0	18
	6	乌江渡	52	52	52	52	0	0	0	0	0	0	0	52
	5	构皮滩	113	113	113	113	2	0	0	0	0	0	0	113
	—	思林	0	0	0	0	0	0	0	0	0	0	0	0
	—	沙沱	0	0	0	0	0	0	0	0	0	0	0	0
	—	彭水	0	0	0	0	0	0	0	0	0	0	0	0
长江中游流域	17	三峡	1606	2196	2136	1048	1558	0	0	0	0	0	0	96
	—	葛洲坝	0	0	0	0	0	0	0	0	0	0	0	0

附表11　　同枯工况补水分配表　　单位：m^3/s

所属流域	顺序	水库	1月	2月	3月	4月	5月	6月	7月	8月	9月	10月	11月	12月
金沙江流域	—	梨园	0	0	0	0	0	0	0	0	0	0	0	0
	—	阿海	0	0	0	0	0	0	0	0	0	0	0	0
	—	金安桥	0	0	0	0	0	0	0	0	0	0	0	0
	—	龙开口	0	0	0	0	0	0	0	0	0	0	0	0
	—	鲁地拉	0	0	0	0	0	0	0	0	0	0	0	0
	—	观音岩	0	0	0	0	0	0	0	0	0	0	0	0
雅砻江流域	4	两河口	288	305	304	219	18	0	0	0	0	0	242	311
	5	锦屏一级	189	189	189	0	101	0	0	0	0	0	118	189
	6	二滩	130	130	130	0	0	0	0	0	0	0	0	130
长江上游干流流域	3	乌东德	100	100	37	0	554	0	0	0	0	0	0	100
	1	白鹤滩	402	402	402	0	1146	0	0	0	0	0	0	402
	2	溪洛渡	249	249	249	64	981	0	0	0	0	0	0	249
	—	向家坝	0	0	0	0	0	0	0	0	0	0	0	0
岷江流域	16	紫坪铺	29	33	29	8	29	0	0	0	0	0	29	29
	15	双江口	148	163	164	73	162	0	0	0	0	0	83	145
	14	瀑布沟	150	150	150	0	81	0	0	0	0	0	150	150
嘉陵江流域	9	碧口	8	8	8	0	32	0	0	0	0	0	0	8
	8	宝珠寺	51	51	51	0	0	0	0	0	0	0	0	51
	7	亭子口	66	66	66	0	247	0	0	0	0	0	0	66
	—	草街	0	0	0	0	0	0	0	0	0	0	0	0

续表

所属流域	顺序	水库	1月	2月	3月	4月	5月	6月	7月	8月	9月	10月	11月	12月
乌江流域	10	洪家渡	129	129	134	116	100	100	0	0	61	101	37	129
	13	东风	18	18	18	0	0	0	0	0	0	0	0	18
	12	乌江渡	52	52	52	0	13	0	0	0	0	0	0	52
	11	构皮滩	113	113	113	10	12	0	0	0	0	0	0	113
	—	思林	0	0	0	0	0	0	0	0	0	0	0	0
	—	沙沱	0	0	0	0	0	0	0	0	0	0	0	0
	—	彭水	0	0	0	0	0	0	0	0	0	0	0	0
长江中游流域	17	三峡	436	1086	0	3305	3718	0	0	0	0	0	0	376
	—	葛洲坝	0	0	0	0	0	0	0	0	0	0	0	0

注 顺序列中的“—”代表水库调节能力在季调节能力以下，不参与补供过程。